STADT, LAND, SELBSTVERSORGER

Vom ersten Schritt bis zur großen Ernte

Gemüse anbauen, Strom erzeugen, Vorräte anlegen, Upcycling und vieles mehr für ein autarkes Leben auf dem Land und in der Stadt

EULOGIA VERLAG

INHALT

Einleitung: Vom Stadtkind zum Landei

Es wäre gelogen zu behaupten, dass ich schon immer Selbstversorger werden wollte, dass es schon immer mein größter Traum war – denn das war es bei weitem nicht. Um ehrlich zu sein, wusste ich lange Jahre meines Lebens nicht einmal, dass es Menschen gibt, die sich Selbstversorger nennen. Warum auch? Als behütet aufgewachsenes Stadtkind ging ich – wie alle anderen normalen Menschen auch – mit meiner Mutter in den Supermarkt, um Lebensmittel einzukaufen. Woher die Lebensmittel kamen, interessierte mich nicht. Es gab ja alles, was das Herz begehrte, im Laden nebenan. Warum sollte es anders sein?

Ich träumte allerdings bereits als kleines Mädchen vom Leben auf einem Bauernhof mit all den Tieren inmitten von Wiesen und Wäldern – und natürlich von einem eigenen Pferd. Diesem Wunsch war natürlich in einem kleinen Garten in der Stadt schwer nachzukommen. Und überhaupt: Pferde waren unerschwinglich teuer. Und so sagte mein Vater stets: „Wenn du ein Pferd haben willst, musst du später mal einen reichen Bauern heiraten!“

Meine Antwort: „Ich will reiten, nicht melken!“

Bauernhof-Traum hin oder her, eine Bäuerin wollte ich nicht werden, setzte aber trotzdem alles daran, mir den Wunsch vom eigenen Pferd zu erfüllen. Da sich Beharrlichkeit bekanntlich auszahlt, wurde ich mit 16 Jahren endlich stolze und vor allem überglückliche Besitzerin einer Haflingerstute. Dass ich in den folgenden Jahren neben der Schule mehr Zeit mit Geldverdienen verbrachte als mit Reiten, um mir diesen Traum zu erfüllen und vor allem die teure Stallmiete, Futter und Tierarzt bezahlen zu können, störte mich nur am Rande. Denn von nichts kommt nichts, das war mir damals schon klar. Hauptsache, ich hatte mein eigenes Pferd. Dass das irgendwie der erste Schritt auf meinem Weg zum Selbstversorger war, war mir hingegen vollkommen unklar, und es sollte noch viel Zeit vergehen, bis ich mir dessen bewusst werden würde. Auf diesem Weg lernte ich Julian kennen, wir zogen weiter Richtung Norden und kauften mit Anfang zwanzig dank einer schicksalhaften Fügung und dem nötigen Grad an jugendlicher Selbstüberschätzung unseren ersten kleinen Hof in Nordfriesland: eine alte baufällige Bude auf dem Land mit etwa einem Hektar Grundstück. Das ist jetzt ziemlich genau 20 Jahre her, und unser jetziger Hof ist ein paar Nummern größer und wir um einige Erfahrungen reicher.

Die Zeiten können sich ändern, ebenso wie die Voraussetzungen, die Ansprüche, die Ideale. Eines aber wissen wir inzwischen ganz sicher: Man braucht nicht viele Hektar Land, um selber Gemüse anzubauen oder ein paar Hühner zu halten. Jeder kann zu jedem Zeitpunkt einen Schritt in diese Richtung machen, diesen einen ersten Schritt, der einen auf den Weg als Selbstversorger führt, diesen Weg voller Abenteuer und Momente purer Befriedigung, wenn man die Früchte der eigenen Arbeit sieht, erntet und genießt:

Die eigenen Möhren, an denen noch die fruchtbare schwarze Erde haftet, die man selber durch wertvollen Kompost veredelt hat. Ob auf dem großen Acker oder im Hochbeet auf der Terrasse.

Die Eier der eigenen Hühner, die man noch warm aus dem Nest sammelt, begleitet von einer munter plaudernden Bande von Hennen, die einem unter den Füßen herumwuselt. Ob auf dem eigenen Hof oder im kleinen Garten.

Das selbstgemachte Feuerholz, das man im Winter im Ofen nachlegt, um sich nach der getanen Arbeit die Hände aufzuwärmen. Ob aus dem eigenen Wald oder mit Holz aus dem nächsten Forst.

Oder einfach der Blick über die eigene kleine grüne Insel, über die man die Verantwortung übernommen hat und die man eines Tages fruchtbarer zurücklassen wird, als man sie übernommen hat – egal, wie groß oder klein diese Insel auch sein möge.

All das ist Glück. Und all das kann man nicht im Laden kaufen.

Wenn uns jemand fragt, wie man Selbstversorger wird, sagen wir immer: „Beginne mit dem, was du hast, dort, wo du bist. Mache den ersten Schritt! Der Rest ergibt sich fast von selbst."

So war es auch bei uns: Wir sind mehrmals angekommen, haben mehrfach losgelassen und sind einige Male zu neuen Ufern aufgebrochen – und unterwegs haben wir so unendlich viel gelernt: über die Selbstversorgung, über das Leben und vor allem über uns selbst. Und hier sind wir jetzt: auf unserem vierten Hof, als Selbstversorger mitten im schwedischen Wald. Wer hätte das vor zehn Jahren gedacht? Wir jedenfalls nicht.

Oft hören wir, bei uns sähe alles so leicht aus. Aber glaubt mir: Das ist es nicht!

Unser Leben war oftmals eine echte Achterbahnfahrt, seit der Auswanderung umso mehr. Trotzdem hatten wir immer eine Vision – egal, wo wir gerade waren. Und vor der Vision stand immer erst mal eine Mission, die es zu erfüllen galt. Denn das Wichtigste kommt immer zuerst: Am Anfang war immer der Garten – jedes Mal, auf jedem unserer Höfe …

Das Wichtigste zuerst: Zu Hause im Garten

Der Garten hat für uns oberste Priorität, er ist das Herz unseres Hofes. Die Keimzelle. Hier bauen wir unser Gemüse an, hier entsteht Leben direkt vor unseren Augen und direkt durch unsere Hände. „Du bist, was du isst" – ein wenig abgedroschen und doch so wahr. Was könnte wichtiger sein, als für die ganze Familie echtes und gesundes Essen anzubauen, ganz ohne künstliche Dünger oder Pestizide, ohne Unmengen von Gülle und ohne Massentierhaltung? Die Zutaten frisch, voller Vitamine und Mineralien im Garten zu ernten und direkt zu verarbeiten, verliert niemals den Reiz – und all das ohne lange Transportwege, Lagerzeiten oder Lebensmittelskandale, dafür aber mit dem Wissen, was im Essen drin ist und wo es gewachsen ist: auf gesunden Böden, und mit ganz viel Liebe und Achtsamkeit angebaut und geerntet.

In meinem früheren Leben ohne Gemüsegarten hätte ich mir nie träumen lassen, wie viel Euphorie und Ekstase die Ernte einer knackigen Mohrrübe, einer zuckersüßen Tomate oder der ersten Gurke im Jahr auslösen könnte. Aber genau das tut es. Und es ist und bleibt jedes Mal etwas ganz Besonderes, etwas, das mich mit Ehrfurcht und Dankbarkeit erfüllt – und mit diesem feinen rieselnden Kribbeln im Bauch. Ist es da nicht ganz natürlich, wo immer man ist, ganz schnell einen Garten anzulegen?

DER OPTIMALE SELBSTVERSORGERHOF – GIBT ES DEN EIGENTLICH?

Unser Hof im schwedischen Wald ist, wie schon erwähnt, bereits unser vierter Selbstversorgerhof. Jeder unserer Höfe war anders – und keiner war besser oder schlechter. Überall gab es Vor- und Nachteile, es gab andere Voraussetzungen und andere Herausforderungen, die die Rahmenbedingungen vorgegeben haben. Vor allem aber wir haben uns über die Jahre verändert: von einem übermütigen jungen Pärchen mit Hund und Pferd zu Eltern mit zwei Kindern, die inzwischen schon Teenager sind. Es war ein langer Weg voller Erfolge, aber auch voller Rückschläge. Auf diesem Weg haben wir verschiedene Dinge ausprobiert, uns mal vergrößert und dann wieder verkleinert. Zwischendurch waren wir Vegetarier, eine Zeit sogar beinahe Rohköstler, dann wieder haben wir Schweine, Ziegen und Galloway-Rinder gehalten, außerdem Hühner, Enten, Kaninchen und Schafe.

Ich glaube, wir können sagen: Wir haben wirklich fast alles ausprobiert. Was wir dabei vor allem gelernt haben, ist, dass es nicht den einen „richtigen“ Weg gibt, Selbstversorger zu werden oder zu sein. Es gibt so viele unterschiedliche Wege und Modelle wie Menschen, die sich selber versorgen wollen. Eines gilt jedoch immer: Niemand kann alles alleine machen! Eine Selbstversorgung zu 100 Prozent scheint nahezu unmöglich – es sei denn, man ist wirklich bereit, auf sehr viele Dinge komplett zu verzichten. Das mag für Menschen ohne Kinder noch denkbar sein, für Eltern ist es jedoch meist keine Option, außer vielleicht in einer Notsituation.

Dementsprechend bedeutet auch „der optimale Selbstversorgerhof“ für jeden etwas anderes: Ein Veganer braucht weniger Land als jemand, der viele Tiere halten möchte. Zwei Einzelpersonen haben wahrscheinlich andere Ansprüche als eine mehrköpfige Familie. Es gibt keine Blaupause und keine Schritt-für Schritt-Anleitung für den perfekten Selbstversorgerhof. Perfekt ist, was sich richtig gut anfühlt – und das kann für jeden etwas völlig Unterschiedliches bedeuten!

Es soll trotzdem tatsächlich Leute geben, die meinen, Selbstversorger müssten wirklich alles selber machen. Aber wo steht denn das? Realistisch betrachtet ist es gar nicht möglich, alles selber zu machen – und wer will das überhaupt? Schon unsere Vorfahren wussten das: Sie haben getauscht und sich gegenseitig geholfen mit Maschinen, Wissen und Tatkraft. Konkurrenz und Missgunst sind hier vollkommen fehl am Platz, denn Selbstversorgung ist kein Wettbewerb! Es gibt kein Besser oder Schlechter, kein Richtig und kein Falsch. Jeder, der sich auf den Weg der Selbstversorgung begibt, hat die Freiheit, das Maß selbst zu bestimmen – und zwar jeden Tag aufs Neue: so viel, wie man selber möchte, ohne dass man sich überfordert und den Spaß an der Sache verliert. Wichtig ist vor allem, dass man überhaupt irgendwo anfängt, weil man etwas verändern möchte. Jede Reise beginnt mit dem ersten Schritt – oder noch davor: mit dem ersten Kribbeln im Bauch, weil man sich auf neues Terrain begeben, Neues kennenlernen und sich selber herausfordern möchte. Und jede Reise ist individuell: jeder hat andere Prioritäten und Vorlieben – und die gilt es herauszufinden und umzusetzen, und zwar so, dass es genau für einen selbst passt, ganz ohne Schablone.

Wir mögen Listen und schreiben unsere Wünsche, Träume und Ziele auf – denn die Dinge zu manifestieren, hilft ungemein, sie auch umzusetzen. Wenn man gar nicht weiß, was man sich wünscht, ist es ziemlich schwer, seine Wünsche zu erfüllen.

Am Anfang stehen also folgende Fragen:

- Was will ich? (Wünsche/Träume/Ziele)
- Was habe ich? (Voraussetzungen)
- Was kann ich direkt umsetzen?
- Was braucht noch Zeit oder ein wenig Vorbereitung?

Wenn man diese Eckpunkte festgelegt hat, dann fällt es viel leichter, sich auf den Weg zu machen und die Punkte

Stück für Stück, Schritt für Schritt anzugehen. Trotzdem sollte man sich nicht total in diese Liste verbeißen, sondern offen bleiben für spontane Änderungen und Möglichkeiten, die sich unterwegs auftun könnten.

Bevor wir uns aber gemeinsam auf den Weg in den Garten machen, möchte ich noch ein paar Gedanken mit Euch teilen, die diesen Weg hoffentlich etwas leichter für Euch machen.

SELBSTVERSORGUNG – MODETREND ODER EIGENTLICH TOTAL NORMAL?

Während es noch vor einigen Jahrzehnten für die meisten Menschen zum Alltag gehörte und völlig normal war, einen Gemüsegarten zu haben, wurden angehende Selbstversorger und „Ökos" zwischenzeitlich als totale Freaks abgestempelt – zumindest jedoch als „irgendwie anders". Inzwischen scheint es wiederum geradezu hip und modern zu sein, zumindest einen Teil seines Gemüses selber anzubauen oder ein paar Hühner zu halten. Und das nicht nur auf dem Land auf großen Höfen, sondern auch in der Stadt: im Reihenhausgarten, auf der Terrasse oder auf dem Balkon, auf der Pachtparzelle beim nächsten Bauern oder im Schrebergarten. Und wer nicht wenigstens ein bisschen selber anbaut, fährt zumindest stolz mit dem Lastenfahrrad beim Bioladen vor. Selbstversorgung und biologische Lebensmittel haben also in den vergangenen Jahren durchaus einen Image-Wechsel erfahren, der teils in einem veränderten Bewusstsein bezüglich Nachhaltigkeit und gesunder Ernährung liegen mag, teilweise aber sicher auch an den steigenden Preisen für Lebensmittel.

Als Folge dieser neuen Beliebtheit der Selbstversorgung und der Freude am grünen Daumen sieht man nicht nur eine steigende Zahl von Profilen bei YouTube, Instagram oder Facebook, die sich mit dem Gärtnern, Hühnerhalten oder Do-it-yourself beschäftigen. Parallel sind auch die Preise für ländlich gelegene Immobilien in den letzten zehn Jahren deutlich angestiegen, weil ein Häuschen im Grünen mit etwas Land dabei dessen Besitzer natürlich dem Traum vom Landleben deutlich näher zu bringen scheint als ein Leben in der Etagenwohnung in der Stadt.

Demzufolge scheint es also eine Geldfrage zu sein, ob man überhaupt

Selbstversorger werden kann. Aber ist das wirklich so? Die Mieten für eine Stadtwohnung sind oftmals um ein Vielfaches höher als der monatliche Abtrag für den Kredit einer Immobilienfinanzierung. Auch die Kinderbetreuung und die allgemeinen Lebenskosten sind unserer Erfahrung nach in der Stadt höher als auf dem Land. Natürlich mögen auch gewisse traditionelle Werte eine Rolle spielen, denn nicht jede Frau fühlt sich berufen, zu Hause zu bleiben, Gemüse anzubauen und die Betreuung der Kinder selbst in die Hände zu nehmen, womöglich dazu noch Ziegen zu melken und Käse zu machen. Allerdings müssen sich Karriere und Selbstversorgung nicht vollkommen ausschließen – auch wenn es sich dabei auf den ersten Blick um vollkommene Gegensätze zu handeln scheint. Wenn man das Wort Karriere allerdings durch das Wort Selbstverwirklichung ersetzt, kommt man der Sache schon ein gutes Stück näher. Ich zum Beispiel kann mich nirgendwo so gut selbst verwirklichen wie zu Hause: im Garten, in der Küche oder bei den Tieren, beim Nähen, Schreiben oder Videosproduzieren, beim Renovieren, Einrichten und Dekorieren. Zu Hause kann ich produktiv und zugleich kreativ sein und auch meine finanzielle Unabhängigkeit stärken, indem ich von hier aus Geld spare und verdiene.

SELBSTVERSORGER SEIN – NUR ETWAS FÜR PRIVILEGIERTE?

Seit wir unseren YouTube-Kanal betreiben, hören wir immer wieder Worte wie „Ihr habt es gut“, „Ihr habt so ein Glück“, „Ach, ich bin neidisch!“, „Ich wünschte, ich könnte das auch, aber …“.

Manchmal fragen wir uns, ob unser Leben den Anschein erweckt, uns würde alles geschenkt, als würde unser Leben, wie wir es leben, einfach von selber passieren. Dass hinter all dem „einfachen Leben“ eine Menge Arbeit und eine Menge Sprünge über den eigenen Schatten stehen, scheint nicht jedem bewusst zu sein. Nichts im Leben wird einem geschenkt, so viel ist klar. Man muss sich seiner Ziele, Träume und Wünsche bewusst werden – und dann auch darauf zusteuern. Einfach mit einem Korb voller Ideen auf dem Sofa sitzen zu bleiben, wird nichts ändern, egal, wie gut die Ideen, wie schön die Träume und wie ehrgeizig die Ziele auch sein mögen. Wenn man nicht auch beginnt, an der Verwirklichung zu arbeiten, die Umsetzung aktiv voranzutreiben, dann wird sich exakt nichts ändern.

Natürlich gibt es bessere oder schlechtere Bedingungen, von denen der Einzelne starten kann, um seine Träume zu verwirklichen, aber im Grunde hat Selbstversorgung sicher nichts mit Privilegien zu tun. Jeder hat zu jedem Zeitpunkt zumindest immer diese eine Wahl: in der jetzigen Situation zu verharren – oder etwas zu ändern. Und manchmal sind es schon die ganz kleinen Dinge, die einen großen Unterschied machen können. Der erste Schritt, der zu einem neuen Abenteuer führt. Eine kleine Bewegung, die

eine Richtungsänderung einleitet. Es ist leicht, in einer Opferrolle zu verweilen, über momentane Missstände zu klagen und die Schuld bei anderen zu suchen. Dieser Zustand kann sogar Schutz und Sicherheit vermitteln – glücklich machen wird er einen aber nie.

Das alles mag jetzt etwas weit ausgeholt erscheinen, ist aber ein wichtiger Baustein auf dem Weg zum selbstbestimmten Leben, denn dazu gehört vor allem die Einsicht, selber die Verantwortung zu übernehmen. Vielleicht nicht für alles, aber doch für sehr vieles. Diese Einsicht und dieser Wille sind möglicherweise viel entscheidender, als von Anfang an das perfekte Grundstück für seine Pläne zur Verfügung zu haben.

WIE ALLES BEGANN: UNSERE ERSTEN SCHRITTE AUF DEM WEG ZUR SELBSTVERSORGUNG

Auch wir haben bei null angefangen: in einer Mietswohnung ohne Garten, sogar ohne Terrasse oder Balkon! Nachdem ich einige Jahre für die Zeitung geschrieben hatte, stellte ich fest, dass ich auf diesem Weg möglicherweise Karriere machen könnte, dass aber das Gesamtkonzept überhaupt nichts mit meinen Wünschen und Träumen zu tun hatte. Die Karriere als Journalistin wäre also aus reinem Selbstzweck abgelaufen. Aber meine wirklichen Ziele und Träume nach Eigenständigkeit, Selbstbestimmung und einem freien Leben in der Natur wären dadurch immer unrealistischer geworden. Ja, ich liebe es zu schreiben – aber nicht nach den Vorgaben einer anderen Person.

Aus diesen Gründen hängte ich also das Modell „Karriere" und mein scheinbar hippes Leben als Journalistin an den Nagel, und wir kauften dank eines vertrauensvollen Bankberaters mit nahezu null Kapital und ebenso viel Erfahrung unseren ersten Resthof in Nordfriesland: Ein altes Häuschen, ein Hektar Land und die Möglichkeit für Pferde hinterm Haus waren die Grundlage für das Ausarbeiten unseres Lebensmodelles „Selbstverwirklichung". Denn auch Julian stellte fest, dass ein Leben in Festanstellung nicht im Entferntesten zu ihm passte. Also bogen wir ab von den befestigten Wegen, auf denen wir bis dahin gegangen waren, und probierten nach und nach aus, was ein Leben abseits der Norm für uns bereithielt.

Mit wenig Geld und kaum Ahnung vom Landleben aber mit umso mehr eisernem Willen, Enthusiasmus, Kreativität und Eigenleistung renovierten wir den Hof und stellten fest, dass wir keinen übertriebenen Luxus brauchten und dass nichts auf der Welt uns so glücklich machen konnte, wie eigenverantwortlich Dinge mit unseren eigenen Händen zu tun und zu erschaffen – und dass wir viel mehr konnten, als wir gedacht hatten. Um Geld zu sparen, verzichteten wir auf Kinobesuche, Shoppingtouren, Urlaube oder teure Autos und neue Klamotten. Aber es fühlte sich nie nach Verzicht an, denn all das wurde vollkommen überflüssig. Übermäßiger Konsum verlor komplett seine Bedeutung für uns: Glück kann man nicht kaufen – aber man kann es sich selbst erschaffen, wenn man das tun kann, was einen erfüllt.

Wir lernten selbstständig und selbstbestimmt zu arbeiten und ebenso unser Geld zu verdienen. Dazu verkauften wir alles, was wir nicht dringend brauchten und verwandelten totes Kapital in das nötige Kleingeld, das uns beim Renovieren weiterhalf. Dabei hatten wir nie den Anspruch an uns, etwas perfekt zu können oder niemals Fehler zu machen. Ganz im Gegenteil: aus Niederlagen lernten wir, und Fehler zeigten uns, wie wir es nächstes Mal besser machen konnten. Das Wort „scheitern" strichen wir bereits relativ früh in unserem Leben aus unserem Wortschatz. Der Weg war das Ziel, und alle Erfahrungen führten uns weiter auf diesem unserem Weg. Unser Hof wurde zum großen Spielplatz, auf dem wir uns und alles ausprobieren konnten, was uns in den Sinn kam. Wir legten los und

experimentierten, wir stießen an unsere Grenzen und gingen darüber hinaus. Und zum ersten Mal merkten wir, dass wir die Schöpfer unseres eigenen kleinen Universums waren.

Man könnte sagen: Als wir wieder zu uns kamen, waren wir plötzlich Selbstversorger. Aber ganz so einfach war es natürlich nicht. Die Sache mit der Selbstversorgung ist wohl eher nebenbei passiert. Wahrscheinlich fing es so richtig an, als wir damals die ersten Hühner kauften und ich zum allerersten Mal die Eier unserer eigenen Hennen aus dem Stall sammelte. Das war ein ganz neues Gefühl von Luxus – und es machte süchtig: Wir wollten mehr davon! Es ging, wie wohl bei so vielen, die sich auf den Weg zur Selbstversorgung machen, nicht über Nacht. Es war ein schleichender, aber unaufhaltsamer Prozess – und dieser führte in unserem Fall über mehrere Höfe und sogar bis nach Schweden.

SELBSTVERSORGUNG IST, WAS DU DARAUS MACHST!

Unter Selbstversorgern und auch Nicht-Selbstversorgern gibt es immer wieder Diskussionen darüber, wer sich überhaupt so nennen darf: Ab wann ist man berechtigt, sich Selbstversorger zu nennen?

Darauf gibt es keine eindeutige Antwort. Wir finden die ganze Diskussion eher müßig und kontraproduktiv. Unserer Meinung nach ist Selbstversorgung eine Lebensanschauung – und vor allem ein Weg, ein Lebensmodell, das ständig in Bewegung und Veränderung ist. Jemand, der beschließt, einfach weniger und vor allem nachhaltiger zu konsumieren, Dinge gebraucht zu kaufen oder zu reparieren und ein bisschen Gemüse auf dem Balkon anzubauen, weil er eben nicht über einen eigenen Garten oder gar Hof verfügt, hat doch im Grunde die gleichen Ansichten und Zielsetzungen wie ein Großgrundbesitzer. Jeder Schritt zählt! Vor allem die Einstellung ist von Bedeutung: Auch in der Stadt kann man Eigenverantwortung übernehmen, sich unabhängiger machen, Wert auf gute Lebensmittel legen, diese zum Teil selbst anbauen und insgesamt das Augenmerk auf Nachhaltigkeit legen.

Selbstversorgung ist ein Spektrum, aus dem jeder für sich den passenden Rahmen und das richtige Maß auswählen darf. Es geht nicht nur darum, wie viel man mit den eigenen Voraussetzungen leisten kann, sondern auch darum, wie viel man zu leisten bereit ist. Jeder kann selbst bestimmen, wie groß sein Stückchen Torte sein soll – und ob er auch die Kirsche mitessen möchte. Dementsprechend darf sich auch der Mini-Farmer oder Balkon-Gärtner als Selbstversorger verstehen – natürlich in anderen Dimensionen, aber darum sollte es doch gar nicht gehen. Lieber sollten wir uns über unterschiedliche Modelle und Auslegungen dieser Idee freuen, Vielfalt feiern und voneinander lernen. Denn eines sollten Selbstversorger definitiv nicht ausleben: Missgunst und Neid. Jeder fängt dort an, wo er ist, mit den Mitteln und dem Wissen, das er hat – und das am besten sofort!

Oftmals sind kleinere Flächen viel effektiver zu bewirtschaften als große Felder oder gar Äcker. In gut durchstrukturierten Gärten kann im Verhältnis oft ein Vielfaches an Ernte eingebracht werden, schon alleine aus dem Grund, dass jede Pflanze genau im Auge behalten werden kann. Schädlinge können sofort ausfindig gemacht und Krankheiten oder Mineralstoffmängel umgehend erkannt und behandelt werden. Darüber hinaus kann der Mini-Farmer viel dichter pflanzen, da er per Hand erntet und keine großen Reihenabstände einhalten muss, um später seine Ernte per Maschine einzufahren, vor allem in Hochbeeten kann man einen viel höheren Ertrag pro Fläche erwirtschaften als auf herkömmlichen Gemüsebeeten.

Für all das muss man nicht erst einen Kredit aufnehmen, im Lotto gewonnen oder geerbt haben. Zudem spart man sich die Anschaffung, Wartung und Reparatur von teuren Maschinen, Dünger oder Futtermitteln. Man kann auch mit weniger oft sehr viel erreichen. Und das Schöne ist: Jeder kann nahezu sofort damit anfangen: Der Wohnungsbesitzer kann die Fensterbank

von Zimmerpflanzen befreien und dort stattdessen Microgreens und Sprossen anbauen. Er kann den Balkon mit Kisten, Kästen und Kübeln ausstatten, Spaliere und Hängeampeln installieren, um auch in die Höhe zu gärtnern und wirklich jeden Zentimeter sinnvoll zu nutzen. Platz ist in der kleinsten Hütte! Der Reihenhausbewohner kann die Rosenrabatte mit Gemüsepflanzen ergänzen oder die Rasenfläche opfern und diese zum Gemüsebeet machen. Es gibt ganze Bücher zum Thema Mini-Farming oder Urban-Gardening (Stadtgärtnern), die eindrucksvoll beweisen, dass es durchaus möglich ist, eine ganze Familie das Jahr über aus einem ganz normalen Garten zu versorgen. Generationen von Menschen überall auf der Welt haben es uns bereits vorgemacht: in den traditionellen Bauerngärten, in Cottages oder Homesteads, in denen Blumen, Gemüse, Obst und Kräuter auf meist recht begrenzter Fläche nebeneinander wachsen, während ein paar Hühner auf dem Misthaufen kratzen.

Aber es geht auch andersherum: Wer lange Zeit im großen Stil angebaut und gewirtschaftet hat, hat selbstverständlich jederzeit die Möglichkeit, die Bremse zu ziehen, sich zu verkleinern, Flächen zu verpachten, Gemeinschaftsgärten zu schaffen, Arbeit und Ernte aufzuteilen und sein Wissen weiterzugeben. Wie viele ältere Menschen gibt es, die ihrem großen Garten nicht mehr gerecht werden können? Und wie viele junge Menschen gibt es, die sich keinen eigenen Garten leisten können? Liegt es da nicht auf der Hand, diese Menschen zusammenzubringen, voneinander zu lernen und einander zu helfen?

Überhaupt ermöglichen solche Gemeinschaftsprojekte großartige Erfolge für alle Beteiligten: Wissen, Arbeitskraft, Gerätschaften und Kosten können ebenso geteilt werden wie die spätere Ernte. Jeder kann seinen Teil beitragen, ohne sich zu überfordern, jeder kann vom anderen profitieren und alle können gemeinsam wachsen und wachsen lassen.

DER ERSTE SCHRITT: ALLES GROßE BEGINNT IM KLEINEN

Natürlich sind Gemeinschaftsprojekte nicht jedermanns Sache, aber sie können eine tolle Möglichkeit sein, überhaupt mit dem Gärtnern anzufangen und die ersten Erfahrungen zu sammeln. Wer lieber alleine seine Selbstversorgung aufbauen möchte und die geeignete Fläche zur Verfügung hat, für den haben wir einen wichtigen Rat: groß träumen, klein beginnen, langsam wachsen! So oft schon haben wir miterlebt, wie überaus motivierte Menschen von null auf hundert im wahrsten Sinne in die Selbstversorgung gesprungen – und leider sehr hart aufgeschlagen sind. Wer sich gleich zu Beginn zu viel aufhalst, läuft Gefahr, sich selber total zu überfordern und ganz schnell die Lust an der Selbstversorgung zu verlieren.

Dabei können wir diesen Übereifer aus eigener Erfahrung bestens verstehen. Wenn man möglicherweise gerade frischgebackener Hofbesitzer ist, will man natürlich alles auf einmal: Beete anlegen, Obstbäume und Beerensträucher pflanzen, Hühner, Ziegen und Schafe anschaffen, das Haus renovieren, eigenes Brot backen, Käse machen, konservieren. Und ja: es soll Menschen geben, die tatsächlich alles auf Anhieb und alles gleichzeitig schaffen, obwohl sie vorher kaum Erfahrung mit all dem gesammelt haben. Das sind aber die wenigsten. In den meisten Fällen überwuchern die Beete mit Unkraut, die Hühner werden vom Fuchs oder Habicht geholt, die Ziegen brechen aus und plündern die Ernte und die Elstern die ersten eigenen Kirschen. Der ambitionierte Selbstversorger steht derweil vor einem totalen Chaos, dem er kaum noch Herr werden kann, fühlt sich ausgebrannt und desillusioniert. Woher ich das weiß? – Dreimal dürft ihr raten …

Geschickter ist es also, zwar direkt, aber langsam anzufangen. Einen Schritt nach dem anderen zu tun und ein Projekt nach dem anderen anzugehen: Als erstes die Obstbäume und Beerensträucher pflanzen, denn diese brauchen einfach am längsten, um eine Ernte zu bringen. Dann den Gemüsegarten anlegen und bestücken, parallel vielleicht einen Hühnerstall bauen. Wenn die Basics erledigt sind, kann man weitersehen. Bloß nicht alles auf einmal angehen, denn dann wird der Traum schnell zum Alptraum.

Wir haben beispielsweise bereits ein paar Tage nach unserem Einzug hier im Wald etwa zwanzig Obstbäume gepflanzt, unter anderem Apfelbäume, Kirschbäume und Pflaumenbäume, Holunder und Mirabelle. Natürlich wird es eine Zeit dauern, bis wir die Früchte

unserer Bäume genießen können, aber kann es eine schönere Vorfreude auf etwas geben als jene auf das Obst aus dem eigenen Garten? Ich finde nicht.

Seither pflanzen wir kontinuierlich weitere Beerensträucher und Nussbäume, denn davon kann man als Selbstversorger wahrscheinlich nie genug haben. Es ist sicher nicht zu spät, morgen einen Garten anzulegen. Viel schöner aber ist es, noch heute damit zu beginnen …

Die Menschen warten immer auf einen Zeitpunkt später im Leben – um Kinder zu kriegen, in den Urlaub zu fahren, eine Sprache zu lernen, ein Buch zu schreiben, jemandem zu sagen „Ich liebe dich!". Sie sagen: „später einmal, wenn …", und manchmal kommt dieser Moment nie. Darum ist mein Lieblingsmoment: Jetzt!

Es geht nicht darum, seinen ganzen Traum genau jetzt umzusetzen. Es geht darum, den ersten Schritt zu gehen: den ersten Schritt Richtung Traum, denn der erste Schritt ist der schwerste – und der wichtigste. Warte nicht auf morgen, auf später, auf irgendwann! Greife nach deinen Träumen! – Das Leben ist jetzt!

WIE MAN SICH BETTET … DEN RICHTIGEN STANDORT AUSWÄHLEN

Nun aber von der Theorie zur Praxis! Es gibt ganz unterschiedliche Arten und Wege, einen Garten anzulegen. Natürlich kann man einfach mit einer Schaufel rausgehen und anfangen, irgendwo zu graben, um das erste Beet aus der Erde zu stanzen. Aber ist das wirklich ein guter Plan? Unsere Ideen sind zwar meistens nicht sehr weit entfernt von der Umsetzung in die Tat, trotzdem gilt es, nichts überstürzt zu tun. Eine gewisse Planung, auch wenn sie erstmal etwas Zeit kosten mag, hilft ungemein, später umso mehr Zeit zu sparen. Und nicht nur das: auch Geld und Kraft lassen sich sparen, wenn man sich erstmal ein paar grundlegende Gedanken macht, wo der beste Platz für den neuen Gemüsegarten sein könnte.

Dafür ermitteln wir die Himmelsrichtungen, beobachten unser Grundstück ganz genau und finden heraus, wo der Boden am besten erscheint, wo die meisten Stunden am Tag die Sonne hinkommt oder wo vielleicht Bäume oder Gebäude viele Stunden Schatten werfen. Hierbei muss man unbedingt auf die Jahreszeit achten, denn natürlich ist der Schattenwurf im Winter und Frühjahr anders als im Sommer und Herbst. Eine Südlage ist in den meisten Fällen optimal, aber keine zwingende Voraussetzung. Wir überlegen, wo ein Gewächshaus stehen könnte, wo ein Wasseranschluss gelegt werden muss oder ob schon einer vorhanden ist. Liegt unser ausgewähltes Stück Land in einer Windschneise oder geschützt? Können wir durch einfache Maßnahmen den einen oder anderen Punkt, der auf den ersten Blick nicht optimal erscheint, eventuell beheben?

Vor allem ein genauer Blick auf die Bodenverhältnisse lohnt sich natürlich, denn immerhin ist der Boden das A und O im Garten. Und hier kann es selbst auf kleinen Grundstücken an verschiedenen Stellen zu erstaunlichen Abweichungen der Bodenqualität kommen. Es gilt in erster Linie herauszufinden, ob man einen sehr trockenen, also sandigen Boden hat, der meist wenige Nährstoffe und Feuchtigkeit speichern kann, oder eher einen staunassen Lehmboden, der sich von Herbst bis zum Frühling in eine Schlammwüste verwandelt und im Sommer bei Trockenheit zum Aufreißen neigt. Man spricht auch von leichten bzw. schweren Böden. In Schweden haben wir noch dazu oft viele große und kleine Steine im Erdreich, die man zum Teil mühsam entfernen kann – oder bei sehr großen Exemplaren drumherum gärtnern muss. Auch bestimmte Zeigerpflanzen (Indikatorpflanzen) können ein Hinweis auf die Bodenqualität sein: Sauerampfer zeigt beispielsweise einen sauren und Breitwegerich einen verdichteten Boden an; Brennnesseln, Löwenzahn, Melde, Vogelmiere und Giersch sind Indikatoren

für viel Stickstoff; Acker-Schachtelhalm und Sumpfdotterblume sind ein Hinweis auf Staunässe.

All diese Überlegungen sollten in die Beetplanung mit einfließen, und hier darf man sich ruhig die nötige Zeit lassen, um sich seiner Sache sicher zu werden. Oft ist es aber so, dass einen die richtige Fläche nahezu anspringt und zu rufen scheint: „Hier bin ich! Ich bin dein neuer Gemüsegarten!“

Welchen Boden auch immer man vorfindet, die perfekte Humuserde wird es selten sein. Aber egal, wie der Boden beschaffen ist: durch viel Kompost und Mulch, eventuell durch Kalkgaben oder auch durch das Anlegen von Hochbeeten oder Beetkästen kann man nahezu an jedem Standort einen Garten anlegen – und mögen die Voraussetzungen anfangs auch noch so schlecht aussehen!

UNSER WERKZEUG – DIE WICHTIGSTEN HELFER BEIM ACKERN MIT DER HAND

Wer einen Garten anlegen möchte, braucht meist etwas mehr als nur die bloßen Hände – aber in den meisten Fällen doch viel weniger als oft vermutet. Sicher, es gibt immer Ausnahmen: Um hier im Wald anfangs einige Flächen überhaupt nutzbar zu machen und Wege anzulegen, brauchten wir tatsächlich erst einmal ein schweres Gerät in Form eines Minibaggers. Diesen setzten wir aber wirklich nur dort ein, wo es gar nicht anders ging, denn wir wollen schließlich den Boden möglichst in Ruhe lassen und nicht durch schwere Maschinen verdichten oder umwälzen. Glücklicherweise gibt es aber durchaus sehr viel mehr Flächen, die einfacher in einen Garten verwandelt werden können als ein verwahrloster Wald. Dementsprechend braucht man in den meisten Fällen auch nur wenige Werkzeuge.

Gerade, was den Garten betrifft, ist mein Motto eher „**Schubkarre** und **Mistgabel** statt Fitness-Studio". Ja, ich bin wohl tatsächlich häufiger mit Schubkarre und Gummistiefeln unterwegs als mit Handtasche und sauberen Schuhen. Ständig gilt es, etwas hin und her zu transportieren: Pferdeäpfel und Einstreu aus dem Hühnerstall zum Misthaufen, Kompost zu den Beeten, Verblühtes aus dem Garten zurück zum Misthaufen, Laub in die Hochbeete, Kartoffeln in den Keller. Eigentlich gibt es selten Leerfahrten mit der Schubkarre, denn wenn ich sie irgendwo entlade, gibt es dort garantiert direkt etwas, das ich gleich wieder aufladen kann. Und dazu benutze ich in den meisten Fällen eine Mistgabel. Somit sind diese beiden Geräte meine wichtigsten Helfer im Garten.

Zum Ackern habe ich jahrelang die Mistgabel als Grabgabel benutzt, um den Boden aufzulockern. Dafür steche ich sie in die Erde und bewege sie ein paarmal vor und zurück, wende

die Erde aber nicht dabei, um das Bodenleben wiederum nicht zu sehr zu stören, den Boden jedoch belüften zu können, denn ohne Sauerstoff läuft gar nichts – auch nicht unter der Erde! Durch eine glückliche Fügung bin ich vor kurzem zu zwei breiten Grabgabeln der neueren Generation gekommen: Diese sind deutlich breiter und haben einen längeren Stil als eine herkömmliche Mistgabel. Dadurch erhöht sich die Hebelwirkung und man hat einen viel besseren Wirkungsgrad. Das eine Model ist sogar so breit, dass man sich mit beiden Füßen daraufstellen und somit sein ganzes Körpergewicht nutzen kann. Diese sogenannte **Broadfork** kann ich wirklich jedem empfehlen, der rückenfreundlich und ohne Maschineneinsatz seine Flächen bearbeiten möchte.

Ansonsten benutze ich eigentlich nur noch einen **Dreizack** mit langem Stil und einen mit kurzem Handgriff, um hier und dort die Erde zwischen den Kulturen zu lockern oder Unkraut leichter herausziehen zu können. Und natürlich brauche ich hin und wieder eine **Plattschaufel**, um die Hochbeete zu befüllen, einen **Spaten**, um beispielsweise die Beetkanten gerade abzustechen und eine kleine **Handschaufel** zum Umtopfen oder Auspflanzen. Ein weiterer kleiner aber guter Helfer ist ein **Pikierstab** – im Grunde reicht aber auch ein schlichter Stift oder ein Stück Holz, um damit die Jungpflanzen aus ihren **Anzuchtkästen oder Steckpaletten** zu heben. Viel mehr ist eigentlich nicht nötig, wenngleich sämtliche Kataloge und Baumärkte dem geneigten Gärtner natürlich das Gegenteil beweisen wollen.

Das einzige motorisierte Gerät, das ich benutze, ist unser **Rasenmäher**. Und zwar benutzen wir weder einen großen Aufsitzmäher noch einen winzigen Mähroboter, sondern einen ganz normalen Benzin-getriebenen Handrasenmäher mit Fangkorb. Denn schließlich

ist das gemähte Gras der perfekte Mulch für meine Beete, und kein Halm davon darf verloren gehen.

Julian hingegen benutzt auf unserem Hof schon gerne das ein oder andere Männerspielzeug: einen **Kleintraktor mit Anhänger** zum Holzbergen aus dem Wald, wie bereits erwähnt hin und wieder einen Bagger für grobe Arbeiten und zeitweise auch ein **Quad** zum Schneeschieben. Um Feuerholz und Bauholz selber zu sägen, benutzt er verschiedene **Kettensägen** und ein **Sägewerk**, wobei wir hier bereits unterschiedlich Modelle getestet haben: vom großen stationären Sägewerk über ein etwas handlicheres Modell bis hin zum transportablen Kettensägewerk. Jedes davon hat seine Vor- und Nachteile, letztendlich hängt es sehr davon ab, was und wo man gerade sägen möchte – und natürlich auch davon, was man bereit ist, für so ein Gerät auszugeben. Auch ein hydraulischer **Holzspalter** ist eine wirklich große Hilfe beim Holzmachen und wirklich kinderleicht zu bedienen, sodass selbst ich vollkommen entspannt Feuerholz spalten kann. Alle Versuche meinerseits, Feuerholz mit einer **Axt** zu spalten, waren bisher eher weniger erfolgreich. Beim Bewegen von Baumstämmen sind **Holzzangen** in verschiedenen Größen sehr hilfreich. Zur Waldpflege ist zudem eine **Motorsense** unerlässlich, beim Bäumepflanzen hilft ein sogenannter Värmlandbohrer, aber auch ein normaler Spaten tut hier einen guten Dienst.

Wenn wir neue Zäune bauen wollten, haben wir das früher ausnahmslos mit

der **Spaltaxt** gemacht. In norddeutschen Böden war es selten ein Problem, damit die angespitzten Pfähle in die Erde zu bekommen. Mit einer **Pfahlramme** geht es allerdings um ein Vielfaches einfacher, schon alleine von der Höhe her hat man einen viel besseren Winkel und braucht weniger Kraft. Hier in Schweden ist ein motorisierter **Erdbohrer** sehr zu empfehlen, da der Untergrund an vielen Stellen derartig steinig ist, dass man sich schnell an einem einzigen Zaunpfahl kräftemäßig völlig verausgaben kann und vor allem sehr viel Zeit investieren muss. Um größere Wiesen und ebene Wege zu pflegen, empfiehlt sich ein **Balkenmäher**, den man hinter den Trecker spannt. Wenn man selber Heu machen möchte, braucht man zum Balkenmäher noch einen Wender, Schwader und eine Ballenpresse.

Je nach Größe des Grundstückes und den auszuführenden Arbeiten braucht man also unterschiedliche Geräte. Für die Basisarbeiten im Garten hingegen sind aber im Grunde wirklich nur sehr wenige Dinge essentiell und auch für wenig Geld beispielsweise gebraucht zu bekommen, sodass hier keine teuren Anschaffungen nötig sind. Einen **Minibagger** kann man bei Bedarf auch ausleihen, wenn man einmal nicht ohne weiterkommt. Gleiches gilt für Gerüste, Kran- und Hubwagen und ähnlich schweres Gerät.

VOLL VERPLANT: GARTEN-TAGEBUCH UND SAATGUT-KISTE

Um einen guten Überblick über Aussaaten, Pflanz- und Erntezeiten zu haben, habe ich mir relativ zu Beginn meines Gärtner-Daseins ein Garten-Tagebuch angelegt. Form und Größe, liniert, kariert oder blanko – das ist absolute Geschmackssache und jedem selbst überlassen. Ich benutze am liebsten ein gebundenes Din-A4-Buch mit weißen Seiten. Neben allem, was ich im Haus und Garten säe, pikiere, pflanze oder ernte, notiere ich hier auch, wann unsere Hennen glucken, wann wie viele Küken schlüpfen, wann wir schlachten, wann der erste oder der letzte Frost war, Saatgut, das ich im nächsten Jahr bestellen möchte oder welches ich selber ernten möchte, Pläne für die nächste Saison – und natürlich meinen Anbauplan, der mir genau zeigt, was ich in welchem Beet anbauen möchte. Dieser Plan hilft mir auch, die Fruchtfolge bzw. die Wechsel-Bewirtschaftung der Flächen einzuhalten, damit ich im Folgejahr nicht das gleiche Gemüse auf derselben Fläche anbaue. Das hilft Schädlingen vorzubeugen und die Ernte zu steigern.

Inzwischen habe ich mehrere Saatgutkisten, aber für den Anfang reicht natürlich eine. Bestens geeignet ist ein schmaler Schuhkarton oder eine Holzkiste, um die Saattüten ähnlich wie in einem Karteikasten zu sortieren. Im Grunde kann man alles nehmen, was einem vor die Füße fällt und sich anbietet, Saattütchen aufrechtstehend gut zu verwahren. So kann man schnell durchflippen und sich einen genauen Überblick verschaffen, was man hat oder noch besorgen muss. Ich habe für die einzelnen Monate Pappschildchen gebastelt, sodass ich die jeweiligen Saaten einfach einsortieren kann und jeden Monat automatisch weiß, was ausgesät werden muss.

Wir benutzen übrigens ausschließlich biologisches Saatgut, weil uns das die Möglichkeit gibt, im Herbst das Saatgut für die nächste Saison überwiegend selber zu sammeln. Denn nur Nachzuchten aus samenfestem Bio-Saatgut werden im nächsten Jahr die gleichen Eigenschaften haben wie ihre Mutterpflanzen – bei Hybridsorten ist diese Garantie nicht gegeben. Die Nachzucht aus eigenem Saatgut ist nicht nur ein tolles Gefühl, sondern spart auch noch jede Menge Geld, denn auch Saatgut wird immer teurer. Viele alte Gemüse oder Lieblingssorten sind darüber hinaus schwer zu bekommen – was liegt also näher, als auch in Bezug auf

eigenes Saatgut die Zügel selbst in die Hand zu nehmen? Wenn die Gemüse ausgereift sind, kann man beispielsweise ganz leicht Saatgut von folgenden Pflanzen nehmen: Bohnen, Erbsen, Tomaten, Paprika, Chili, Peperoni und Sommerblumen.

Ein bisschen schwerer wird es bei den Zweijährigen, weil diese den Winter überleben müssen, um im zweiten Jahr in Blüte zu gehen, aber auch hier kann man mit ein paar Tricks und Kniffen eigenes Saatgut sammeln von Salat, Mangold, Möhren, Pastinaken und Kohl. Verschiedene Kohlsorten sind allerdings untereinander sehr kreuzungsfreudig, sodass man hier große Abstände im Beet einhalten muss, um reine Nachzuchten zu bekommen, auch bei Bio-Saatgut. Gleiches gilt für Kürbisgewächse wie Gurken, Zucchini und Kürbissen, die sich auch untereinander zum Teil kreuzen. Wenn man bei einer solchen Nachzucht eine sehr ungewöhnliche Form oder gar einen bitteren Geschmack bemerkt, sollte man die Frucht auf keinen Fall essen, weil es sich hier um giftige Rück-Kreuzungen handeln kann. Die saubere Saatgutgewinnung dieser Kandidaten bedarf also einiger Erfahrung und vor allem ziemlich viel Platz im Garten, um die entsprechenden Pflanzabstände einhalten zu können – gerade, wenn Zierkürbisse in der Nähe wuchsen. Hier braucht es Platzabstände von etwa 150 Metern, um Kreuzungen sicher zu vermeiden. Wer sich unsicher ist, kauft hier also lieber Saatgut nach, um auf Nummer sicher zu gehen.

Das Saatgut, egal, ob gekauft oder selbst gesammelt, sollte vor allem trocken und dunkel aufbewahrt werden, zum Beispiel in Papiertütchen oder Glasbehältern. Die Lager-Temperaturen sollten nicht über 20 Grad steigen, aber auch nicht zu kalt sein. Einiges Saatgut, wie zum Beispiel das von Pastinaken und Sellerie, ist nicht sehr lange keimfähig, anderes hingegen hält sich bei guten Bedingungen über mehrere Jahre. Wenn man nicht sicher ist, ob das Saatgut noch keimt, sollte man vor der Aussaat eine Keimprobe auf Küchenpapier durchführen oder aber deutlich dichter aussäen als angegeben.

FRÜH ÜBT SICH, WAS EINE GUTE ERNTE WERDEN WILL: DIE ANZUCHT DER JUNGPFLANZEN

Ich liebe den Frühling! Denn dann ist endlich wieder die Zeit gekommen, die Hände in die Erde zu stecken und auf den Knien durch den Garten zu rutschen – die Sonne im Gesicht, den Vogelgesang in den Ohren – und die Hände voller Jungpflanzen, die endlich aus den Anzuchttöpfen in die Beete umziehen wollen. Aber fangen wir doch vorne an:

Die Aussaat: Da einige Pflanzen eine recht lange Kulturdauer haben, also die Zeit von der Aussaat bis zur Ernte oft länger ist als die frostfreie Gartensaison im Freien, beginnt die Anzucht der Jungpflanzen bereits am Ende des Winters. Im Januar und Februar, wenn draußen noch der Schnee rieselt und alles gefroren ist, beginnen meine Finger bereits wieder zu jucken und können es kaum erwarten, endlich wieder in der Erde zu wühlen. Dann starte ich im Haus mit der Anzucht von Paprika, Chili, Peperoni, Physalis und Aubergine. Im März folgen Tomaten, Salate und Kohl. Und dann geht es Schlag auf Schlag: Die Fensterbänke füllen sich mit Anzuchtgefäßen aller Art, und überall schauen die ersten kleinen grünen Triebspitzen aus der Erde.

Bei der Aussaat selbst gilt es zu beachten, dass es sowohl Dunkel- als auch

Lichtkeimer gibt. Das bedeutet, dass einige Saaten bedeckt werden und einige Samen gar nicht unter die Erde dürfen, weil sie Licht für die Keimung benötigen. Diese müssen dementsprechend von Anfang an einen hellen Platz bekommen und können nicht erstmal wie die meisten anderen bis zur Keimung im Dunkeln auf der warmen Heizung platziert werden. Auf den meisten Saattütchen steht, wie tief man die Saaten ablegen muss, damit sie optimale Bedingungen haben. Als Faustregel kann man sagen, dass immer in etwa die doppelte Samenstärke Erde auf die Saaten kommt. Kleine Saaten werden in mit dem Pikierstab gezogenen Rillen und Reihen ausgesät, die anschließend wieder vorsichtig geschlossen werden, oder man sät breitwürfig aus, also kreuz und quer, und bedeckt anschließend alles mit zusätzlicher Erde. Auch eine Aussaat in kleinen Gruppen ist möglich, eine sogenannte Horstsaat. Größere Saatkörner kann man in vorbereiteten Pflanzlöchern ablegen oder die Samen in die lockere Erde hineindrücken. Am besten sät man in feuchtes Pflanzsubstrat, weil die Samenkörnchen dadurch gleich sicherer liegen und einen besseren Kontakt zur Erde bekommen. Entweder man benutzt gekaufte Anzuchterde oder aber guten Kompost, den man etwa 10 Minuten im Ofen oder auf der Küchenhexe bei etwa 100 Grad vorher erhitzen kann, um eventuelle Unkrautsamen abzutöten.

Nach der Aussaat wird gut, aber sehr behutsam angegossen, damit vor allem kleine Saatkörner nicht weggespült werden. Am besten benutzt man dazu einen Wäschesprenger mit sehr feiner Brause, also eine kleine Flasche mit gelöchertem Deckel. Man kann auch in den Deckel einer PET-Flasche mit einer dicken Nadel Löcher stanzen und sich auf diese Weise eine feine Brause ganz einfach selber herstellen. Wichtig ist, dass die Erde nach der Saat nie mehr austrocknet, also mehrmals täglich kontrollieren, vor allem, wenn die

Saatschale auf oder über der Heizung steht. Vor allem die Samen von Tomaten, Paprika und Co. Vertragen anfangs eine heiße Dusche: das fördert den Keimvorgang. Einige Gärtner schwören sogar auf kochendes Wasser. Ich nehme sehr heißes Leitungswasser – aber nur so lange, bis die Saaten gekeimt sind, danach gieße ich mit zimmerwarmem Wasser, am besten abgestanden. Im Folgenden darf die Erde weder austrocknen noch zu nass gehalten werden.

Auch wenn es jedes Jahr schon in den Fingern juckt, wenn draußen noch der Schnee rieselt, ist es sinnvoll, die meisten Kulturen nicht zu früh aussäen. Man sollte immer im Hinterkopf haben, dass die Pflanzen, je nach Sorte doch relativ schnell wachsen und jede Fensterbank zum Überquellen bringen können. Wohin dann mit den Pflanzen, wenn draußen noch immer Fröste drohen? Für jede ausgesäte Pflanze muss man schon einen Platz eingeplant haben, an dem diese ggf. unter Kunstlicht und bei geeigneten Temperaturen unter Umständen einige Wochen überdauern kann, ohne Schaden zu nehmen. Dieser Ort sollte hell und nicht zu warm sein, da die jungen Pflanzen sonst schnell dazu neigen, zu vergeilen. Das bedeutet, sie bilden lange dünne Stängel mit spärlichem Blattwachstum, sind instabil und neigen zum Umfallen. Solche Mängelexemplare können später kaum Wind und Wetter standhalten, geschweige denn, schwere Früchte tragen. Dies gilt insbesondere für tropische Pflanzen wie Tomaten. Als Faustregel kann man sagen: Keimtemperatur über 20 Grad (eventuell eine Heizmatte benutzen oder die Saatschale auf die Heizung stellen), danach eher kühler bei etwa 16 Grad und vor allem hell – am besten 16 Stunden am Tag, im Zweifelsfall unter Kunstlicht. Natürlich gibt es auch viele in Mitteleuropa heimische Sorten, die kältere Temperaturen, ja sogar Frost brauchen, um zu keimen. Hier unbedingt auf die Saattütchen schauen: meistens steht es hintendrauf – also keine Angst; das alles mag komplizierter klingen, als es in Wirklichkeit ist!

Alle Pflanzen, die eine lange Kulturdauer haben wie Tomaten, Paprika usw., aber auch Kürbisse, Gurken und Zucchini sollten gerade in kühleren Klimazonen im Haus vorgezogen werden. Da Kürbisse aber gar nicht gerne umgepflanzt und schon gar nicht pikiert werden mögen, sollte man die großen Saaten direkt in recht große Töpfe aussäen, in denen die Jungpflanzen lange verharren können, bis sie an Ort und Stelle ins Freiland gesetzt werden. Tomaten hingegen vertragen das mehrmalige Umpflanzen gut, weil sie jedes Mal ein bisschen tiefer getopft werden können, was das Wurzelwachstum anregt. Wurzelgemüse hingegen mögen eine Direktsaat ins Beet, vor allem Möhren und Pastinaken, aber auch Rote Bete, wobei man letztere durchaus auch vorziehen kann.

Das Zeitfenster zwischen Aussaat der Pflanzen und dem Auspflanzen in den Garten variiert zwischen zwei und zwölf Wochen, je nach Sorte und Klimazone. Hierzu eine allgemeine Empfehlung zu geben, ist etwas schwierig, da es zu viele individuelle Komponenten gibt: Wann droht der letzte Frost? Stehen Kunstlicht und viel Platz im Haus zur Verfügung?

Gibt es ein Gewächshaus? Wie sind die Bedingungen im Garten? Meistens stehen auf den Saattütchen Empfehlungen zur Aussaat, die dem Anfänger eine gute Orientierung bieten. Tomaten, Paprika und Auberginen zum Beispiel können und sollten etwa sieben bis acht Wochen vor dem Auspflanzen gesät werden. Kohlpflanzen und Zwiebeln sät man sogar 12 bis 13 Wochen vorher, Kürbisse, Melonen und Gurken hingegen brauchen nur etwa zwei bis drei Wochen Vorsprung. Wenn man ein paar Jahre Erfahrungen gesammelt hat, kann man durchaus mutiger werden und ein bisschen experimentieren. Bis dahin gilt: lieber ein bisschen zu spät aussäen als viel zu früh!

Das Pikieren: Schnell wird der Platz knapp, sowohl auf den Fensterbänken als auch in den Aussaatgefäßen selbst. Dann heißt es pikieren, pikieren, pikieren – und das bedeutet nichts anderes, als die kleinen Jungpflänzchen vorsichtig aus ihren Kinderstuben zu heben und in eigene, größere Gefäße umzusetzen. Hierbei ist es ganz wichtig, besonders vorsichtig zu sein, denn die feinen Stängel dürfen auf keinen Fall knicken. Am besten fasst man nur ganz leicht die Blätter an und lockert mithilfe eines Pikierstabes behutsam die Erde um die jeweilige Pflanze, um diese anschließend mit möglichst viel Wurzelballen aus der Erde zu heben. Danach wird diese in einen Topf mit Erde umquartiert, in welche man bereits vorher mit dem Pikierstab ein Loch gedrückt hat, um dorthinein das Pflänzchen zu versenken. In den meisten Fällen setzt man die Pflanze beim Pikieren etwas tiefer in die Erde, als sie vorher in der Anzuchtschale gewachsen ist. Das erhöht die Stabilität und ermöglicht neues Wurzelwachstum auch am Stängel, was sich später positiv auf Nährstoff- und Wasseraufnahme auswirken kann. Die Erde um das Pflanzloch wird anschließend behutsam angedrückt und die Pflanze mit einem feinen Strahl angegossen, um einen guten Erdkontakt herzustellen.

Auch wenn die kleinen Pflänzchen doch einmal zu schnell gewachsen sind und lange dünne Stängel gebildet haben,

weil die Bedingungen nicht perfekt waren, ist das normalerweise kein Grund zur Panik: einfach das zarte Stängelchen bis kurz unter die ersten Blätter ganz tief einpflanzen – in den meisten Fällen wachsen sie dann gut und stabil weiter – vorausgesetzt, man senkt die Temperatur und erhöht die Lichtmenge!

Tipp: Statt eines Pikierstabes kann man auch einfach einen Bleistift oder ein Stück Holz nehmen, das man sich mit ein paar Handgriffen zurechtschnitzt. Im Grunde reicht in den meisten Fällen ein entsprechend geformtes Stöckchen, wenn man es einfach halten möchte.

Manchmal bekommt man während der Anzucht von Jungpflanzen Besuch von Trauerfliegen. Diese kleinen unerwünschten Gäste legen ihre Eier in die feuchte Erde, und die daraus schlüpfenden winzigen Larven können Fraßschäden an den Wurzeln der Jungpflanzen anrichten. Hier helfen aufgehängte Gelbtafeln, um die Plagegeister einzufangen oder in die Erde gesteckte Streichhölzer, um sie zu vertreiben.

Auch auf die Erde gestreutes Backpulver oder ein kleines Schälchen mit einer Mischung aus vier Esslöffeln Apfelessig, zwei Esslöffeln Wasser und einem Spritzer Spülmittel kann Abhilfe schaffen. Noch besser hilft ein Glas Orangensaft als Falle: Die kleinen Plagegeister werden von dem Duft magisch angezogen und fallen in die Flüssigkeit. Ebenfalls ist es einen Versuch wert, eine fleischfressende Pflanze neben die Anzucht zu stellen: mit etwas Glück gehen die Trauermücken deren Lockstoffen im wahrsten Sinne des Wortes auf den Leim.

Plan B: Für all jene, die im Frühling nicht rechtzeitig genug mit der Voranzucht beginnen konnten, aus welchen Gründen auch immer, oder all jene, die ganz spontan von dem berauschenden Gefühl übermannt wurden, sie müssten jetzt sofort mit dem Gärtnern beginnen, muss die Saison trotzdem nicht verloren sein. Viele Gemüsesorten kann man auch im späten Frühling oder Sommer, einige sogar im Herbst noch aussäen. Die meisten Gemüsepflanzen für den Anbau im eigenen Garten kann man sogar vorgezogen auf dem Wochenmarkt, im Gartencenter oder bei einer Gärtnerei kaufen. Natürlich kann man sich fragen, ob es sich preislich lohnt, aber um Erfahrungen zu sammeln, verkorkste Voranzuchten auszugleichen oder auch mal eine neue Sorte auszuprobieren, kann es durchaus sinnvoll sein und auch Spaß machen, dort mal ein paar vorgezogene Exemplare mitzunehmen. Nicht immer geht es nur darum, ob sich etwas finanziell lohnt – oftmals geht es vielmehr um das Experimentieren und Vergleichen.

Wenn es um mehrjährige Stauden oder Gehölze geht, bietet es sich an, Stecklinge zu besorgen. Entweder schon bewurzelt oder unbewurzelt. Es dauert zwar etwas länger, bis diese Pflanzen groß und üppig werden, aber es ist viel günstiger, als große Exemplare zu erwerben. Am meisten Spaß macht es, Jungpflanzen, Stecklinge und auch Saatgut mit Freunden und Bekannten zu tauschen. Ich habe zum Beispiel jedes Jahr viel zu viele Tomaten- und Paprika-Jungpflanzen und bringe es niemals übers Herz, sie auf dem Komposthaufen zu entsorgen. Jedes Mal bin ich so froh, wenn ich jemanden finde, der mir freudestrahlend ein paar Töpfe abnimmt – und im Idealfall hat er etwas zum Tauschen parat, was mir gerade noch im Garten fehlt.

Abhärten und Auspflanzen: Bevor nun aber der große Tag der Auswilderung beginnt, wie ich es nenne, müssen wir einige Dinge beachten. Es scheint verlockend, die Pflanzen nach der langen Zeit auf der Fensterbank oder in der Anzuchtstation unter Kunstlicht nun endlich, endlich ins Freie zu pflanzen. Aber genau hier liegt auch das Risiko: Die jungen Pflanzen sind bisher weder echtes Sonnenlicht gewohnt noch Wind und Wetter. Bei zu langer direkter Sonneneinstrahlung würden sie sofort regelrecht verbrennen, bei starkem Wind oder Regen sofort umknicken – und natürlich sind die Temperaturen draußen auch wechselhafter als unter geschützten Bedingungen im Haus. Nun heißt es also, die Pflanzen langsam abzuhärten für das Leben unter freiem Himmel: An einem möglichst windstillen und nicht allzu sonnigen Tag beginnen wir mit unseren Schützlingen das

Outdoor-Training und stellen sie für eine kurze Zeit, zuerst weniger als eine halbe Stunde, vor die Tür an einen Ort, wo sie die besten Bedingungen haben, ohne gleich einen Schock zu bekommen. Damit man die kleinen Töpfe nicht alle einzeln hin und her tragen muss, stellen wir sie auf Tabletts oder in Kisten, das erleichtert den Transport von drinnen nach draußen und wieder zurück. Ab jetzt kann die Zeit draußen jeden Tag ein bisschen gesteigert werden, bis nach etwa einer Woche die Anpassung stattgefunden hat.

An einem milden Tag lassen wir die Pflanzen nun noch in den Töpfen oder Paletten die erste Nacht im Freien, besser noch im Gewächshaus, und wenn alles gut gegangen ist, können wir sie am nächsten Tag endlich an ihren endgültigen Standort pflanzen – vorzugsweise am Nachmittag, damit die Pflanzen nicht direkt nach dem Austopfen der Mittagssonne ausgesetzt sind. Der gut gewässerte Wurzelballen wird vorsichtig

über Kopf aus seinem Topf entfernt und ggf. etwas gelockert, wenn er sehr fest ist. Die meisten Pflanzen werden wie gesagt ein bisschen tiefer eingesetzt, als sie zuvor im Topf oder in der Aussaatpalette standen. Das verbessert den Halt und gibt der Pflanze die Möglichkeit, zusätzliche Wurzeln am Stängel zu bilden, was ebenfalls die Stabilität, aber auch die Wasser- und Nährstoffaufnahme steigert. Sollte es sehr trocken sein, gießt man schon vor dem Auspflanzen ein bisschen Wasser direkt ins Pflanzloch, danach schließt man die Erde um die Pflanze herum und drückt sie gut an. Anschließend nochmal wässern und mulchen (zum Thema Mulchen und Gießen später mehr!).

Aussaat-Tabelle: Voranzucht im Haus

Januar/Februar:
Paprika, Chili, Peperoni, Aubergine, Physalis (Andenbeere), Zwiebeln
März:
Tomaten, Salat, Kohl, Mangold, Lauch, Dill, Schnittlauch, Petersilie
April:
Gurken, Zucchini, Kürbis, Melonen, Mais, Bohnen, Erbsen, Basilikum, Neuseelandspinat, Bohnen, Sommerblumen
Ab Februar/März (Direktsaat):
Möhren, Erbsen, Pastinake, Radieschen, Spinat
Ab April/Mai (Direktsaat):
Bohnen, Rüben, Rote Bete, Gelbe Bete, Kohl, Neuseelandspinat

Bei den Empfehlungen zum Aussaattermin geht es um grobe Richtwerte. Die Aussaatzeiten können, wie gesagt, je nach Region und Klima ein bisschen oder auch recht deutlich abweichen, hier gilt es, persönliche Erfahrungen zu sammeln und zu experimentieren, was vor Ort Sinn ergibt und was nicht. Spinat, Kohl, Erbsen, Möhren und Wintersalate kann man je nach Standort auch schon zeitig im Frühjahr direkt ins Freiland oder unter Glas aussäen. Nach den Eisheiligen Mitte Mai werden dann nach und nach die Voranzuchten ausgepflanzt und auch alle kälteempfindlichen direkt ins Freiland gesät. Weitere Staffelsaaten von Salat, Kohl, Erbsen, Möhren, Bohnen sind bis in den Sommer hinein möglich und richten sich bezüglich der Kulturdauer letztendlich nur nach dem ersten Frost. Im Sommer muss man außerdem dringend an die Voranzucht der Wintersalate denken,

damit diese zum Frostbeginn bereits groß genug sind, denn bei Minusgraden können wir nicht viel Wachstum von unseren Pflanzen erwarten, auch nicht von den ganz robusten.

EINFACH GÄRTNERN: EIN PFLEGELEICHTER GARTEN IST KEIN HEXENWERK

Ich mag es sehr, viel Zeit in die Planung meines Gartens zu legen – vor allem in die Aufteilung der Beete: Im Winter mit Zettel und Stift vor dem Kamin zu sitzen, meinen Garten zu skizzieren und einzutragen, welche Pflanzen in der nächsten Saison wo wachsen sollen. Diese Vorarbeit hat sich durchaus bewährt, aber in all den Jahren gab es doch auch immer wieder spontane Planänderungen.

In einem Jahr habe ich beispielsweise aus Mangel an Zeit und Platz im Frühjahr alle meine vorgezogenen Stangenbohnen-Jungpflanzen in einen kleinen Hochbeetkasten am Gewächshaus gepfercht – und das auch noch viel zu spät. Dabei handelte es sich um höchstens einen Quadratmeter Beet für etwa zwanzig Pflanzen. Es war also ziemlich eng, aber immerhin war das Beet frisch gefüllt mit guter Erde aus Pferdemist und Kompost. Trotzdem setzte ich nicht viel Hoffnung in dieses Projekt, überließ das Kraut seinem Schicksal und schaute nicht mehr so genau hin. „Nächstes Jahr dann …", dachte ich mir.

Als ich jedoch das nächste Mal genauer hinsah, waren die Stangenbohnen in ihrem kleinen Kasten explodiert: Wie wild kletterten sie an ihrem provisorischen Tipi-Ranggerüst aus Birkenästen empor und dachten offenbar nicht im Traum daran, nichts zu werden. Sogar viel besser wuchsen sie als an jedem anderen mühsam errichteten Rankgerüst, das ich je gebaut hatte. Und die Ranken waren voll von Bohnen. In dikken Büscheln baumelten sie dort und wuchsen und wucherten. Ich musste relativ wenig gießen, weil das Blattwerk so dicht war, dass es der Erde Schatten und Schutz vor Verdunstung bot. Sogar den ersten Frost haben diese Bohnen gegen Ende der Saison überstanden und wuchsen noch ziemlich lange weiter. Letzten Endes konnte ich immerhin drei Kilogramm Bohnen aus diesem kleinen Beet ernten: sechs Portionen mehr in der Kühltruhe. Natürlich reichte das nicht für einen ganzen Winter, aber es war besser als nichts. Und köstlich waren die Bohnen sowieso. Nicht schlecht also für „Das wird nichts“ …

Was ich damit sagen will: Man kann alles bis ins Details durchplanen, aber erstens kommt es anders, und zweitens als man denkt. Manchmal muss man seinen Fokus einfach auf etwas Anderes richten. Manchmal regeln sich einige Dinge fast von selbst. Und manchmal erwächst aus dem Chaos und einem Haufen Mist eine Menge großartiger Stangenbohnen.

KULTUR-BANAUSEN: PERMAKULTUR, MISCHKULTUR UND FRUCHTFOLGE

Es gibt unzählige Abhandlungen und Bücher über das richtige Anlegen einer korrekten Fruchtfolge. Zusammengefasst geht es darum, dass man die verschiedenen Gemüsesorten in einem relativ festgelegten Rhythmus über die Beetflächen rotieren lässt, sodass mindestens vier Jahre vergehen, bis die gleiche Kultur wieder auf derselben Fläche angebaut wird. Hierdurch möchte man sowohl den Boden schonen als auch den Druck durch sich ansammelnde Krankheitserreger und Schädlinge reduzieren, die sich im

Boden festsetzen können und im Folgejahr dort die optimalen Bedingungen finden würden, würde man die gleiche Gemüsesorte wie im Vorjahr anbauen. Dies betrifft vor allem die Kohlhernie bei Kohlpflanzen oder die Larven der Möhrenfliege, aber auch verschiedene Blattkrankheiten. Zusätzlich zu möglichen Krankheiten und Schädlingen lassen sich die Pflanzen noch nach ihrem Bedarf an Nährstoffen unterteilen in Schwachzehrer, Mittelzehrer und Starkzehrer. Auch die Gruppierung nach Pflanzenfamilie, also Wurzelgemüsen, Zwiebelgewächsen, Hülsenfrüchten, Kohlgewächsen usw. ist möglich. Es lohnt sich, zusätzlich mindestens je ein Beet für ausdauernde Kulturen wie Spargel, Kräuter, Rhabarber und Erdbeeren einzuplanen, um diesen das ständige Umpflanzen zu ersparen.

Auch eine Mischkultur bietet sich an. Hierbei werden nicht ganze Reihen oder gar Beete mit ein und derselben Gemüsekultur bepflanzt, sondern Beet-Nachbarn miteinander kombiniert, die sich entweder gegenseitig durch ihre Ausdünstungen schützen wie beispielsweise Möhren und Zwiebeln, Knoblauch und Erdbeeren oder Kohl und Tomaten. Auch werden gerne Flachwurzler mit Tiefwurzlern kombiniert, um die Pflanzen dichter setzen zu können, da sie in diesem Fall nicht um gemeinsame Nährstoffe konkurrieren wie beispielsweise Möhren und Lauch: die einen wachsen tief in die Erde, während die anderen den oberen Teil der Beetfläche ausnutzen.

Natürlich halte auch ich mich im Großen und Ganzen an eine Fruchtfolge,

denn dieses System hat sich durchaus bewährt. Trotzdem bevorzuge ich wie viele andere die Mischkultur. Das eine muss das andere nicht ausschließen – ganz im Gegenteil –, aber leichte Abweichungen von einer allzu starren Fruchtfolge kommen im Permakulturgarten eher vor als in herkömmlich bewirtschafteten Gärten. Hier säen sich Gemüsepflanzen, Blumen oder Kräuter oft selbständig aus und wandern quasi vom Gärtner ungeplant durch den Garten. Man setzt eher mal eine vorgezogene Pflanze in eine freigewordene Lücke, wo etwas anderes bereits geerntet wurde und sorgt auch generell für mehr Abwechslung durch das Zwischenpflanzen von Blumen und Kräutern. Dadurch aber, dass so viel Augenmerk auf den Aufbau von Humus, die Förderung von Nützlingen, den Verzicht auf Gift oder Kunstdünger und die Verbesserung des Bodens gelegt wird, kommen Schädlinge und Krankheiten zwar vor, die Pflanzen scheinen jedoch in den meisten Fällen besser damit umgehen zu können, sodass Totalausfälle einer Kultur eher die Seltenheit sind.

Aus diesem Grund kann ich beispielsweise mehrere Jahre hintereinander Kartoffeln immer wieder auf der gleichen Fläche anbauen – solange keine Schädlinge auftreten natürlich. Eine Tatsache, die eigentlich ein absolutes Tabu ist, wenn man die klassischen Regeln der Fruchtfolge einhalten will. Trotzdem habe ich damit gute Erfahrungen gemacht und weder Probleme mit Schädlingen gemacht noch eine geringere Ernte eingefahren. Ganz im Gegenteil: Ich habe drei Jahre hintereinander auf der gleichen Fläche stetig wachsende Erträge erzielt. Regelmäßige Kompostgaben, dickes Mulchen und der Verzicht auf Pestizide haben den Boden verbessert, anstatt ihn auszuzehren.

Starkzehrer:
Kürbis, Zucchini, Gurken, Tomaten, Melonen, Kohl, Kartoffeln, Mais, Paprika, Chili, Knollensellerie, Lauch
Mittelzehrer:
Erdbeeren, Möhren, Pastinaken, Rote Bete, Mangold, Schwarzwurzel, Salate, Zwiebeln, Knoblauch, Physalis, dicke Bohnen, Feuerbohnen
Schwachzehrer:
Kräuter, Bohnen, Erbsen, Radieschen, Feldsalat, Mairübchen

NATÜRLICH GÄRTNERN OHNE GIFT: GESUNDER BODEN – GESUNDE PFLANZEN

„Ein bisschen Gift ist doch wohl erlaubt, oder?" Diese Meinung gibt es tatsächlich, selbst bei sogenannten Bio-Gärtnern. Für uns vollkommen unverständlich – und absolut ausgeschlossen. Gerade weil wir eben keine Pestizide, Fungizide oder Kunstdünger in unserem Essen haben wollen (auch nicht nur ein bisschen!), betreiben wir doch diesen ganzen Aufwand. Und darum legen wir unser Hauptaugenmerkt vor allem auf einen gesunden Boden. Denn nur in einem gesunden Boden können auch gesunde Pflanzen wachsen. Wie soll auch ein mit Kunstdüngern und Gülle überdüngter und an Nährstoffen verarmter kranker Boden mit einem kümmerlichen Bodenleben gesunde Pflanzen hervorbringen? Das ist kaum möglich, und darum wachsen auf kranken Böden schwache und krankheitsanfällige Nutzpflanzen, die wiederum nur überlebensfähig sind, wenn man Pflanzenschutzmittel und Unkrautvernichtungsmittel einsetzt. Ein Teufelskreis!

Den Boden vor Erosion, Austrocknung oder Verarmung zu schützen, ihn mit Humus zu verbessern, die Mikroorganismen zu hegen und zu pflegen – das alles ist die wichtigste Aufgabe eines jeden Gärtners. Nur mit genveränderten Pflanzen oder ebensolchem Saatgut, mit Kunstdüngern und Pestiziden an der

Oberfläche zu arbeiten, wird niemals eine langfristige Lösung sein können, weder im Privatgarten noch im großen Stil. Nachhaltigkeit beginnt mit der Erkenntnis, dass auf einem kranken Boden kein gesundes Essen wachsen kann. Eigentlich ganz einfach.

Wenn man diese Grundregel erst einmal wirklich verinnerlicht hat, ist jedes weitere Handeln eine logische Konsequenz daraus. Denn natürlich bedecken wir demzufolge den Boden mit einer dikken Mulchschicht, um die Feuchtigkeit zu halten, ihn vor Wind und allzu starker Sonneneinstrahlung zu schützen und die Bodenlebewesen zu füttern. Dass wir nebenbei weniger gießen und Unkraut jäten müssen, ist ja nur ein zusätzlicher Bonus, um auch uns etwas Gutes zu tun. Eine Win-win-Situation sozusagen.

Und wenn wir wissen, dass ein Gift, das ein Lebewesen tötet, niemals für andere gänzlich ungefährlich sein kann, dann werden wir uns selbstverständlich davor hüten, mit der Giftspritze im Garten herumzufuchteln, um für uns störende „Unkräuter" zu bekämpfen oder das biologische Gleichgewicht zu stören, indem wir irgendwelche Schädlinge „totspritzen". Überhaupt sollte doch der Garten kein Ort für Kämpfe sein, sondern ein Platz für ein natürliches Miteinander. Kämpfe haben immer mit Gewalt zu tun, mit Vernichtung und Zwang – und etwas Erzwungenes kann niemals schön sein, weder im Garten noch anderswo! Viel mehr Freude macht es doch, wenn die Pflanzen von sich aus so kräftig und gesund aus einem guten intakten Boden wachsen, der mit natürlichen Komponenten verbessert wurde, statt mit künstlichen, die langfristig eher schaden als nutzen. Dadurch sind die Pflanzen von Natur aus nicht so anfällig für Krankheiten oder Schädlinge, welche vor allem geschwächte Kulturen befallen.

Ob man in seinem Garten Kalk ausbringt, ist ein bisschen Einstellungssache: die einen kalken jährlich, andere nie. Ich denke, die Wahrheit liegt hier – wie so oft – in der Mitte. Man kann zur Bestimmung der Bodenqualität Tests kaufen, die anzeigen, ob Kalk fehlt – oder man schaut sich an, was so an Wildkräutern wächst. Es gibt nämlich wie bereits erwähnt sogenannte Zeigerpflanzen. Brennnesseln beispielsweise zeigen einen reichen Stickstoffgehalt im Boden an. Sauerampfer weist hingegen auf Kalkbedarf hin, weil der Boden zu sauer ist. Viele Gemüsepflanzen lieben einen kalkhaltigen Boden und können durch mickriges Wachstum ebenfalls einen Kalkmangel andeuten, hierzu gehören Tomaten, Bohnen, Erbsen, Rote Bete, Mangold und Möhren, aber auch Kräuter wie Salbei, Lavendel und Thymian.

Auch Schnecken scheinen hier ein guter Indikator zu sein: Angeblich befallen sie vor allem Gärten, deren Böden nicht im Gleichgewicht sind. Hier kann ein genereller Mangel an Humus und Mineralien der Grund sein, aber eben auch Kalkmangel. Einen Versuch ist es sicherlich wert, mit einer moderaten Kalkgabe dem Boden auf die Sprünge zu helfen und damit gleichzeitig die Schneckenplage loszuwerden.

Wenn man sich fürs Kalken entscheidet, sollte man möglichst sparsam damit umgehen. Viel hilft hier nicht automatisch viel, sondern kann sogar großen Schaden anrichten. Am besten kalkt man zwischen September und Mai die nicht bewachsenen Beete. Dafür wird der Kalk leicht über die Fläche verteilt und vorsichtig in die Erde eingearbeitet. Dabei sollten Blätter nichts abbekommen und anschließen dringend gegossen werden – oder man kalkt direkt vor einem Regenschauer. Natürlich eignen sich statt Kalk aus der Tüte auch natürliche Quellen wie Eierschalen.

NATÜRLICH IM GLEICHGEWICHT: VON FRESSFEINDEN UND HELFERLEIN

Wenn wir also unseren Garten im Einklang mit der Natur führen wollen, ganz ohne Kampf und Geschrei, dann arbeiten wir nahezu spielerisch mit allem, was ohnehin da ist. Der Rasenschnitt wird verwendet zum Mulchen, der Kompost und Mist aus den Ställen zum Düngen, das abgestandene Regenwasser zum Gießen, die Kräuter und Duftpflanzen stehen zwischen den Gemüsepflanzen – überall ergeben sich ganz automatisch Kreisläufe, die ganz natürlich aufeinander aufbauen, sich gegenseitig ergänzen und unterstützen. Wir müssen niemals teuer irgendwelche künstlich hergestellten Wundermittel oder Kampfstoffe im Baumarkt oder Gartencenter kaufen, sondern bekommen als Dank für das natürliche Gärtnern die volle Unterstützung der Natur zurück – vollkommen kostenlos! In einem naturnahen Garten ohne Monokulturen kommen unsere kleinen Helfer ganz von allein: die Hummeln und Bienen, die Schwebfliegen und Marienkäfer, die Erdkröten, Schmetterlinge, Vögel und Libellen. Alles arbeitet miteinander, niemals gegeneinander.

Ja, auch die Kohlweißlinge kommen, aber auch gegen die ist buchstäblich ein Kraut gewachsen: Oft reicht es schon, duftige Tagetes und andere stark riechende Sommerblumen zwischen den Kohl zu pflanzen. Auch Tomaten helfen, um die hübschen, aber doch recht invasiven Kohlweißlinge weitestgehend abzuhalten. Wer partout auf Schutznetze verzichten will, denn diese sind zwar hilfreich, aber wirklich nicht besonders schön, kann sich immer noch der durchaus meditativen Aufgabe hingeben, die kleinen Plagegeister per Hand abzusammeln und anschließend an die Hühner zu verfüttern. Das ist quasi reine Geschmackssache – buchstäblich.

Ich habe mich auch jahrelang gegen Netze und für das Absammeln entschieden, tendiere inzwischen aber doch schweren Herzens eher zum Abdecken der Kohlpflanzen mit Schutznetzen. Manchmal muss man Kompromisse eingehen – und die Schutznetze sind glücklicherweise vor allem ein optisches Problem, das keine gesundheitlichen Folgen hat: weder für uns, noch für die Tierwelt – nicht einmal für die Kohlweißlinge. Diese können sich ja immer noch mit voller Wonne über die Kapuzinerkresse hermachen.

Auch Schnecken sind vielerorts ein Problem. Seit wir in Schweden leben, hatten wir interessanterweise noch nie Probleme damit. Vielleicht liegt es an den Mineralien in den unverbrauchten Böden oder an unserer Patrouille aus freilaufenden Hühnern, die sämtliche Schnecken und deren Gelege schon im Frühstadium aus der Erde kratzen? Vielleicht arbeiten sie zusammen mit all den Singvögeln, die sich wie durch Magie nach einer Zeit immer in unserer Nähe ansiedeln, brüten und ebenfalls alle möglichen Plagegeister vertilgen? Aber auch das Mulchen mit Holzschnitzeln und Sägespänen kann gegen Schnecken helfen, denn diese bevorzugen glatte Flächen, um darauf herum zu schleimen. Sie mögen auch kein raues Holz – was liegt also näher, als seine Beete mit niedrigen oder auch höheren Balustraden aus Holz zu umgrenzen? Ausgelegte Bretter im Beet wiederum laden die Schnecken ein, sich darunter zu verkriechen: mehrmals täglich die Bretter zu kontrollieren und ungeliebte Besucher einzusammeln, kann ebenfalls helfen. Von Bierfallen rate ich ab, denn diese locken zwar sicherlich einige Kandidaten aus der näheren Umgebung in den Tod durch Ertrinken, aber zusätzlich können sie Hundertschaften von weiteren Schnecken erst aus der Ferne überhaupt anlocken. Was ich von Schneckenkorn halte, muss ich hoffentlich nicht näher erläutern: Der unschuldige Name ändert nichts an der Tatsache, dass es sich hierbei um ein Gift handelt, das nicht nur Schnecken schaden kann!

Um möglichst viele Nützlinge in den Garten zu locken, braucht es natürlich Blumen! Nicht nur für die Bienen und Schmetterlinge – auch wir selber brauchen Blumen im Garten: fürs Auge, aber vor allem fürs Herz und für die Seele. Und ja, sogar für den Teller! Denn viele meiner liebsten Bauerngartenpflanzen sind nicht nur wunderschöne Bienenmagneten, sie sind auch noch essbar: Cosmea (Schmuckkörbchen), Ringelblume, Kapuzinerkresse, Tagetes

(Studentenblume) und natürlich sämtliche Kräuter wie Minze, Lavendel, Bohnenkraut, Borretsch (Gurkenkraut) oder Thymian. Sie alle dürfen in meinem Garten auf keinen Fall fehlen. Sie wachsen am Rand der Beete, aber mitten darin. Sie flankieren das Gemüse, schützen es mit ihrem Duft vor Schädlingen, Krankheiten und Fressfeinden – und am Ende der Saison, wenn der Frost der ganzen Blütenpracht von einem Tag auf den anderen den Garaus gemacht hat, dann liefern sie noch wertvolle Material für den Komposthaufen oder für die Füllung eines neuen Hoch- oder Hügelbeetes.

Übrigens bilden auch zweijährige Gemüse wie Mangold oder Pastinaken im zweiten Jahr wunderschöne Blüten, wenn man sie denn lässt. Auch Salate blühen überraschend üppig und ziehen Insekten an. Darüber hinaus bilden die Pflanzen nach der Blüte natürlich Saatgut, welches man absammeln kann, um es im nächsten Jahr wieder auszusäen. Oder aber man lässt die Pflanzen sich selber aussäen, dann finden die Saatkörner den idealen Ort und Zeitpunkt, um von selber wieder aufzugehen. Das klappt hervorragend bei Postelein (Portulak) oder Feldsalat, die im Garten vollkommen selbständig Flächen erobern und von ganz alleine durch den Garten wandern. Darüber kann man sich nur freuen: der Boden ist bedeckt, man spart Zeit für die Anzucht und Geld fürs Saatgut. Was zu viel wächst oder an falscher Stelle, bekommen die Hühner oder Kaninchen, die wiederum Dünger für die Beete produzieren. Das ist Permakultur vom Feinsten: sich selbst erhaltende Kreisläufe, bei denen alles fast von selbst funktioniert!

EIN TRAUM AUS ALTEN FENSTERN: UNSER PATCHWORK-GEWÄCHSHAUS AUS RESTHOLZ

Wenn mich jemand fragt, ob ein Gewächshaus für die Selbstversorgung unbedingt nötig ist, so ist meine persönliche Meinung und Antwort ein eindeutiges „Ja!" – zumindest in den nördlichen Breitengraden, denn schließlich geht die Gartensaison nicht nur von April bis September, sondern im Idealfall über das gesamte Jahr. Es hat auch bei mir einige Jahre gedauert, bis ich verstanden habe, dass der Herbst nicht das Saisonende bedeutet, sondern im Gegenteil der Anfang von etwas Neuem ist! Der Herbst ist sozusagen das erste Kapitel im neuen Gartenjahr, denn hier können wir bereits die Grundsteine für die nächste Runde legen. Diese Erkenntnis macht einem das Gärtnerleben so viel einfacher. Noch einfacher wird es mit einem eigenen Gewächshaus!

Die Frage, was für ein Gewächshaus es sein sollte, also Form, Material und Größe, ist jedoch eher individuell zu beantworten. Wir haben in all den Jahren in den unterschiedlichsten Gewächshäusern gegärtnert: Das Gestell unseres allerersten eigenen Gewächshauses hat Julian beispielsweise aus Abbruchholz von einer alten Halle in Nordfriesland gebaut. Ein kleines feines Häuschen mit Spitzdach, das Wände aus durchsichtigem Well-PVC bekam. Wir dachten, dieses festere Material wäre auf jeden Fall nachhaltiger als eine simple Folie und war zu dem Zeitpunkt für uns einigermaßen erschwinglich – im Gegensatz zu Glasscheiben, die damals finanziell in unerreichbarer Ferne lagen. In diesem Gewächshaus baute ich meine ersten Kräuter an und zog meine ersten Tomaten.

Nach ein paar Jahren war das PVC rau, grün und unansehnlich und ließ sich auch mit ganz viel Mühe nicht mehr richtig säubern. Hinzu kam, dass die nahen Bäume inzwischen den Standort beschatteten. Darum kauften wir einen größeren Folientunnel und bauten ihn an anderer Stelle auf dem Grundstück auf. In diesem Tunnel erntete ich die ersten Paprika – und zwar in Hülle und Fülle.

Als wir unseren ersten kleinen Hof verkauften und uns diesbezüglich etwas vergrößern wollten, gab es erstmal eine Menge mehr zu tun, als nur einen neuen größeren Gemüsegarten anzulegen. Darum waren wir froh und dankbar, dass das alte Bauernhaus bereits über einen angebauten einfachen

Wintergarten verfügte. Diesen haben wir zwar damals nach einiger Zeit noch vergrößert, aber ein extra Gewächshaus haben wir dort nicht gebaut. In diesem nicht isolierten Wintergarten wuchsen im Frühjahr meine Jungpflanzen in Steckpaletten und im Sommer Tomaten, Paprika, Chili und Peperoni in großen Blumenkübeln. Auch das funktionierte wunderbar.

Als wir nach Schweden auswanderten, war uns natürlich klar, dass es hier ohne Gewächshaus gar nicht gehen würde. Darum investierten wir, gleich nachdem wir die Ackerfläche für den neuen Garten angelegt hatten, als Nächstes in einen großen Folientunnel. Ich träumte zwar eigentlich von einem rustikalen selbstgebauten Gewächshaus aus alten Fenstern, aber dafür fehlte uns im ersten Sommer in Schweden einfach die Zeit und vor allem das Material. Wir zogen am 1. Juni ins Flusshaus ein und wollten natürlich direkt die Gartensaison mitnehmen. Gesagt, getan. Noch bevor wir irgendetwas am oder im Haus renovierten, waren wir nur im Garten. Mit Erfolg: Die erste schwedische Ernte war zwar noch nicht überwältigend, konnte sich aber durchaus sehen lassen. Und bereits in der zweiten Saison im Gewächshaus hatte ich die Ernte meines Lebens an Paprika und Tomaten – und sogar Wassermelonen und Honigmelonen.

Jetzt hier auf unserem vierten Hof im Wald erfüllte sich endlich mein Traum vom selbstgebauten Patchwork-Gewächshaus! Über die drei Jahre in Schweden hatten wir immer mal wieder alte Fenster gefunden und gesammelt. Diese kamen nun endlich zum

Einsatz. Auf einer Zwischendecke in der alten verfallenen Scheune fanden wir zudem noch jede Menge trockenes Bauholz für das Ständerwerk und die Pflanzkästen. Und als kleinen Bonus entdeckten wir auf dem staubigen Heuboden einige wunderschöne alter Fenster in einem morbiden Antikgrün mit einer ausgefallenen verspielten Verglasung – die Frontfenster für mein neues Gewächshaus.

Durch das Sammeln von Schrott und alten Materialien konnte Julian auf diese Weise nahezu kostenlos ein ganzes Gewächshaus bauen – das schönste, das wir jemals hatten: ein kleines Patchwork-Haus aus alten Teilen, aus Schrott und Müll und Fantasie, zusammengesetzt aus vielen bunten Teilen, verschraubt mit wilder Vorfreude. Jedes Mal, wenn ich es betrachte, durchrieselt mich ein Gefühl der Freude: Es ist so schön geworden und zeigt deutlich, dass es viel schöner sein kann, aus alten Teilen etwas Neues, Einzigartiges zu erschaffen, als ein Fertigprodukt im Baumarkt oder Katalog zu kaufen.

Natürlich kommt es auch bei Gewächshäusern vor allem auf die inneren Werte an, denn nur schön sein, reicht natürlich nicht aus. Dabei ist die Wahl der Fenster bzw. des Glases nicht unerheblich: Wie gut die Pflanzen später gedeihen, hängt maßgeblich von der UV-Strahlungs-Durchlässigkeit des Materials ab, denn je nach Dach- und Wandmaterial lässt es mehr oder weniger Lichtspektrums-Bereiche durch. Dünnes Material wie Folie oder einfaches Glas lässt dementsprechend mehr vom kurzwelligen ultravioletten Licht durch als doppelte Verglasung. Dadurch werden die Pflanzen resistenter gegen Schädlinge, wachsen kompakter und bilden ein besseres Aroma aus. Die benutzten Glasplatten sollten also möglichst nicht über bestimmte UV-Filter verfügen.

Wir beschlossen, unser Gewächshaus aus alten Fenstern direkt an die Ostwand unserer kleinen Waldhütte zu bauen, in der wir zuerst wohnten, weil das Haupthaus noch eine totale Ruine war. Dementsprechend besteht die Westseite des Glashauses nun aus der Holzfassade der Ferienhütte. Auch die Rückwand Richtung Norden besteht zu etwa zwei Dritteln aus Holz. Es handelt sich also quasi um ein Zwei-Seiten-Glashaus. Das sparte damals beim Bau Zeit und Material, gibt dem Ganzen aber zusätzlich eine Menge Stabilität und Halt, außerdem Windschutz aus der Hauptwindrichtung. Da die Sonne im schwedischen Sommer erst sehr spät Richtung Westen wandert und die Abendsonne ohnehin nicht mehr nennenswert relevant für die Sonnenausbeute der Pflanzen ist, haben wir also zwei Glasfronten zugunsten der anderen Gründe geopfert.

Im Winter und in den Übergangszeiten kommt noch ein weiterer Vorteil hinzu: Das Gewächshaus kühlt nicht so schnell über die Fensterflächen aus, und wir haben zusätzlich die Möglichkeit, es mittels einer Ventilation in der Fassade direkt aus der Hütte zu beheizen. Dadurch können wir – je nach Außentemperatur – die Pflanzsaison im Gewächshaus um mehrere Wochen verlängern, sowohl im Frühling als auch im

Herbst. Das ist ein Riesenvorteil, wenn die Saison generell so kurz ist wie hier in Schweden. Ich kann dadurch viel früher mit der Anzucht der Jungpflanzen beginnen, frühe Fröste relativ gut kompensieren und auch nach hinten raus die Erntezeit deutlich verlängern. Die Hütte selbst wird übrigens per Solar geheizt und verfügt über einen eigenen Holzofen – somit entstehen keine weiteren Strom- oder Energiekosten, um die Temperatur im Gewächshaus zu erhöhen.

Im Gewächshaus haben wir niedrige Beetkästen angelegt, denn hier wachsen vor allem Pflanzen, die viel Platz nach oben benötigen wie Tomaten, Gurken und Physalis. Auch Paprika, Auberginen und – wie bereits erwähnt – Melonen bauen wir im Gewächshaus an. Sogar herrliche zuckersüße Weintrauben können wir in unserem Gewächshaus ernten. Im Frühling können hier bereits Salate, Kohlpflanzen, Möhren und Radieschen wachsen, lange bevor Mitte/Ende Mai die Tomaten, Gurken und Paprika einziehen. Auch eine frühe Charge Dill zum Einfrieren kann hier zeitig ausgesät werden – genauso wie unsere geliebten Erbsensprossen für die erste knackige Geschmacksexplosion im Garten.

Wenn aus ein paar Samenkörnern ein Garten wird und aus ein paar alten Brettern und dreckigen Fenstern ein Gewächshaus. Wenn Träume sich zu Ideen formen und Gedanken zu Taten. Wenn aus etwas Altem und Vergessenem etwas Neues wird, etwas Geliebtes.

Wenn aus der Vision Realität wird und aus dem Bild im Kopf ein Gemälde: „Sommer im Waldgarten“. – Immer wieder staune ich, halte inne und stelle verwundert fest, dass hier noch vor wenigen Jahren nur eine vermooste Waldwiese war, sonst nichts.

– Wo nichts ist, kann alles entstehen …

MEIN GARTEN, MEINE BURG: GÄRTNERN IN HOCHBEETEN

Für uns war von Anfang an klar, dass ein Garten mitten im schwedischen Wald eine besondere Herausforderung wird. Zum einen wachsen hier eine Menge hartnäckiger Wildkräuter wie Brennnesseln, Giersch, Quecke, Disteln und Farn, die mit unseren Kulturen konkurrieren wollen und werden. Zum anderen müssen wir das Gemüse natürlich vor den wilden Tieren schützen, die schon vor uns hier gewohnt haben: Wildschweine, Rehe und Kaninchen, aber auch Elche und Vögel, die allesamt mit absoluter Sicherheit nur darauf warten, sich auf unsere Aussaaten und Ernten zu stürzen, sobald sie nur die Gelegenheit dazu bekommen.

Also stand schon vor unserem Umzug in den Wald fest, dass unser neuer Gemüsegarten eingezäunt werden muss: hoch genug, damit keine Tiere hineinspringen können und stabil genug, damit sich keine hindurchdrängen oder -graben können. Was lag also näher, als die gesamte Fläche mit Hochbeeten zu umbauen und diese an den Außenseiten mit einem Wildzaun zu erhöhen? Auf diese Weise würde eine richtige kleine Festung entstehen: eine Burg aus Hochbeeten.

Hochbeete haben neben dem Schutz vor Tieren viele weitere Vorteile: Sie sind rückenfreundlich beim Aussäen, Pflegen und Ernten, sie geben dem Garten Struktur und sehen schön aus. Außerdem kann man beim Befüllen jede Menge Gartenabfälle darin entsorgen. Man kann Hochbeete nahezu überall aufstellen und dadurch auch an Stellen und Orten gärtnern, die sonst vielleicht eher ungeeignet erscheinen: auf verdichteten Böden, an staunassen Standorten, bei hohem Unkrautdruck, ja, sogar auf Waschbetonplatten oder auf dem Balkon (hier aber bitte das zulässige Gewicht beachten!). Vor allem aber kann man in Hochbeeten und Beetkästen viel dichter pflanzen als in

herkömmlichen Beeten oder Ackerflächen, weil die Pflanzen durch die tiefe lockere Erde viel leichter und tiefgründiger wurzeln können. Dadurch können sie mehr Nährstoffe aufnehmen und besser gedeihen, der Konkurrenzdruck der Pflanzen untereinander ist viel geringer als beim herkömmlichen Anbau. Somit ist der mögliche Ertrag auf gleicher Fläche vergleichsweise deutlich höher.

Aber es gibt auch Nachteile beim Gärtnern in Hochbeeten. Sie brauchen auf jeden Fall mehr Wasser als ebenerdige Beete, ganz einfach, weil die Feuchtigkeit schneller abläuft. Hin und wieder müssen sie aufgefüllt werden, vor allem in den ersten Jahren, weil die unteren Schichten verrotten und absacken. Je nachdem aus welchem Material sie sind, haben sie unter Umständen nur eine begrenzte Haltbarkeit.

Zuallererst ist natürlich Material nötig, um Hochbeete zu bauen: Holz, Steine oder andere Materialien müssen entweder vorhanden sein oder unter Umständen teuer angeschafft werden. Hier gilt es genau abzuwägen, ob sich der Kosten-Nutzenaufwand lohnen wird. Wenn man wirklich lange Freude an Hochbeeten haben möchte, sollte man sie aus Steinen aufmauern. Hat man zufällig kostenloses oder günstiges Bauholz zur Verfügung, liegt es natürlich nahe, dieses auch zu verwenden. Holz in Verbindung mit feuchter Erde ist leider einer relativ kurzen Lebensdauer unterworfen, es sei denn, man kleidet die Beetkästen mit einer Folie aus. Plastik ist wiederum ein Thema für sich, und immer weniger Menschen möchten Plastik verwenden, schon gar nicht im Garten. Trotzdem gibt es Bereiche, wo man vielleicht Kompromisse schließen möchte. Hochbeete aus Holz können so ein Bereich sein, wo der Schutz mit Plastik auf jeden Fall Sinn macht, weil es die Lebensdauer des Hochbeetes um viele Jahre erhöht. In diesem Fall sollte man natürlich darauf achten, eine möglichst schadstoffarme Folie zu erwerben, denn sämtliche Inhalte von Plastik können gerade bei Wärme und Feuchtigkeit in der Erde landen – und dementsprechend von den Gemüsepflanzen aufgenommen werden. Und giftfreies Essen ist ja grade das, was wir in unseren Selbstversorgergärten anbauen wollen. Hier beißt sich also schnell die Katze in den Schwanz.

Wir haben uns bisher stets gegen das Auskleiden mit Plastikfolie entschieden, eben aus diesen Gründen. Dünne unbehandelte Bretter halten allerdings nur einige Jahre, auf jeden Fall deutlich kürzer, als würde man sie mit einem Farbanstrich schützen. Aber auch hier gilt es, die Inhaltsstoffe der Farbe genau zu analysieren und sich zu fragen: Möchte ich das Risiko eingehen, diese Stoffe am Ende in meiner Ernte wiederzufinden? Eine Alternative kann der Anstrich mit Leinöl sein, aber auch dieser Schutz verlängert die Haltbarkeit des Holzes nicht unendlich.

Aus unserer Sicht wären ganze oder zumindest halbierte Baumstämme eine optimale Umrandung für Hochbeete. In Zeiten von extrem angestiegenen Holzpreisen ist dies allerdings die absolute Luxusvariante, wenn man nicht gerade selbst einen Wald besitzt. Zwar haben wir hier den ungeheuren Luxus, eigenen Wald zu besitzen, aber wir wollten natürlich so schnell wie möglich unseren neuen Garten anlegen und nicht erstmal Bäume fällen und Planken sägen. Das hätte uns eine gesamte Gartensaison gekostet. Undenkbar! Wie es das Glück, der Zufall oder das Schicksal so wollte, fanden wir aber wie bereits erwähnt jene große Ladung an altem, gesägtem Bauholz auf einer Zwischendecke unserer maroden Scheune: lange Bretter aus Kiefernholz, die der Vorbesitzer wahrscheinlich vor vielen Jahren einmal mühsam gesägt hatte – offenkundig nur, damit wir nun damit nicht nur unser Gewächshaus, sondern zusätzlich unseren Hochbeet-Garten bauen konnten. Was für ein Geschenk! In solchen Momenten durchflutet mich ein Gefühl von größter Wertschätzung und Dankbarkeit.

Also legten wir im April parallel zum Bau des Gewächshauses los mit der Anlage unseres neuen Gartens, noch bevor in der kleinen Waldhütte alle Umzugskartons auch nur ansatzweise ausgepackt waren, noch bevor die Wände gestrichen waren und noch bevor wir eigentlich wussten, wo uns vor allen Aufgaben der Kopf stand. Aber der Garten hatte nun einmal absolute Priorität: Das Wichtigste zuerst, wie es so schön heißt.

Julian markierte mit Schnüren die geplante Fläche angrenzend an das Gewächshaus, baute die Grundkonstruktionen der Beetkästen und beplankte sie mit dem Holz aus der Scheune. Innerhalb kürzester Zeit

entstand eine Burgmauer aus Hochbeeten auf einer Fläche von etwa 250 Quadratmetern. Inmitten dieser Umrandung ergab sich zusätzlich ganz automatisch eine ebenerdige Ackerfläche. Dort wollten wir im ersten Jahr unsere Kartoffeln anbauen, die bereits in Kisten zum Vorkeimen im unbewohnten Haupthaus lagen.

Als Nächstes füllten wir die Beetkästen mit allem, was wir auftreiben konnten – was auf einem großen Waldgrundstück natürlich nicht weiter schwer war. Das Befüllen von so vielen Kästen innerhalb weniger Wochen war zugegeben anstrengend und mühsam. Wir schleppten Zweige und morsche Äste herbei, legten darauf umgekehrte Grassoden, verteilten darauf altes Laub, Pferdemist und Kompost, den wir tatsächlich vom Haus am Fluss in großen Müllsäcken mitgebracht hatten. Ja, ganz richtig: Wir hatten tatsächlich einen Teil unseres alten abgelagerten Komposthaufens mit umgezogen, schließlich muss man Prioritäten setzen. So entstand innerhalb kürzester Zeit unser neuer Garten, wo vor Kurzem nicht mehr als eine verwilderte Waldwiese gewesen war.

Natürlich hat nicht jeder das Glück, kostenlos an eine so große Menge Bauholz zu kommen. Findige Köpfe aber werden immer einen Weg finden, aus günstigem oder vorhandenem Material Hochbeetkästen zu bauen: aus ausrangierten Mauersteinen, aus alten Dachziegeln, aus Wellblechplatten, die dem Nachbarn beim letzten Sturm vom Schuppendach geweht wurden und die entsorgt werden sollten, aus alten Türen oder Paletten. Im Grunde sind der

Fantasie keine Grenzen gesetzt, denn eigentlich kann alles ein Hochbeet sein, selbst alte Badewannen, Duschwannen, Zinkwannen, eine alte Schubkarre oder ein aussortiertes Bett – oder aber auch nur ein erhöhter Erdwall mit langsam abfallenden Seiten. Hier mag man vielleicht lieber von einem Hügelbeet sprechen, aber im Grunde erfüllt es den selben Zweck: ein schönes fruchtbares Beet mit lockerer Erde für unsere Pflanzen anzulegen.

Ein Hochbeet muss keine bestimmte in DIN-Maßen festgelegte Höhe haben, um ein Hochbeet zu sein. Letztendlich ist jedes auch nur wenige Zentimeter aufgefüllte und höher gelegte Beet ein Hochbeet – auch wenn es sich nur um einen Hochbeetkasten handelt. Der Effekt ist der gleiche, nur die Menge an Material ist ggf. geringer und die Arbeitshöhe etwas niedriger. Welche Höhe und Länge ein Hochbeet haben soll, ist im Grunde Geschmackssache bzw. Materialfrage. Die optimale Breite, wenn man nur von einer Seite gärtnert, sind etwa 60 Zentimeter, also eine Armlänge. Ist das Hochbeet oder der Beetkasten von beiden Seiten zugänglich, ergibt sich also eine maximale Breite von etwa 120 Zentimetern. Im Grunde gilt dieses Maß für die Anlage aller Beete, die man nicht betreten möchte.

Um mit dem Gärtnern in Hochbeeten überhaupt zu beginnen, empfiehlt es sich, wie bei den meisten Dingen und Projekten, erst einmal klein anzufangen. Am besten baut man im Herbst einen Kasten in beliebiger Höhe, den man dann Stück für Stück mit allem Material befüllen kann, das ohnehin bei der Gartenarbeit anfällt: Zweige, Abschnitt von Stauden, verblühte Sommerblumen, Laub, eventuell Grassoden von einem neu angelegten Beet. Obenauf kommt im Idealfall verrotteter Pferdemist und als letzte Schicht gut abgelagerter Kompost oder Gartenerde. Wenn man die Möglichkeit hat, sollte man die Kästen von unten mit Wühlmausdraht

auskleiden, damit man keine ungebetenen Gäste anlockt. Wenn man auf diese Weise jedes Jahr ein oder zwei Hochbeete anlegt, wird man auch in einem kleineren Garten selten an Füllmaterialmangel leiden. Sollte dies doch der Fall sein: einfach mal die Nachbarn fragen, denn die meisten freuen sich, wenn sie Gartenabfälle kostenlos entsorgen können und bringen ihren „Müll" vielleicht sogar mit dem Anhänger direkt in euren Garten. Pferdemist bekommt man oft beim nächsten Reitstall.

Wie bereits erwähnt müssen die meisten Hochbeete in den ersten Jahren aufgefüllt werden, weil die ursprüngliche Füllung beim Zersetzen zusammensackt. Das Auffüllen geschieht am besten bereits im Herbst, solange es noch frostfrei ist. Idealerweise nach der Ernte einer Hauptkultur und rechtzeitig genug, um danach noch Wintersalate zu säen, gegebenenfalls mit einer Schutzabdeckung. Um Hochbeete neu zu befüllen, gibt es zwei Möglichkeiten: Entweder hat man genug reifen Kompost, den man bereits nach und nach als Mulch aufträgt, während noch Pflanzen auf dem Beet wachsen. Das klappt zum Beispiel gut bei größeren Pflanzen wie Kohl oder auch Bohnen. Oder aber man befüllt das Beet direkt nach der Ernte mit einer großen Menge Kompost bis zur gewünschten Höhe. Da die meisten von uns normalerweise nicht über unbegrenzte Mengen Erde oder fertigen Komposts verfügen, gibt es aber noch eine andere Methode: Ich trage im Herbst die oberste gute Erdschicht eines Hochbeetes ab und lege sie zur Seite auf ein benachbartes Hochbeet. Alternativ kann man die Erde auch auf einer Schubkarre, in mehreren größeren Kübeln, Big Packs oder auf einer Plastikplane zwischenlagern. Anschließend befülle ich das Beet mit dem, was mir zur Verfügung steht: Laub, unreifem Kompost, Einstreu aus dem Hühnerstall, frischem Pferdemist – am besten von allem etwas. Während des Befüllens durchmische ich die einzelnen Komponenten, klopfe sie etwas fest und zum Abschluss schaufle ich die gute Erde wieder obendrauf. Natürlich ist es nicht ganz optimal, dass in diesem Fall die Erdschichten etwas vermischt werden, denn eigentlich wollen wir das ja gerade nicht. Im Hochbeet jedoch habe ich bisher wenig Nachteile dadurch bemerkt, und die Vorteile überwiegen eindeutig. Die oberste Erdschicht wird zwar etwas durcheinandergewirbelt, aber nicht viel mehr, als wenn man normal die Erde auflockert. Durch den aufgefüllten Kompost werden jede Menge neue Bodenlebewesen und Würmer ins Hochbeet befördert und durch die Verrottung der Biomasse entsteht zusätzlich Wärme, die wir im Herbst und Frühling natürlich gut nutzen können, um die Saison für unser Gemüse zu verlängern. Generell sind Hochbeete durch ihren Aufbau sowieso die meiste Zeit ein paar Grad wärmer als ebenerdige Flächen. Das macht sie in Kombination mit Abdekkungen und Schutzvliesen zu einer optimalen Hilfe bei der Saisonverlängerung.

Auch – oder gerade – auf kleinem Raum, also auch in kleineren Gärten oder gar auf dem Balkon besteht die Möglichkeit, Hochbeete und Beetkästen aufzustellen. Wer aber generell nicht viel Anbaufläche zur Verfügung hat, kann sich durch das Gärtnern „in die Höhe" relativ einfach mehr Raum verschaffen

und selbst auf den schwierigsten Untergründen gärtnern. Hügelbeete haben den zusätzlichen Vorteil, dass man kein zusätzliches Material für die Umrandungen braucht, sondern einfach das Material aus Ästen, Laub, Stängeln und Grassoden in nahezu beliebiger Höhe und Größe aufschichtet, abschließend mit Kompost bedeckt – und loslegen kann mit der Bepflanzung. Durch die Krümmung der Oberfläche wird die Anbaufläche im Vergleich zu einem ebenerdigen Beet vergrößert, und durch die Verrottung im Inneren die Temperatur der Erde erhöht, was einen zeitigeren Anbau begünstigt.

FÜR HOCHSTAPLER UND SPONTANE: GÄRTNERN AUF STROHBALLEN

Wer gut und günstig an biologisch angebautes Stroh in kleinen Ballen kommt, sollte unbedingt das Gärtnern auf Strohballen ausprobieren. Hierbei werden erhöhte Beete aus Strohballen konzipiert, indem die Ballen in beliebiger Zahl und Anordnung ausgelegt werden, und zwar auf die schmale Längsseite, damit man später in den Ballen hinein pflanzen kann. Am besten platziert man die Strohballen in Nord-Süd-Ausrichtung, damit die Pflanzen genug Sonne bekommen. Der Abstand zwischen den Reihen sollte mindesten 80 bis 100 Zentimeter betragen, damit man bequem hindurchgehen und auch mit der

Schubkarre hindurchfahren kann. Die Ballen werden vorbereitend etwa zwei Wochen gut gewässert und gedüngt. Anschließend werden sie unter Hinzunahme von guter Erde und stickstoffhaltigem Kompost bepflanzt. Dabei wird eine etwa 5 bis 10 Zentimeter dikke Erdschicht auf die Oberfläche aufgebracht, das Stroh mit einer kleinen Schaufel leicht auseinander gedrückt, sodass auch dort Erde eindringen kann, und die Jungpflanzen eingesetzt. Auch eine Direktsaat ist möglich. Zur Bepflanzung eignen sich nahezu alle Gemüse, vor allem aber auch Erdbeeren. Dem jeweiligen Nährstoffbedarf der einzelnen Pflanzen entsprechend muss gegebenenfalls im Laufe der Saison zusätzlich Kompost aufgebracht werden. Durch die Verrottungswärme können die Pflanzen profitieren und danken es oftmals mit schnellerem Wachstum. Hummeln und Wildbienen finden den Sommer über in den Strohballen Unterschlupf, und das Stroh kann am Ende der Saison zum Mulchen an anderer Stelle verwendet werden oder auf dem Misthaufen zu wertvollem Kompost umgesetzt werden.

Die Feuchtigkeit im Inneren der Ballen hält sich gut und lange, trotzdem muss regelmäßig gegossen werden. Damit die Wege nicht matschig werden, kann man sie beispielsweise mit Rindenmulch bedecken. Unkraut oder schlechter Untergrund sind nahezu kein Problem, Plastikkübel und Umgraben werden überflüssig: Selbst auf steinigen, unfruchtbaren Böden oder gar auf Beton und Pflasterflächen kann man so in kürzester Zeit einen fruchtbaren Garten entstehen lassen, der nach einer Saison bei Bedarf schnell wieder rückgebaut werden kann. Dies kann zum Beispiel in einem Mietsgarten eine tolle Option sein, wo man vielleicht keinen Akker oder feste Hochbeete anlegen darf. Zum Gärtnern auf Strohballen liefert das Internet unzählige tolle Bilder mit Vorschlägen und Inspirationen zur konkreten Umsetzung.

KOMPOST: DAS SCHWARZE GOLD DES GÄRTNERS

Der Komposthaufen ist nicht einfach nur ein trauriger Ort, an dem achtlos die Gartenabfälle entsorgt werden – zumindest sollte er das nicht sein. Vielmehr sollte der Kompostplatz ein Ort sein, der als Produktionsstätte für des Gärtners wichtigste Zutat gewertschätzt wird, denn hier entsteht das schwarze Gold des Gartens!

Im Idealfall besteht ein Komposthaufen aus möglichst vielen Komponenten, groben und feinen, nassen und trockenen, tierischen und pflanzlichen, jungen und alten. In unserem Fall setzt sich der Misthaufen aus folgenden Zutaten zusammen: Heu, Stroh, Pferdeäpfel, Späne-Einstreu aus Kaninchen- und Hühnerstall, Laub, Gartenabfälle, Grasschnitt, Küchenabfälle wie Zwiebelschalen und Kaffeesatz, Asche aus den Öfen und allem, was sich sonst noch so ansammelt und was nicht direkt als Mulchschicht auf den Beeten landet. Fleisch und gegarte Lebensmittel sollten aber auf keinen Fall auf dem Komposthaufen landen, weil dadurch je nach Standort Ratten, Dachse und Wildschweine angezogen werden. Knochenabfälle können allerdings verbrannt und anschließend kompostiert werden. Alle anderen gekochten Küchenabfälle bekommen die Hühner. Um eine gute Durchmischung zu erreichen, sollten die verschiedenen Komponenten möglichst abwechselnd auf den Misthaufen gegeben werden, damit vor allem die Pferdeäpfel immer eine gute Durchlüftung bekommen. Zu viel vom gleichen Material sorgt meist für eine verklebte Masse, die eher zum Schimmeln neigt – das passiert auch schnell, wenn man zu viel Grasschnitt auf einmal zugibt, diesen also immer schön locker verteilen, damit er auf keinen Fall verklumpt.

Man kann Misthaufen auf verschiedene Weisen aufsetzten. Sehr oft wird empfohlen, eine Art Dreikammersystem zu nutzen, bei dem immer ein Fach reifen Kompost enthält und eines frisch befüllt wird. Das mittlere befindet sich im Reifeprozess. Ist das Fach mit dem reifen Kompost aufgebraucht und im Garten verteilt, wird Fach zwei mit dem reifenden Kompost in das freigewordene Abteil umgeschichtet und so weiter. So bleiben die Haufen quasi in Bewegung und bekommen regelmäßig Sauerstoffzufuhr, was die Verrottung beschleunigt – und den Gärtner fit hält. Dieses System ist für kleinere Gärten sicherlich optimal, auf einem Hof, wo größere Mengen an Tierdung und Gartenabfällen, vor allem aber auch Unmengen an Laub anfallen, braucht man schon eine größere Dimension an Miststätte. Hier bietet es sich an, eine lange Kompostmiete aufzusetzen, also einen langen wallartigen Misthaufen, der immer vom einen Ende her befüllt wird und am hinteren Ende erntereif ist. Gerade, wenn man keinen Trecker mit Frontlader zur Verfügung hat, ist das eine sehr praktische Methode, weil man sich sowohl das schwere Gerät spart als auch das Umschichten per Mistgabel, was bei diesen Mengen sowieso eher unrealistisch ist. Natürlich kann man auch zwei bis drei unterschiedliche Misthaufen aufsetzen, von denen jeweils der älteste im Garten verteilt und der jüngste befüllt wird, während der dritte ruht.

Wichtig ist, dass ein Komposthaufen immer Kontakt zum Erdreich hat. Demzufolge sind betonierte Betonmistplatten natürlich vollkommen kontraproduktiv, da kein Bodenleben in die Kompostmasse eindringen kann, um diese produktiv in guten Kompost umzuwandeln. Zudem bildet sich schnell Staunässe auf Mistplatten, die wiederum zu Fäulnis führt, kaum aber zu wertvoller Biomasse, die wir im Garten anwenden möchten. In der Massentierhaltung mag das Ganze gerade noch seine Berechtigung haben – aber das ist ein anderes Thema. Für den privaten Hof- oder Gartenbesitzer mit moderatem Tierbestand, der keine Unmengen von ausschließlich tierischem Mist produziert, sind Mistplatten im wahrsten Sinne des Wortes eines: großer Mist! Ein gesunder vielfältiger Misthaufen steht in ständigem Kontakt mit dem Erdreich, um sowohl Würmer und Mikroorganismen aufzunehmen als auch überschüssige Feuchtigkeit abgeben zu können. Optimal ist ein halbschattiger Standort, der genügend Regeneintrag zulässt, damit die nötige Feuchtigkeit aufgenommen werden kann, die für die Verrottung nötig ist.

Der reife Kompost sollte nicht untergegraben, sondern lediglich in die Beete eingeharkt werden, quasi wiederum als Mulchschicht. Wer zu Beginn seiner Hofarbeit noch nicht genügend reifen Kompost zur Verfügung hat, kann sich mit Pflanzen-und Mistjauchen behelfen, um seinen Pflanzen bei Bedarf eine gute Kopfdüngung zukommen zu lassen.

Um beispielsweise eine Brennnesseljauche anzusetzen, füllt man eine große Tonne oder Maurerbütt mit frischen Pflanzenteilen und übergießt diese mit Wasser. Danach wird das Ganze abgedeckt, damit keine Tiere hineinfallen können, und etwa zwei Wochen lang stehen gelassen. Täglich wird umgerührt, um die Mischung zu aktivieren, Sauerstoff hineinzubringen und Schimmelbildung zu verhindern. Wenn die Jauche reif ist, wird sie im Verhältnis 1:10 mit Regenwasser in einer Gießkanne vermischt. Der Geruch mag den einen oder anderen etwas aus dem Konzept bringen – die Gemüsekulturen aber werden es danken. Am besten gießt man während einer Regenperiode oder zumindest direkt vor bzw. nach einem Regenschauer. Die Erde sollte nicht zu trocken sein und das Blattwerk möglichst nichts von dem Gießwasser abbekommen.

Ebenso kann man mit diversen anderen Wildkräutern Jauchen ansetzen, aber auch mit frischem Mist oder Eigenurin. Wichtig ist immer die starke Verdünnung mit Wasser, um die Pflanzen nicht mit einer zu konzentrierten Jauche zu verätzen. Wenn man letztere Methode anwenden möchte, die unter schwedischen Gärtnern und Selbstversorgern übrigens ungeheuer populär ist, sollte man aber nur den tagesaktuellen Urin sammeln, weil es sonst doch zu eher unangenehmen Geruchserlebnissen kommen könnte – man muss ja bei allem Sinn für Experimente nicht über die Stränge schlagen. Auch wenn diese Pippi-ohne-Langstrumpf-Methode für den einen oder anderen eher befremdlich sein mag, so sprechen die guten Ergebnisse jedoch absolut für sich! Und das Beste: für diese Art der Düngung ist garantiert keine genehmigungspflichtige Mistplatte und nicht mal ein Komposthaufen nötig, sie kann also theoretisch auch von jedem Balkongärtner angewendet werden – man muss ja nicht über alles mit seinen Besuchern sprechen!

Wer lieber beim guten alten Komposthaufen bleiben möchte, selber aber zu wenig organisches Material auf seinem Grundstück produzieren kann, kann sich durchaus bei den Nachbarn beliebt machen, indem er anbietet, Gras, Laub und Mist aus deren Meerschweinchen-Ställen bei sich zu kompostieren. Die einen freuen sich, all diesen scheinbaren Abfall kostenlos entsorgen zu können, und der Gärtner freut sich über die kostenlose Anlieferung von wundervollen Zutaten für seine Kompost-Fabrik. So profitieren wieder einmal alle Seiten und es entstehen im wahrsten Sinne des Wortes fruchtbare Kreisläufe, in denen der Einsatz von Kunstdünger niemals Thema sein wird. Auch Pferdeäpfel kann man meist vor allem bei privaten Pferdehaltern bekommen, die ihren Tieren normalerweise weniger Medikamente geben, als es in vielen großen Reitställen der Fall ist. Dieser private Mist hat somit in den meisten Fällen eine bessere Qualität. Gerade Wurmkuren beeinflussen das Bodenleben extrem, da sie neben den Würmern auch Mikroorganismen abtöten.

ACKERZEIT: MULCHBEETE ANLEGEN OHNE UMGRABEN

Apropos Pferdemist und organisches Material: Davon kann ich in meinem Garten eigentlich nie genug bekommen – zum Füllen von Hochbeeten und Beetkästen, zum Aufsetzen vom Komposthaufen und natürlich zum Anlegen von Mulchbeeten. Mulchbeete sind einfach genial: Sie sparen nicht nur die Knochenarbeit des Umgrabens, wenn man ein neues Beet anlegen möchte, sie sind auch in viel kürzerer Zeit einsatzbereit und viel fruchtbarer als herkömmliche Beete. Vorausgesetzt natürlich, man hat genug Material zur Verfügung!
„Aber!", höre ich dann immer, wenn ich jemandem freudestrahlend von Mulchbeeten berichte. „Was ist mit Umpflügen? Die Landwirte machen das doch so …"
„Ja!", sage ich dann immer, „aber schau dir doch mal den Wald an! – Wenn du nur ein bisschen am Waldboden scharrst, ein wenig Laub zur Seite kratzt, was findest du dort?"
Richtig: Die schönste schwarze fruchtbarste Erde, die man sich nur wünschen kann!

Dort, wo nie gegraben wird, wo einfach jedes Jahr organisches Material von oben herabfällt und den Boden bedeckt, dort bilden sich die allerschönsten Humusschichten. – Natürlich ist das nicht von heute auf morgen und schon gar nicht im großen Rahmen mal eben umsetzbar, aber im privaten Hausgarten finde ich die Idee, den Boden so wenig wie möglich mit großen Geräten zu bearbeiten, einfach sehr naheliegend. Man schont dadurch nicht nur den Boden und dessen sensible Lebewesen, die sich alle in ihren entsprechenden Bodenschichten wohlfühlen und nicht durcheinandergegraben werden möchten. Man schont zusätzlich auch den Geldbeutel, weil man auf diverse teure Geräte und Maschinen verzichten kann – vom Platz für deren Unterbringung mal ganz abgesehen. Und natürlich schont man auch seinen Rücken und seine Kräfte. Wer schon einmal auch nur ein kleines Stück wilde Wiese per Hand umgegraben hat, weiß, wovon ich spreche.

Sicher, auf den ersten Blick erscheint es praktisch, einfach ein Stück Land mit dem Traktor umzupflügen oder mit der Fräse zu bearbeiten. Und praktisch ist es auch, zumindest kurzfristig: Man kann quasi sofort losackern. Jedoch hat man bei dieser Methode später immer wieder das Problem des aufkommenden Unkrauts. Ja, ich spreche bewusst von

Unkraut, obwohl ich natürlich weiß, dass es kein Unkraut in dem Sinne gibt, denn jedes Wildkraut hat seine Bedeutung und seinen Sinn und sollte an entsprechender Stelle auch gewürdigt und genutzt werden. Auf meinen Anbauflächen jedoch spreche ich von Unkraut, denn dort möchte ich höflich darum bitten, vom wilden Wuchs der Beikräuter verschont zu werden. Und da kommen wir zum Thema Mulch.

Die Natur mag keine Monokulturen und keine nackten Flächen. Und die Natur braucht keinen Gärtner! Alles wurde so geschaffen, dass es von ganz alleine wächst und gedeiht, in Kreisläufen und Harmonie. Und dieses Ziel sollten wir uns auch im Permakultur-Garten setzen: möglichst wenig Aufwand und Eingriffe durch uns, dafür möglichst große Selbständigkeit und Harmonie, was die natürlichen Kreisläufe angeht – so wie im Garten Eden!

Es gibt viele Möglichkeiten, sich die Arbeit im Garten zu erleichtern. Vor allem das Gießen und Unkrautjäten sind immer wiederkehrende Aufgaben, die viel Zeit in Anspruch nehmen können – es sei denn, man macht sich das Leben ein bisschen einfacher. Wie bereits erwähnt hilft richtiges Mulchen sowohl gegen übermäßiges Unkrautwachstum. Zudem verhindert es zusätzlich das Austrocknen des Bodens durch Sonne und Wind. In den meisten Fällen braucht man auch nicht umzugraben – das schont wiederum den Boden und obendrein den Rücken!

Mulchbeete bestehen – Überraschung! – aus Mulch. Aber das ist nur eine Seite der Medaille, nämlich die Unterseite. Wie aber lege ich nun überhaupt ein Mulchbeet an?

Die ideale Voraussetzung ist eine sonnige, relativ ebene Wiese ohne viele Wurzelunkräuter. Hier im Wald sind solche Flächen rar, da natürlich überall Bäume stehen, deren Wurzelausläufer weiträumig unterirdisch verzweigt sind. Dazu kommt ein starker Wildwuchs von Farnen, Brennnesseln, Giersch, Quecke, Disteln und anderen Wurzelunkräutern. Diese besondere Herausforderung ist aber eben dem Standort unseres Hofes mitten in der schwedischen Wildnis geschuldet und in den meisten herkömmlichen Gärten nicht zu befürchten.

Wir hatten, wie bereits oben beschrieben, das Glück, dass neben unserer kleinen Waldhütte ein Stück wilde Wiese von etwa 300 Quadratmetern auf uns wartete. Zwar ist auch dieses umringt von Bäumen, jedoch ist der Vorteil in Schweden, dass die Sonne in der Sommerzeit nahezu senkrecht vom Himmel scheint. Einen gewissen Schattenwurf haben wir bewusst in Kauf genommen. Außerdem mangelte es an Alternativen für den Standort. Und da wir uns für besagtes Anlehngewächshaus an der Hütte entschieden hatten, die eben genau dort steht, kam eins zum anderen.

In der Mitte des Hochbeetgartens, also auf der zukünftigen Ackerfläche, breitete ich sämtliche Umzugskartons aus und bedeckte sie dick mit Pferdemist und nicht-reifem Kompost. Auf diese Weise wird das Gras totgemulcht. Regenwürmer zersetzen in kürzester Zeit die Pappe und das Bodenleben bleibt

vollkommen intakt. Natürlich benutzen wir nur unbedruckte Pappe und entfernen sämtliche Kleberückstände und Metallklammern. Sicherlich kann man über die biologische Verwendung von Pappe im Garten diskutieren, aber in der Permakultur ist sie durchaus eine beliebte und anerkannte Methode zum Abdecken von Grasflächen. Wenn ich die Möglichkeit habe, verwende ich jedoch viel lieber eine dicke Schicht aus Heu, Stroh, Gras oder Sägespänen (oder eine Mischung daraus), aber direkt nach dem Einzug auf unserem neuen Hof hatten wir natürlich nicht sofort diese großen Mengen an Material zur Verfügung. Am Flusshaus hatte ich die gesamte Tiefstreu aus dem Hühner- und Ziegenstall zur Anlage meines Kartoffelackers benutzt, auch das ging hervorragend. Alternativ kann man bei Landwirten in der Nähe nach großen Mengen Heu, Stroh oder Heulage fragen, die sich nicht mehr zum Verfüttern eignen und die man günstig oder sogar kostenlos bekommen kann – allerdings dürfen diese natürlich nicht gespritzt worden sein. Der Vorteil: altes Heu ist meist vollkommen frei von Samen. Hierbei sollte man auf keinen Fall die Fläche vor dem Abdecken mähen – im Gegenteil: je höher das Gras, umso besser, denn so wird es niedergedrückt und kann nicht beim Nachwachsen senkrecht durch die Mulchschichten stoßen.

Wenn man seine Gartenfläche bereits Monate im Voraus anlegen will und Zeit genug hat, kann man die Fläche auch mit einer großen Plastikplane abdekken. Jeglicher Aufwuchs von Gras und anderen Kulturen stirbt darunter ab, man kann im Frühling die Plane entfernen und relativ problemlos in die entstandene Beetfläche pflanzen, nachdem man die Erde gelockert und Kompost verteilt hat. Es gibt sogar Leute, die alte Teppiche zu diesem Zweck auslegen. Das funktioniert zwar, aber die Gefahr, dass man dadurch ungewollt Giftstoffe im Erdreich anlagert, ist groß. Ich würde das lieber nicht empfehlen. Inzwischen gibt es sogar eine Art umweltfreundliches Unkrautvlies, das man statt Pappe benutzen und direkt mit Kompost und

Erde bedecken kann, und welches nach einer Zeit verrottet.

Auf den beiden unteren Mulchschichten aus Pappe und Mist wird anschließend Muttererde und/oder reifer Kompost verteilt. Wenn man selber nicht die nötige Menge im Garten hat, kann man sie sich per LKW anliefern lassen oder selber bei den geeigneten Stellen wie beispielsweise einem Kompostwerk mit dem PKW-Anhänger abholen. Die Möglichkeit, neue Erde aufzufüllen, besteht natürlich auch für den Fall, dass man sich, aus welchen Gründen auch immer, eben doch genötigt fühlt, sein zukünftiges Beet mit schwerem Gerät auszukoffern. Sei es aufgrund von massivem Bewuchs mit Wurzelunkräutern, großen Steinen im Erdreich oder einem sehr unebenen Boden. Die obere Humusschicht, die man dadurch zwangsläufig zerstört, kann man zwar nicht sofort ersetzen, aber durch Auffüllen mit einer neuen Schicht Muttererde kann man den Schaden doch relativ gering halten. Füllt man hingegen keine neue Erde auf, dauert es viele Jahre, bis man wieder eine anständige Humusschicht aufgebaut hat, selbst mit größten Anstrengungen. Die Ernteergebnisse werden dementsprechend eine ganze Zeit lang deutlich geringer ausfallen.

Um Material zu sparen, besteht die Möglichkeit, nur Bahnen von Beeten anzulegen und dazwischen jeweils einen Streifen Gras stehen zu lassen. So entstehen direkt Wege zwischen den Beetflächen, die man später mit dem Rasenmäher in Schach halten kann. Hier kommt es ganz darauf an, wie viel Fläche man zur Verfügung hat. Da unsere Fläche innerhalb der Hochbeete relativ begrenzt ist, haben wir sie komplett als Ackerfläche angelegt und konnten bereits im ersten Jahr eine recht ansehnliche Ernte einbringen. Im zweiten Jahr, nachdem sich der Boden durch weitere Kompostgaben und die Aktivierung des Bodenlebens weiter verbessert hatte, war die Ernte um ein Vielfaches besser.

In der dritten Saison entschied ich mich dazu, die Ackerfläche neu zu strukturieren, in einzelne kleinere Parzellen zu unterteilen und niedrige Beetkästen aufzustellen. Es entstanden vorerst acht Beetkästen und acht niedrige Hügelbeete. Auf diese Weise kann ich nun die Beete viel leichter von allen Seiten bearbeiten und muss die Pflanzflächen gar nicht mehr betreten. Die Beetkästen haben eine maximale Tiefe von 120 Zentimetern, sodass ich von beiden Seiten bequem bis zur Mitte greifen kann, um die Beete zu bearbeiten. Die Umrandungen der Kästen können bei Bedarf erhöht werden, sodass auf diese Weise ganz langsam und je nach Materialaufkommen richtige Hochbeete anwachsen können. Auch die Pflanzreihenfolge einzelner Kulturen lässt sich so viel leichter planen und rotieren: Um im Vierjahres-Rhythmus zu wechseln, habe ich nun jeweils vier Parzellen zur Verfügung.

Da nach der Aussaat bzw. der Bepflanzung der Beete auch von oben weiter gemulcht wird, um die Erde bedeckt zu halten, wird der Boden ständig verbessert. Die Höhe der Beete wächst Jahr um Jahr ein Stück an, und die Erde wird jedes Jahr ein bisschen dunkler und fruchtbarer. Das Bodenleben wird unter dieser schönen Decke aus natürlichem Material immer aktiver und gesünder. Die Schutzschicht füttert unsere kleinen Helfer, und sie können ungestört von starkem Regen, Wind oder Trokkenheit ihrer wichtigen Arbeit nachgehen, den Boden auflockern und ihn in Humus umwandeln. In der Natur wachsen aus genau diesem Grund auf freigelegten Böden nahezu sofort Wildkräuter: um den Boden wieder zu bedecken und ihn zu schützen. Aber eben diesen Aspekt ersetzen wir in unserem Hausgarten durch eine dicke Mulchschicht. Die Betonung liegt hierbei auf dick! So oft höre ich: „Nein, mit Mulchen habe ich schlechte Erfahrungen gemacht, da wächst jetzt noch mehr Unkraut als vorher!“ – Ja, das kann tatsächlich passieren, nämlich dann, wenn wir entweder das falsche oder schlichtweg zu wenig Mulchmaterial verwenden. Ist die Mulchschicht nämlich dauerhaft zu dünn und wird sie nicht kontinuierlich weiter aufgebaut, so kann es tatsächlich passieren, dass mehr Unkrautsamen keimen als vor dem Mulchen.

Ist die Schicht aber dick bzw. hoch genug – und wir sprechen hier von 10 bis 20 Zentimeter je nach Kultur, dann haben Unkrautsamen kaum noch eine Chance und sogar hartnäckige Wurzelunkräuter kommen in die Bredouille. Und selbst wenn sich doch einmal ein unerwünschtes Beikraut einschleicht, so lässt es sich aufgrund der gelockerten Erde viel, viel leichter entfernen als in verdichteten Beeten ohne Deckschicht. Für mich jedenfalls liegen die Vorteile eindeutig auf der Hand, oder eben auf dem Beet – ich möchte nie wieder ohne Mulchen gärtnern.

Wie gesagt: Hier ist ein bisschen Erfahrung und vor allem ganz viel Fingerspitzengefühl gefragt, denn Mulch ist nicht gleich Mulch! Große stabile Pflanzen wie Kürbis, Zucchini oder Kohl können natürlich ganz anders gemulcht werden als zum Beispiel Möhren oder sämtliche Jungpflanzen. Als Faustregel kann man sagen: Je größer und stabiler die Pflanzen, umso grober darf das Mulchmaterial sein und umso dicker die Mulchschicht. Junge und filigrane Pflänzchen brauchen dementsprechend eine dünnere Deckschicht aus feineren Materialien. Beides gilt, wenn man nach dem Pflanzen oder Keimen von oben um die Pflanzen herum mulcht. Ich versuche allerdings immer schon über den Herbst, Winter und Frühling, eine gleichmäßige Schicht aus Spänen, Laub und Heu oder Stroh auf allen Beeten auszubringen. Auch frischer Mist eignet sich zum Mulchen. Hier gilt es allerdings, direkten Kontakt mit Pflanzen und Wurzeln zu vermeiden, damit diese sich nicht verbrennen. Flächenkompostierung von Pferdemist mache ich, wenn überhaupt, nur im Herbst und Winter. Bis zum Frühling hat sich der Mist schon so weit zersetzt, dass ich ihn vorsichtig einharken kann. Trotzdem bevorzuge ich es, Pferdeäpfel erst einmal auf dem Misthaufen zu kompostieren, denn dadurch werden auch eventuelle Unkrautsamen eher unschädlich gemacht.

Bloß nicht gleich aufgeben, wenn es nicht auf Anhieb klappt. Immerhin ist doch unser Garten genau der Ort, wo wir experimentieren dürfen, ohne Angst vor Fehlern zu haben. Wir dürfen scheitern und bekommen jedes Jahr eine komplett neue Möglichkeit, es noch einmal zu probieren. Und dabei ist jeder sogenannte Fehler eine Chance auf Weiterentwicklung – wenn wir es zulassen. Vor allem aber brauchen wir eines: Geduld! Denn unser Boden wird bei guter Pflege jedes Jahr ein bisschen besser. Je nachdem, wie gut oder schlecht der Boden am Anfang war, kann es also durchaus mindestens drei bis fünf Jahre dauern, bis man ein eine deutliche Verbesserung der Bodenstruktur und vor allem der Fruchtbarkeit bemerkt. Gut Ding will eben Weile haben, das gilt in vielen Bereichen des Lebens, im Garten besonders. Aber Geduld zahlt sich aus – und die Belohnung durch eine reiche Ernte und einen schwarzen fruchtbaren Boden voller emsiger Regenwürmer sind die schönste Belohnung für jeden Gärtner.

Für die Aussaat auf einem bereits fertig gemulchten Beet ziehe ich im Frühling Rillen in die Mulchdecke, um dort hinein zu säen. Um Jungpflanzen auszupflanzen, schiebe ich die Schicht ein bisschen mit der Schaufel auseinander, mache ein Pflanzloch, setze den Wurzelballen ein, drücke ihn fest und verteile anschließend wieder Mulchmaterial bis an die Pflanze. Den Sommer über mulche ich überwiegend mit Grasschnitt. Hier eignet sich logischerweise am besten jenes Gras, was noch frisch und grün ist und idealerweise noch keine Samen ausgebildet hat. So holt man sich kein zusätzliches Unkraut in den Garten und das Gras bildet eine schöne frische Deckschicht auf den Beeten oder im Gewächshaus, welche relativ schnell von den Regenwürmern in die Erde gezogen und dort verarbeitet wird. Darum braucht es ständigen Nachschub von oben! Dabei sollte man beachten, dass sich frisch gemähtes Gras leicht erhitzen kann. Diese Hitze kann gerade Jungpflanzen schaden, ja diese geradezu verbrennen. Darum in den ersten Tagen das Gras immer mit ein bisschen Sicherheitsabstand zum Stängel auslegen und erst nach und nach dichter an die Pflanze heranziehen. Überhaupt ist es geschickter, die Mulchschichten aus Gras nach und nach aufzuschichten. So wächst sie quasi gemeinsam mit der Pflanze. Die Gefahr, dass das Gras anfängt zu schimmeln, ist ebenfalls geringer, denn gerade in sehr feuchten Sommern, muss man hierauf achten. Schließlich ist Schimmelbildung nichts, was wir fördern möchten.

Abschließend noch zwei Dinge zum Thema Mulch: Je feiner das Material ist, umso leichter können es die Bodenlebewesen in die Erde ziehen und zu feinem Humus verarbeiten, der dann den Pflanzen als Nahrung zur Verfügung steht, die Wasseraufnahme fördert und den Boden belüftet, was wiederum das Wachstum fördert. Je gröber das Material ist, umso mehr Stickstoff braucht es, um zu verrotten. Dieser Stickstoff steht dann im Umkehrschluss nicht mehr den Pflanzen zur Verfügung und muss extra zugeführt werden, beispielsweise durch zusätzliche Kompostgaben oder das Gießen mit Brennnesseljauche. Deshalb mulche ich nicht so gerne mit Stroh, jedenfalls nicht überirdisch, höchstens um eine Sperrschicht unter einem neuen Hügelbeet zu schaffen, die das Graswachstum unterdrückt. Wenn man gerne auf den Beeten, beispielsweise unter Erdbeeren, mit Stroh mulchen möchte, ist es eine gute Idee, es vorher auf dem Rasen auszubreiten und ein paarmal mit dem Rasenmäher darüberzufahren: So werden die langen Halme zerkleinert und lassen sich anschließend viel leichter um die Pflanzen herum verteilen.

GENIEẞEN STATT GIEẞEN!

Ganz ohne Gießen wird es trotz der schönsten Mulchschichten nur in Ausnahmefällen gehen, aber im Vergleich ist viel weniger Zeit und Aufwand nötig. Wer gar keine Lust oder Zeit hat, Gießkannen durch die Beete zu schleppen, kann beispielsweise eine Tröpfchen-Bewässerung installieren. Das bedeutet einmal Kosten und Zeit, danach hat man im Idealfall seine Ruhe,

wobei in den meisten Gegenden die Schläuche rechtzeitig vor dem Winter auch wieder entfernt werden müssen. Bisher haben wir darauf verzichtet, auch wenn wir immer mal wieder darüber nachdenken, Tropfschläuche zu verlegen. So richtig überzeugt sind wir noch nicht. Wir zählen auf die guten alten Wassertonnen – denn ich laufe, ehrlich gesagt, sehr gerne mit meinen Gießkannen hin und her und betrachte dabei meinen Garten – Muskeltraining inklusive.

Zugegeben: Manchmal habe ich natürlich auch gar keine Lust, vor allem, wenn die Zeit mal knapp ist. Trotzdem: Hinterher fühle ich mich immer richtig gut und entspannt. Ich kann ganz persönlich beurteilen und entscheiden, wo ich wie viel gießen muss und wo ich vielleicht mal aussetzen kann. Ich sehe während des Gießens, ob es irgendwo Krankheiten oder Schädlinge gibt, ob dringend etwas geerntet werden muss oder ob sich vielleicht ein Vogel im Erdbeernetz verfangen hat. Außerdem weiß ich am Ende ganz genau, wie viel Wasser irgendwo hingeflossen ist, das lässt sich bei einer automatischen Bewässerung nicht immer sicher gewährleisten: Die Automatik kann aussetzen, ein Schlauch verstopft sein oder andere Probleme auftreten, die einem vielleicht erst Tage später auffallen. Wenn alles richtig gut funktioniert, ist eine automatische Bewässerung natürlich ein Segen, vor allem, wenn man einmal in den Urlaub fahren oder auch nur ein paar Stunden länger am See liegen möchte.

Ein guter Kompromiss können beispielsweise auch unterirdische Wasserspeicher sein, aus denen man das Wasser per Pumpe in den Garten befördert und dort mit einem Schlauch verteilt. Das ist rückenfreundlicher als Gießkannen, aber direkter als eine automatische Bewässerung. Wer auf die Pumpe verzichten möchte, kann die Wasserspeicher auch höher aufstellen, sodass das Wasser durch den Druck automatisch fließt. In beiden Fällen freuen sich die Pflanzen auf jeden Fall über abgestandenes Wasser, denn das mögen sie viel lieber als das frische Wasser aus der Leitung, das zudem oft auch noch sehr kalt ist. Generell gilt ohnehin: lieber selten viel gießen als ständig ganz wenig. Wenn man nämlich regelmäßig, aber zu wenig gießt, kommt das Wasser gar nicht in die tieferen Erdschichten: Es bleibt an der Oberfläche, perlt im schlimmsten Fall einfach ab und verdunstet, bevor es an die Wurzeln der Pflanzen gelangt. Auch die Wurzeln selbst bleiben dementsprechend in den oberen Erdschichten. Gießt man hingegen seltener, dafür aber tiefgründig, werden die Pflanzen quasi trainiert, lange Wurzeln zu bilden, die weit nach unten in die Erde reichen. Auf diese Weise sind sie viel widerstandsfähiger gegen Trockenheit und kommen auch mal ein paar Tage ohne uns aus – im Idealfall bis zum nächsten Regenschauer.

Mit ein bisschen Geschick und Kreativität findet jeder Gärtner die für sich und seinen Garten perfekte Lösung. Vermeiden sollte man auf jeden Fall, in den Mittagsstunden zu gießen. Erstens ist es nicht sonderlich effektiv, da vieles vom Gießwasser direkt wieder verdunstet, und zweitens können die Pflanzen einen Temperaturschock bekommen. Auch Verbrennungen können auftreten, wenn Tröpfchen auf den Blättern stehen bleiben, denn diese wirken wie Brenngläser, wenn die Sonne darauf scheint. Am besten gießt man also in den frühen Morgenstunden oder – wenn man keine Probleme mit Schnecken hat – abends.

EIN ZELT FÜR UNSERE TOMATEN: FOLIEN-GEWÄCHSHAUS SELBST GEBAUT

Gewächshausfläche kann man eigentlich gar nicht genug haben. Darum beschlossen wir in der zweiten Saison im Wald, dass wir ein zusätzliches Gewächshaus brauchten – in erster Linie für unsere Tomaten. Wir hatten eine weitere Fläche auserkoren, die sich als zusätzliche Anbaufläche für Kartoffeln eignen würde, denn auch die Ackerfläche wollten wir vergrößern. Auf diese Fläche bauten wir ein Foliengewächshaus, das nicht nur mehr Platz, sondern auch mehr Sonne für unsere zukünftigen Tomaten versprach.

Dieses Mal sollte es ein relativ simples und möglichst kostengünstiges Foliengewächshaus mit Holzgestell werden. Aus einfachen Dachlatten baute Julian eine Konstruktion von ungefähr zehn Quadratmetern Grundfläche, die wir mit einer Gewächshausplane bespannten und von außen zusätzlich mit kleinen Leisten an den Dachlatten befestigten, um der Folie mehr Halt zu geben. Die Rahmen der Beetkästen wurden mit der Außenkonstruktion verschraubt und geben, vor allem auch durch die eingefüllte Erde, dem ganzen Bauwerk Stabilität und Gewicht, um auch stärkeren Winden standzuhalten. Auf ein Streifenfundament oder Punktfundamente haben wir aus diesem Grund verzichten können. Fertig war das neue Gewächshaus. Na ja, fast fertig, denn die Befüllung der Beetkästen mit Kompost und Erde fehlte natürlich noch.

Wiederum innerhalb kürzester Zeit konnten wir auf diese Weise unsere Tomatenernte mit relativ geringem Aufwand und überschaubaren Kosten deutlich zu steigern. Denn natürlich stellen wir uns vor jedem neuen Projekt die Frage, ob das Kosten-Nutzen-Verhältnis positiv ausfallen wird. Noch schneller wäre es sicherlich gegangen, ein fertiges Gewächshaus zu kaufen, aber die Kosten wären um ein Vielfaches höher gewesen. Wie viele Tomaten könnte man dafür theoretisch kaufen?

Um den Tomatenpflanzen beim Wachsen und später, wenn sie Früchte tragen, mehr Halt zu geben, binden wir sie an Stöcken und Ästen fest. Die Schnüre führen wir weiter bis zum Dach vom Gewächshaus, sodass wir die Tomaten je nach Bedarf immer wieder stützen können. Bei Bedarf werden die Pflanzen ausgegeizt. Das bedeutet, dass die winzigen neuen Triebe in den Blattachseln sehr vorsichtig ausgebrochen werden. Auf diese Weise geht die Kraft in die Früchte und nicht in überschüssiges Blattwachstum, was gerade bei den Fleischtomaten wichtig ist. Bei Buschtomaten ist das Ausgeizen nicht unbedingt notwendig.

Wer partout kein Geld oder keinen Platz für ein Gewächshaus hat, kann Tomaten auch in großen Töpfen an einer sonnigen Süd-Mauer direkt am Haus kultivieren, zum Beispiel auf der Terrasse oder auf dem Balkon. In den meisten Fällen reicht der Dachüberstand, um die Pflanzen vor zu viel Regen zu schützen. Generell ist auch eine kurze Dusche kein großes Problem für Tomatenpflanzen, wichtig ist, dass sie danach schnell wieder abtrocknen können, um sich vor der gefürchteten Braun- oder Krautfäule zu schützen, die auch Kartoffelpflanzen bei andauernder Nässe befallen kann. Auch die Tomatenfrüchte selbst mögen vor allem keinen Starkregen, da sie sonst aufplatzen und schimmeln können. Zusätzlichen Schutz vor Regen bieten Überziehfolien aus gelochtem Plastik. Diese verhindern übermäßigen Kontakt mit Regen, lassen jedoch Feuchtigkeit nach außen entweichen. So ist auch wenig Platz kein Grund, auf Tomaten zu verzichten. Das gilt natürlich auch für beinahe sämtliche andere Gemüsesorten: Salate in Balkonkästen, Stangenbohnen an Spalieren und Rankgerüsten, Erdbeeren in Hängeampeln und Kräuter in großen Kübeln und kleinen Töpfen. Selbst kleine Obstbäume oder Beerensträucher lassen sich mit etwas Geschick auch auf kleinstem Raum anbauen.

DIE SAISON VERLÄNGERN MIT FRÜHBEETEN UND BEHEIZTEM GEWÄCHSHAUS

Nicht alle Kulturen können im Gewächshaus untergebracht werden. Gerade in Schweden aber haben wir unter Umständen nur eine sehr kurze frostfreie Anbauperiode. Im Frühling sind Fröste bis Mai relativ sicher, und im Herbst kann es ab Anfang September schon wieder die ersten Bodenfröste geben. Zu beinahe 100 Prozent frostfrei sind also nur die Monate Juni, Juli und August. Das bedeutet nicht, dass im April nicht tagsüber auch schon weit über 20 Grad sein können, ebenso im Herbst, die Herausforderung liegt hier gerade auch in den großen Temperaturunterschieden zwischen Tag und Nacht.

Aber selbst wenn man in gemäßigteren Breiten gärtnert, gibt es durchaus Möglichkeiten, die Saison zu verlängern, sprich: empfindliche Kulturen im Freiland auch ohne Gewächshaus zu schützen. Schließlich muss es nicht immer gleich Frost sein, der die Pflanzen schädigt, viele Kulturen mögen schon keine Temperaturen unter 10 oder 5 Grad und reagieren mit Blatt- und Fruchtschäden wie beispielsweise Kürbisse und Zucchini, bzw. stellen zumindest ihr Wachstum ein wie beispielsweise Bohnen.

Um eben diese wärmeliebenden Pflanzen zu schützen, gibt es die Möglichkeit, kleine Tunnel mit Folie oder Vlies in Reihen über die Kulturen zu stellen. So kann man im Frühling früher auspflanzen und im Herbst länger ernten, denn die Saison endet nicht automatisch im Herbst! Wer keine fertigen Tunnelsysteme kaufen möchte, kann einfach

Weidenzweige oder dünne Wasserrohre aus Kunststoff bogenförmig mit beiden Enden in die Erde stecken und diese Konstruktion mit einem Vlies bedekken. Selbst ohne Bogen kann man viele Kulturen ganz einfach mit einem Vlies abdecken und außen mit Steinen beschweren. Je nachdem wieviel Energie man hier investieren möchte, kann man erstaunliche Erfolge bei der Saisonverlängerung erzielen.

Auch Frühbeetkästen eignen sich zum zeitigen Anbau von Salaten und anderen eher niedrigen Gemüsen. Im Herbst wiederum kann man dort hervorragend Wintersalate kultivieren. Frühbeete kann man sehr leicht aus allen möglichen Materialen schnell und kostengünstig herstellen: aus ein paar Brettern oder einigen Ziegelsteinen ist schnell ein Kasten zusammengebaut. Darauf kann man beispielsweise alte Fenster legen, eine Plexiglasplatte oder einen mit Folie bespannten Holzrahmen. Den Deckel kann man entweder lose auflegen oder aber, je nach Lust, Laune und handwerklichem Geschick, auch mit Scharnieren fest am Kasten verankern. Der Fantasie sind hier kaum Grenzen gesetzt. Auch Hochbeete eignen sich hervorragend als Früh- bzw. Spätbeete, gerade, wenn die Erde nicht ganz bis zum oberen Rand aufgefüllt ist: einfach ein passendes altes Fenster oder ähnliches auflegen bzw. einen Vliestunnel konstruieren, und schon hat man eine kleine geschützte Fläche, um vorhandene Kulturen zu schützen oder Richtung Winter noch einmal Salate usw. auszusäen.

Die Crème de la Crème ist natürlich ein Gewächshaus, um eine längere Anbausaison zu erleichtern – und hier

insbesondere ein geheiztes Gewächshaus. Wie bereits erwähnt heizen wir unser Anbaugewächshaus indirekt über Solar und Ofenwärme durch eine Ventilation in der Zwischenwand zur kleinen Hütte. Die einfachste Methode, um ein Gewächshaus in der Übergangszeit etwas aufzuwärmen, sind Teelichter bzw. Grabkerzen. Auch wenn es schwer vorstellbar ist, aber manchmal machen wirklich diese kleinen Dinge den großen Unterschied, und ein paar kleine unscheinbare Flammen können ein ganzes Gewächshaus voller Tomaten vor dem Kältetod retten. Natürlich hilft diese Methode nicht bei strengen Frösten über einen längeren Zeitraum, aber wenn während einer relativ milden Zeit im Frühling oder Herbst einmal Bodenfrost angekündigt ist, kann man sehr erfolgreich damit seine Pflanzen schützen und das Saisonende mit Glück um einige Wochen nach hinten verschieben.

Eine weitere Möglichkeit, im Winter-Gewächshaus zu gärtnern, ist es, große Töpfe oder Kübel mit Mist und Kompost zu befüllen, oben eine Erdschicht guter Gartenerde zu verteilen und mit Wintersalaten zu bepflanzen. Durch die Verrottung unten im Topf entsteht Wärme, die den Salatpflanzen warme Füße beschert und sie auch bei kalten Temperaturen wachsen lässt – nicht unbegrenzt natürlich, aber deutlich länger als ohne „Fußbodenheizung". Das gleiche Prinzip lässt sich natürlich auch in größerem Stil umsetzten: in sogenannten Mistbeeten. Hier werden ganze Beetkästen mit einer Mischung aus Pferdemist und Stroh befüllt, mit Kompost und Erde abgedeckt und gut angegossen. Die entstehende Wärme kann, je nach Größe

des Mistbeetes, das ganze Gewächshaus zusätzlich erwärmen. Auch eine oder mehrere schwarze Wassertonnen können – zumindest in den Übergangszeiten – als Wärmespeicher dienen: Durch die Sonneneinstrahlung erwärmt sich tagsüber das Wasser in den Tonnen und gibt diese Wärme nachts wieder ab. In Gegenden mit wenig Sonnenschein im Winter ergibt das natürlich wenig Sinn und kann sogar das Gegenteil bewirken, vor allem bei Frost.

Hat man ein Gewächshaus, welches nach Norden hin nicht aus Glasscheiben besteht, sondern beispielsweise aus Steinen oder Holz, kann man diese Rückwand mit einer reflektierenden Folie auskleiden: auf diese Weise werden Licht und Wärme reflektiert und stehen den Pflanzen besser zu Verfügung. Eine zusätzliche Isolierung mit Strohballen von außen und/oder Noppenfolie kann die Innentemperatur weiter anheben. Jede kleine Maßnahme kann den entscheidenden Unterschied in der Temperatur machen, die es uns ermöglicht, im Winter oder zeitigen Frühjahr anzubauen und zu ernten – oder eben nicht.

EIN MINI-GARTEN AUF DER FENSTERBANK: MICROGREENS UND SPROSSEN

Wer weder über einen Garten noch über ein Gewächshaus verfügt, kann trotzdem rund ums Jahr ein bisschen knackiges Grün anbauen. Nicht nur auf dem Balkon ist viel mehr möglich, als die meisten annehmen. Sogar auf der Fensterbank kann ein kleiner Garten entstehen. Microgreens heißt das Zauberwort, und dahinter verstecken sich schlicht und einfach die jungen Sprösslinge von beispielsweise Kresse, Rettich, Linsen und Erbsen. Der Unterschied zu Sprossen, die bekanntlich im Glas gezogen werden, ist einfach, dass die Saat der Microgreens in Erde gelegt wird und sogar eine ganze Zeit lang nach der Ernte wieder nachwächst. Man kann die Triebe immer wieder abernten und auf einem Butterbrot, im Salat oder im Rührei genießen. Wir lieben am allermeisten die Erbsen-Schosse. Diese sind so süß und knackig, dass wir alle gar nicht genug davon bekommen können. Wenn man genug Platz auf der Fensterbank hat, kann man sieben Schalen (wir benutzen am liebsten Brotbackformen) aufstellen und diese mit Microgreens bestücken – und zwar jeden Tag eine, immer umschichtig. So kann man jeden Tag eine Schale beernten, während der Rest neu keimen oder nachwachsen kann. Mit ein bisschen Glück hat man genug Ausbeute vom Tageslicht. Im Winter jedoch klappt es am allerbesten, wenn man den Microgreens mit LED-Panels ein bisschen auf die Sprünge hilft.

ÜBER DEN GRÜNEN DAUMEN GEPEILT: UNSERE SELBSTVERSORGUNG IN ZAHLEN

Wir haben uns nie an irgendwelchen Zahlen orientiert, wenn es darum ging, einen Gemüsegarten anzulegen. Wir haben uns eine Fläche ausgesucht, die uns geeignet erschien und losgelegt. Die Größe ergab sich meist durch die äußeren Umstände wie angrenzende Bäume, Zäune zum Nachbargrundstück oder andere Gegebenheiten. Auf diesen Flächen habe ich gegärtnert und angebaut, was mir Spaß machte und was wir gerne essen, ganz dem Gefühl folgend, ohne irgendwelche formulierten Ansprüche an spätere Erträge.

Irgendwann aber habe ich doch einmal recherchiert, was denn eigentlich so empfohlen wird, wenn es um die optimale Größe für einen Selbstversorgergarten geht. Natürlich habe ich ganz unterschiedliche Angaben gefunden, aber im Durchschnitt wird für eine weitgehende Selbstversorgung für eine erwachsene Person eine Fläche von etwa 70 Quadratmetern vorgeschlagen, für eine vollständige Selbstversorgung eine Fläche von etwa 160 Quadratmeter pro Person. Hierbei handelt es sich natürlich ausschließlich um die Anbaufläche

für Gemüse und Obst, Flächen für Tierhaltung und Futteranbau oder Wald für Brennholz sind hier nicht eingerechnet. In der traditionellen Landwirtschaft rechnet man mit etwa 2800 Quadratmetern, um eine Person zu ernähren – wobei hier natürlich Getreide miteingerechnet wird. In der Permakultur rechnet man mit 130 Quadratmetern pro Person: ein gewaltiger Unterschied, wobei es hier sicherlich auch stark abweichende Zahlen gibt. Je nach Klimazone und Bodenqualität, je nach Anbauweise und Aufwand wird die Wahrheit und somit die perfekte Gartengröße irgendwo zwischen diesen Angaben liegen. Was aber deutlich wird: Man kann eine Menge Platz sparen, wenn man bestimmte Dinge beachtet und sich vor allem um den Boden kümmert.

Im Falle der 160 Quadratmeter für die vollständige Selbstversorgung verteilen sich die Flächen auf 20 Quadratmeter für frisches Gemüse, also für den Direktverzehr, 40 Quadratmeter für Lagergemüse und 100 Quadratmeter für Obst. Für den reinen Gemüseanbau sprechen wir also von 60 Quadratmetern für einen Erwachsenen, für Kinder entsprechend weniger. Für eine vierköpfige Familie reicht also eine Basisfläche für den Gemüseanbau von etwa 200 Quadratmetern plus Obstbäumen und Beerensträuchern theoretisch aus. Theoretisch!

Denn nun kommt das wahre Leben ins Spiel: Ein solcher Garten in einer geschützten milden Klimazone in Mitteldeutschland auf fruchtbarem Boden mit durchschnittlichen Niederschlägen und vielen Sonnenstunden bringt selbstverständlich ganz andere Erträge als ein ebenso großer Garten in Norddeutschland oder gar Schweden, wo die Gartensaison kürzer, der Boden magerer und die Niederschläge entweder höher oder niedriger ausfallen. Ein Permakulturgarten kann hingegen im Vergleich zu einem herkömmlich bewirtschafteten Gemüsegarten etwa die vierfache Menge an Ertrag bringen – hier kann die Anbauweise also

eventuell klimatische Nachteile durchaus wieder wettmachen.

Trotzdem gelten die Zahlen als gute Orientierungshilfe. Natürlich kann man das Klima nicht beeinflussen, wohl aber die Bodenqualität und dementsprechend die Fruchtbarkeit und die Fähigkeit, Feuchtigkeit zu halten. Dadurch kann man dichter pflanzen, intensiv wirtschaften und mehr ernten, ohne dabei den Boden auszulaugen. Man kann Gewächshäuser bauen und mit kleinen Tunneln, Frühbeetkästen und Schutzvliesen arbeiten, um die Saison zu verlängern. Zusätzlich kann man robuste Sorten anbauen, die besser mit rauem Klima zurechtkommen. Auf diese Weise kann man nahezu überall Selbstversorgung betreiben. Der Schwierigkeitsgrad mag jedoch hier und da deutlich höher sein als anderswo. Man kann das als Problem oder gar als Hindernis werten – oder als Herausforderung.

Wenn man sich also rein pflanzlich ernähren möchte, kann man auch auf relativ kleinen Flächen eine ganze Menge Nahrungsmittel anbauen. Der Gemüsegarten selbst muss aber in den meisten Fällen größer sein, da eine Vollversorgung ausschließlich mit pflanzlichen Mahlzeiten natürlich andere Mengen Gemüse erfordert als der Gemüsebedarf bei Mischkost. Da die meisten Menschen allerdings auf tierische Produkte nicht verzichten möchten, wird die Gesamtfläche für eine Selbstversorgung in den meisten Fällen – je nach Tierart – deutlich größer ausfallen. Am wenigsten Platz brauchen diesbezüglich Hühner, die entweder frei auf dem Hof herumlaufen oder in einer Voliere mit angrenzendem Stall untergebracht werden können. Der Futterbedarf von Hühnern darf hierbei allerdings nicht unterschätzt werden. Dazu aber später mehr. Hier soll es erst einmal ausschließlich nur um den Faktor Gemüse gehen.

GEMÜSE AUS DEM EIGENEN GARTEN FÜR EIN GANZES JAHR

Die durchschnittliche Erntemenge pro Quadratmeter wird laut meinen Recherchen auf etwa zwei bis drei Kilogramm pro Quadratmeter angegeben. Diese Angabe ist meiner Meinung nach jedoch nicht besonders aussagekräftig, denn natürlich hängt sie stark davon ab, welches Gemüse man anbaut, wie dicht man pflanzt – und wie bereits beschrieben, welche klimatischen Voraussetzungen gegeben sind. Es macht selbstverständlich einen Unterschied, ob man auf der gleichen Fläche nur Salat und Radieschen anbaut oder Bohnen, Kartoffeln, Zucchini und Kürbisse.

Welches Gemüse man in welchen Mengen anbauen möchte, hängt komplett von den eigenen Vorlieben und daraus resultierend vom eigenen Bedarf ab. Am besten macht man sich über die Jahre Notizen zu den ungefähren Erntemengen. Daran kann man später gut festmachen, ob man damit hingekommen ist oder ob man im nächsten Jahr noch mehr davon braucht. Wir zum Beispiel essen ohne Ende Möhren und Grünkohl, außerdem jede Mengen Bohnen. Von diesen dreien kann ich eigentlich nie genug anbauen – also steigere ich die Menge jedes Jahr aufs Neue und lasse dafür vielleicht etwas anderes weg oder baue entsprechend weniger davon an. Wenn ich immer zu wenig Grünkohl in meinem Garten habe, mich aber vor lauter Zucchini kaum noch retten kann, dann sollte jedem klar sein, an welcher Schraube hier gedreht werden muss.

Hier ein paar Daten zur groben Orientierung, welche Mengen der einzelnen Gemüse pro Quadratmetern man je nach Bewirtschaftungsmethode erwirtschaften kann. Es handelt sich natürlich um ungefähre Richtwerte, was auch die zum Teil stark abweichenden Werte zeigen!

- Kartoffeln: 2,5–4 kg / qm
- Bohnen: 3–5 kg / qm (getrocknet 0,5–1 kg / qm)
- Pastinaken: 5–14 kg / qm
- Zwiebeln: 5 kg / qm
- Tomaten: 4–12 kg / qm
- Zucchini: 4 kg / qm
- Mangold: 5–25 kg / qm
- Rote Bete: 5–10 kg / qm
- Erbsen: 1,5–5 kg / qm
- Möhren: 3–17 kg / qm
- Topinambur: 7 kg / qm
- Gurken: 18 kg / qm (20 Stück pro Pflanze)
- Paprika: 5 kg / qm (6 pro Stück pro Pflanze)
- Rüben: 7 kg / qm
- Brokkoli: 3 kg /qm
- Kohl: 15 kg / qm
- Blumenkohl: 10 kg /qm
- Grünkohl: 6 kg / qm
- Mais: 2–3 kg / qm
- Auberginen: 5 kg / qm
- Lauch: 20 kg / qm
- Salat: 8–15 kg / qm
- Zwiebeln: 10–15 kg / qm
- Hokkaido: 6 kg / qm
- Kürbis: 10–12 kg / qm (4 Stück pro Pflanze)
- Spinat: 6 kg / qm
- Sonnenblumenkerne: 3 kg / qm
- Melonen: 5–9 kg / qm
- Erdbeeren: 3–5 kg / qm
- Himbeeren / Brombeeren: 2–3 kg / qm
- 1 Kirschbaum: ca. 70–140 kg
- 1 kl. Apfelbaum: ca. 70–80 kg
- Hafer: 5 kg /qm
- Weizen: 10 kg / qm
- Roggen: 10 kg / qm

In der Praxis weichen die Werte vermutlich deutlich ab, denn im wahren Leben werden vermutlich Kohlweißlinge es dem Kohl schwermachen, Amseln sich an Erdbeeren und Himbeeren gütlich tun und die ein oder andere Schnecke sich am Salat vergreifen. Ebenso kann sich eine trockene Periode nach der Aussaat negativ auf die spätere Ernte auswirken wie ein Hagelschauer oder ein Gewitter mit Starkregen, der Blätter und Blüten innerhalb von Minuten zerstören kann. Einen gewissen Schwund müssen wir also immer mit einkalkulieren – trotz aller Schutzmaßnahmen, die man gegen jedes einzelne Problem ergreifen kann. Hier mag es tröstlich sein zu wissen, dass jedes Jahr immer etwas besonders gut wächst, während etwas anderes nicht so gut gelingt. Dass man einen Totalausfall auf allen Ebenen hat, ist jedoch äußerst selten.

Unsere gesamte Anbaufläche für Gemüse beträgt momentan etwa 330 Quadratmeter, wobei ein Großteil davon Hochbeete sind. Dazu kommen die jungen Obstbäume und Beerensträucher, die überall auf dem Grundstück verteilt wachsen. Das klingt nach gar nicht mal so viel – und das ist es auch nicht. Zwar ist unser gesamtes Grundstück natürlich um einiges größer, aber der Hauptteil besteht aus Wald und unserer kleinen Koppel. Der Hochbeetgarten mit der innenliegenden Beetfläche ist etwa 200 Quadratmeter groß. Dazu kommt das Glasgewächshaus mit einer Größe von etwa 20 Quadratmetern. Die Wege müssen natürlich von der Anbaufläche abgezogen werden, da der Ertrag in Hochbeeten aber generell höher ist als auf ebenerdigen Beeten, dürfte sich das flächenmäßig mit den Wegen wieder ausgleichen. Hinzu kommt das Foliengewächshaus mit etwa 10 Quadratmetern und der Kartoffelacker mit etwa 100 Quadratmetern. Mit dieser Größe liegen wir also schon etwas über dem Durchschnitt des Flächenbedarfs (ohne Obst). Da Klima und Boden aber nicht ganz einfach sind, gleicht hier die größere Fläche die Nachteile wieder aus. Da der Boden auch nach drei Jahren noch nicht seine volle Güte erreicht hat, besteht immer noch viel Raum nach oben, was die Ernteerträge angeht. Eine ganzjährige Versorgung mit Gemüse halte ich auf dieser Fläche durchaus für möglich – sofern keine größeren saisonalen Ausfälle auftreten.

Auf 100 Quadratmeter habe ich beispielsweise im zweiten Jahr etwa 300 Kilogramm Kartoffeln angebaut, trotz massivem Unkraut – außerdem unter anderem etwa 20 Kilogramm Bohnen, 40 Kilo Zucchini, 30 Kilo Tomaten, 6 Kilo Grünkohl, 25 Kilo Rote und Gelbe Bete, 10 Kilo Pastinaken, 250 Gurken und etwa 45 Kürbisse.

Andersherum gefragt: Wie viel Kilogramm Gemüse und Obst braucht man denn überhaupt pro Jahr und Person? Auch hier findet man unterschiedliche Angaben, aber 500 Gramm pro Person und Tag scheint eine gängige Empfehlung zu sein. Das sind also etwa 183 Kilogramm pro Jahr und Kopf. Dementsprechend muss ich für meine vierköpfige Familie 730 Kilogramm Gemüse und Obst anbauen und ernten, um diesen Empfehlungen gerecht zu werden und kein Obst und Gemüse dazukaufen zu müssen, Kartoffeln nicht miteingerechnet. Bleiben also etwa 360 Kilogramm Gemüse, wenn die andere Hälfte auf Obst entfällt. Herausforderung angenommen! – Alles ganz genau nachgewogen habe ich allerdings noch nie.

SLOW FOOD, DENN GUT DING WILL WEILE HABEN!

In einer Zeit, in der am besten alles ganz schnell gehen muss, möglichst effizient, möglichst viel und möglichst billig, haben wir für uns die Bremse gezogen: Die meisten unserer Mahlzeiten haben eine Zubereitungszeit von etwa einem

halben Jahr, sind also alles andere als Fast Food. Im Frühling legen wir behutsam die Saaten in die Erde, die im Sommer und Herbst unsere Haupternte garantieren. Unsere Hennen legen Eier und brüten Küken aus. Den ganzen Sommer über können wir aus dem Vollen schöpfen: prall gefüllte Beete im Garten und in den Gewächshäusern, eine bunte Vielfalt an knackfrischem Gemüse in allen Formen und Farben.

Im Herbst leert sich langsam der Gemüsegarten; dafür füllt sich die Vorratskammer. Auch die Ställe leeren sich, um die Gefriertruhe zu füllen: Brathähnchen, Suppenhühner, Wildfleisch.

Den Frühling und Sommer über geben wir alles, um unser Essen großzuziehen, im Herbst und Winter können wir es genießen.

Geben und nehmen, säen und ernten, umsorgen und für sich selber sorgen, großziehen und loslassen. Kreisläufe statt Hamsterräder …

Ob Hühnersuppe, Wildschwein-Burger oder Rehkeule mit eigenem Gemüse: Frisches Essen aus dem Garten schmeckt einfach phänomenal gut!

ERNTEN, BIS DER ARZT KOMMT – UND DANN?

Es ist eine Sache, einen großen Garten anzulegen und viel Gemüse anzubauen. Eine andere Sache ist es, alles zum richtigen Zeitpunkt zu ernten und vor allem zu verarbeiten. Im Unterschied zu den täglichen kleinen Ernten von Salaten, Mangold oder mal ein paar Tomaten für die Mahlzeiten, gibt es im Sommer durchaus richtige Ernteschwemmen von Zucchini, Bohnen oder Tomaten. Und im Herbst sind natürlich die Kartoffeln dran, die Roten und Gelben Beten,

der Mais, die Kohlrüben und die letzten Sommergemüse, die auf keinen Fall Frost bekommen dürfen.

Hier kann man schon mal ins Trudeln geraten und leichte bis schwere Schweißausbrüche bekommen, denn in den meisten Fällen steht man als Gärtner mit seinem Erntesegen alleine da. Nur in Ausnahmefällen verfällt die gesamte Familie in einen glückseligen Erntetaumel – und schließlich will man ja niemanden zur Mithilfe zwingen. Hier gilt es, Ruhe zu bewahren, und vor allem einen kühlen Kopf. Meist ist das Wetter bombastisch und man möchte in diesen Momenten alles, aber nicht am Herd stehen und Tomatensauce einkochen oder stundenlang Bohnen schnippeln.

Wenn man sich rechtzeitig auf diese Momente vorbereitet hat, dann kann man die Ernte ohne psychische Folgeschäden überstehen – und das sogar, ohne auf die letzten Sommersonnenstrahlen am Badesee verzichtet zu haben. Oft wird empfohlen, man solle bei Sonne ernten, um die bestmöglichen Ernteergebnisse zu erzielen. Das mag generell stimmen, ich ernte trotzdem lieber bei schlechterem Wetter, weil ich dann nicht das Gefühl haben muss, das Leben würde draußen an mir vorbeiziehen. Wenn ich große Mengen Gemüse ernte, dann meist sowieso, um sie irgendwie zu

konservieren. Da machen ein paar Regentropfen keinen Unterschied. Ein paar Punkte Abstrich beim Aroma nehme ich im Tausch für einen Nachmittag am See durchaus in Kauf. Oder ich ernte bei bestem Wetter und nehme mir aber die Freiheit, das geerntete Gemüse ein paar Stunden im Keller oder Kühlschrank zwischenzulagern. Die paar Vitamine, die sich in dieser Zeit verabschieden, bin ich bereit zu opfern, denn all das frische Gemüse, das wir das Jahr über aus unserem eigenen Garten essen und ernten, strotzt nur so vor guten Inhaltsstoffen und Vitaminen. Würden wir es nur im Laden kaufen, wo das Gemüse ja durchaus einige Stunden bis Tage lagert, bis es verarbeitet wird, würden wir nie an diese Fülle von Superfood herankommen.

Abends, wenn einen draußen ohnehin die Mücken fressen würden, oder bei schlechtem Wetter ist es leichter, drinnen am Herd zu stehen und Gemüse zu waschen, zu schnippeln, einzukochen oder einzufrieren. Überhaupt bietet es sich bei vielen Gemüsesorten oder auch Beeren an, diese erst einmal einzufrieren und dann im Winter ganz in Ruhe zu verarbeiten, wenn man draußen ohnehin nicht viel verpasst. Marmelade aus eingefrorenen Erdbeeren schmeckt genauso gut wie aus frischen Früchten, macht aber erheblich mehr Spaß, weil man viel mehr Ruhe und Zeit hat als im Sommer, wenn draußen das gute Wetter lockt. Auch Kürbisse lassen sich nahezu ewig lagern, wenn die Bedingungen stimmen. Bis zum Winter schaffen es jedoch die meisten Exemplare – und dann kann man sie auch ganz in Ruhe

zu Chutneys oder anderen Köstlichkeiten verarbeiten. Viele Gemüse friere ich ausschließlich ein: zum Beispiel Bohnen. Nach der Ernte werden sie gereinigt, die Enden abgeschnitten und dann portioniert eingefroren. Wenn man sie vorher kurz blanchiert, halten sie noch etwas länger in der Gefriertruhe. Meist fehlt mir dazu aber die Lust und die Zeit, und bisher sind mir noch nie Bohnen schlecht geworden. Wir essen sie einfach viel zu gerne, so dass sie am Ende des Winters sowieso aus der Tiefkühltruhe verschwunden sind und gar keine Gelegenheit bekommen, an Qualität einzubüßen.

Eine gute Idee, um Zeit in der Küche zu sparen, ist es übrigens, das Gemüse draußen in der Sonne zu putzen und zu schneiden, anstatt drinnen in der Küche zu stehen und durchs Fenster dem guten Wetter hinterher zu schmachten. Sogar kochen und einkochen funktionieren draußen problemlos mithilfe einer mobilen Kochplatte oder eines extrem sparsamen Raketenofens. Klingt so simpel – und das ist es auch. Denkt daran: Oft sind es die kleinen Veränderungen, die den großen Unterschied machen! Genauso hilft es, große Menge auf einmal zu kochen, wenn es zum Beispiel um ein Mittagessen geht. Alles, was übrig bleibt, kann man portionieren und einfrieren, um zu einem späteren Zeitpunkt ein schnelles Essen parat zu haben, wenn man mal so gar keine Lust und Zeit zum Kochen hat. In guten Zeiten entspannt vorsorgen für Momente, wo es mal nicht so entspannt ist. Dieses Motto versuche ich in sämtlichen Lebensbereichen

einzuhalten: beim Kochen, bei den Tieren und im Garten. Vorbeugen ist besser als heilen, könnte man auch sagen, oder: Spare in der Zeit, so hast du in der Not. Alte Weisheiten, die nichts an Aktualität und Wahrheit verloren haben. Was schon unsere Großeltern wussten, kann uns auch heute noch das Leben leichter machen.

Auch Tomaten, Paprika, Chili, Peperoni, Auberginen oder Zucchini kann man durchaus erstmal gehackt oder gerieben einfrieren, wenn man gerade nicht dazu kommt, sie einzukochen und zu portionieren. Gleiches gilt für Mais, Kräuter, Äpfel, Rhabarber, sogar ohne blanchieren. Später im Jahr kann man dann alles direkt verbrauchen oder zu Soßen, Marmeladen oder Ketchup verarbeiten. Auch die Reste von Kürbissen friere ich gern ein und verarbeite sie im Winter zu einem leckeren Kürbisbrot – und backe dieses im Idealfall sogar in der Küchenhexe mit dem Holz aus dem eigenen Wald. Dann schließt sich ein Kreis. Das sind die Momente, in denen Selbstversorgung mich ganz kribbelig macht vor Glück.

Übrigens ist es komischerweise vollkommen egal, wie viel Gemüse ich ernte: Je mehr wir haben, umso mehr essen wir. Überschüsse haben wir selten; egal, wie groß die Ernte ist. Scheinbar steigern wir unseren Bedarf an gutem Gemüse proportional zum Ertrag. Auch diesbezüglich ist es also wahrscheinlich sinnvoll, mit einem kleinen Garten und einer begrenzten Auswahl an Gemüsesorten zu beginnen, denn man wächst buchstäblich erst mit der Zeit in alles hinein: in die Gartenarbeiten, in die Ernte und vor allem auch in die Verarbeitung.

Spätestens ab November/Dezember essen wir hauptsächlich aus unserem Lager, weil es dann im Garten langsam leerer wird. Natürlich finden sich noch hier und da ein paar Wintersalate oder Kohlköpfe, aber die Haupternte ist zu diesem Zeitpunkt definitiv „in trockenen Tüchern". Im Haus reifen die letzten grünen Tomaten, Chilis und Paprika nach, die ich vor den ersten strengen Frösten aus dem Gewächshaus geerntet habe. Am besten klappt das Nachreifen in dunklen Papiertüten oben auf dem Schrank. Wer es eilig hat, legt noch einen Apfel mit dazu – das beschleunigt den Reifeprozess. Regelmäßiges Kontrollieren hilft, schadhafte Tomaten rechtzeitig zu erkennen und auszusortieren, genauso wie bei den Kartoffeln. Eine einzige schlechte Frucht kann bei beiden dazu führen, eine ganze Ernte zu verderben, wenn man nicht rechtzeitig eingreift.

FRISCHE ERNTE RUND UMS JAHR: WINTER-GEMÜSE, FERMENTATION UND LAGERUNG

Ja, ich gebe es offen zu: Ich war viele Jahre ein absoluter und bekennender Einkoch-Muffel – sowohl was das Einkochen an sich betrifft, aber auch, was den Aufwand angeht, vor allem aber geschmacklich. Noch immer mögen wir unser Gemüse am allerliebsten frisch, und noch immer friere ich die Ernte alternativ zum Einkochen lieber ein, wenn ich die Wahl habe, denn sobald es um lange Einkochzeiten, zugesetzten Zucker und viel Essig geht, werde ich skeptisch und missmutig. Und leider muss man eben zum Einkochen im Wasserbad in den meisten Fällen das Gemüse nachsäuern, um einen pH-Wert unter 4,6 zu erreichen – nur dann ist die Konserve bei einer Einkochtemperatur um 100 Grad auch wirklich sicher. Alle Obstsorten außer Feigen sind von Natur aus sauer genug, und Tomaten liegen genau bei einem pH-Wert von 4,6, es sei denn, man nimmt ausschließlich die ganz süßen modernen Exemplare aus dem Supermarkt. Alle anderen Lebensmittel, also nicht saure Gemüse, Fisch oder Fleisch mit einem pH-Wert über 4,6 muss man heißer einkochen – und das funktioniert nur mit Dampfdruck. – Da war bei

mir irgendwie die Luft raus und nach anfänglicher Einkoch-Euphorie zu Beginn meiner Selbstversoger-Ambitionen folgten viele Jahre mit absoluter Enthaltsamkeit, was das Einkochen angeht. Meinen Einkochtopf habe ich damals bei unserer Auswanderung frohen Herzens in Deutschland zurückgelassen. Das Thema Botulismus im Einmachglas, was plötzlich von sämtlichen Medien und Foren hochgekocht wurde, verunsicherte mich zusätzlich.

Inzwischen haben sich alle Wogen diesbezüglich etwas geglättet: Ich habe einige Rezepte gefunden, die auch mit kürzeren Kochzeiten sowie weniger Zucker und Essig auskommen. Und ich habe so lange recherchiert, bis ich mich bezüglich des Botulismus-Hypes wieder beruhigen konnte: Botulismus ist nicht nur extrem selten, man kann die Gefahr auch komplett bannen, indem man sein Einkochgut vor dem Essen einfach einige Minuten sprudelnd aufkocht. Das überlebt kein Clostridium Botulinum! Schach Matt im Kochtopf. – Leider gilt das allerdings auch für viele Vitamine.

Ein guter Kompromiss kann ein Schnellkochtopf sein, bei dem das Gemüse eine kurze Zeit unter hohem Druck bei 120 Grad eingekocht wird. Das ist nicht nur energieeffizienter als der normale Einkochtopf, es bleiben teilweise Vitamine, Mineralien und Aromen besser erhalten und die Gefahr, dass unerwünschte Bakterien oder deren Sporen überleben, ist nahezu ausgeschlossen. Aber auch ohne einen Dampfdrucktopf oder *Pressure Canner* kann man durchaus gut und sicher traditionell im Wasserbad oder sogar im Backofen einkochen, wenn man sich an altbewährte Rezepte hält, die schon unsere Großmütter putzmunter überlebt haben. Nur weil offizielle Stellen plötzlich zu völlig neuen Erkenntnissen kommen, ist nicht automatisch alles alte überlieferte Wissen unserer Vorfahren mit einem Schlag ungültig zu erklären. Wie bei so vielen Dingen sollten wir uns auch diesbezüglich nicht zu sehr verunsichern lassen. Auch hier sind Augenmaß und Eigenverantwortung angebracht, um die Zubereitung sicher zu gestalten. Nachsäuern, doppeltes Einkochen und natürlich strenge Hygiene während des Einkochens sowie makelloser Zustand von Einmachgläsern, Deckeln und Gummiringen erhöhen die Sicherheit und Qualität des Einkochguts zusätzlich. Aber gerade Marmeladen, sauer eingelegte Rote Bete oder auch Tomaten aus meinem Garten fülle ich persönlich sogar einfach nur heiß ab – aber das ist eine Sache, die jeder ganz für sich selber abwägen und entscheiden muss.

Obwohl ich nach wie vor alles andere bin als ein Einkochprofi oder großer Fan dieser Methode, habe ich trotzdem meinen Frieden damit geschlossen und sogar eine gewisse Lust entwickelt, mich wieder mehr damit zu beschäftigen und auch neue Dinge auszuprobieren. Auch wenn ich mein Gemüse nach wie vor am liebsten frisch ernte und zubereite, spricht doch absolut nichts dagegen, den Überschuss an Tomaten, Paprika oder Zucchini für den Winter haltbar zu machen, einen Haufen heruntergepurzelter Äpfel, die sonst niemand mehr verwerten würde, zu

Apfelmus zu verarbeiten oder die knallroten Hagebutten nicht nur für Tee zu trocknen, sondern auch zusätzlich noch eine köstliche Marmelade davon zu kochen.

Darum ist inzwischen auch wieder ein Einkochtopf bei uns eingezogen, und zwar einer ohne interne Stromversorgung, damit wir ihn auch auf der Küchenhexe benutzen können – oder sogar unter freiem Himmel auf dem Raketenofen, damit ich keine Minute guten Wetters verpassen muss, weil ich drinnen am Herd versaure.

Es ist leicht, in Extreme zu verfallen, aber viel schöner ist es, eine Vielzahl an Möglichkeiten zu haben, aus denen man schöpfen kann. Und es gibt wirklich viele Möglichkeiten, die Ernte gut über den Winter zu bringen.

Hier einige Beispiele:

Einkochen:
Rote Bete, Gelbe Bete, Paprika, Tomaten, Chili, Peperoni, Zucchini, Aubergine, Rotkohl, Bohnen, Erbsen, Möhren, aber auch Fleisch, Marmeladen, Saucen, Chutneys
Heiß abfüllen:
Früchte (Marmeladen), alte Tomaten-Sorten (nicht die super süßen!), sauer eingelegtes Gemüse
Einfrieren:
Bohnen, Erbsen, Grünkohl, Brokkoli, Blumenkohl, Rosenkohl, Kürbis, Mais, Spinat, Zucchini, Mangold, Tomaten, Paprika, Chili, Peperoni, Auberginen, Zucchini, Kräuter, Fleisch, Fisch
Lagern in Sand (Keller oder Erdmiete):
Rote Bete, Gelbe Bete, Möhren, Pastinaken, Futterrüben, Steckrüben
Lagern in Kisten oder Säcken, kühl im Keller:
Kartoffeln
Lagern bei kühler Zimmertemperatur:
Kürbisse, ausgereifte Zucchini, Zwiebeln, Knoblauch
Trocknen/Dörren:
Kräuter, Pilze, Obst, Chili, Tomaten (in Öl), Erbsen, Bohnen, Mais
Winterernte:
Kohl, Lauch, Postelein, Mangold, Feldsalat, Topinambur
Fermentieren:
z. B. Kohl, Wurzelgemüse, Rote Bete, Kürbis, Paprika, Bohnen
In Öl einlegen:
Tomaten, Paprika, Chili, Peperoni, Zucchini, Auberginen, Knoblauch, Kräuter, Pilze
In Essig einlegen:
Gurken, rote Bete, Möhren, Sellerie, Paprika, Zwiebeln, grüne Bohnen, Blumenkohl

Der Friss-Dich-satt-Garten: Unsere Favoriten im Gemüsegarten

„Nicht auf die Größe eines Gartens kommt es an, sondern auf sein Wesen."

Minimalismus und Selbstversorgung sind auf den ersten Blick nicht wirklich miteinander vereinbar, trotzdem kann man sich auf das Nötigste begrenzen oder vielmehr Prioritäten setzen, um sich selbst das Leben einfacher zu machen. Viel hilft nicht immer viel! Es ist ganz selbstverständlich, dass jemand, der Selbstversorgung und Vorratshaltung betreibt, nicht mit so wenigen Teilen in seinem Leben auskommt wie ein Minimalist in einer Stadtwohnung. Aber das verlangt ja auch niemand. Trotzdem sollte man sich bei allen Projekten immer die Frage stellen: Brauche ich das wirklich oder ist es vielleicht im besten Fall überflüssig, im schlechtesten Falle aber womöglich sogar eine Belastung? Minimalismus bedeutet für uns nicht, möglichst wenig zu besitzen, sondern vor allem mit dem geringsten Aufwand das bestmögliche Ergebnis zu erzielen.

Insgesamt baue ich ungefähr 50 bis 60 verschiedenen Sorten Gemüse an, mal ein paar mehr, mal einige weniger. Die Versuchung angesichts der Auswahl in den Saatkatalogen ist jedes Jahr aufs Neue unendlich groß. Am liebsten würde ich immer alles anbauen, was nur irgendwie möglich erscheint. Dennoch habe ich über die Jahre gelernt, dass eine gewisse Begrenzung auf die wichtigsten Gemüse am zielführendsten ist. Der Fokus liegt auf dem Wichtigsten, und man verschwendet nicht seinen Platz, seine Energie und Zeit mit Dingen, die am Ende ohnehin keiner zubereiten oder essen möchte. Das Einfache ist meist am einfachsten – und so halte ich es auch im Garten und in der Küche.

Der ganz alltägliche Luxus besteht eben genau darin, aus einer geringeren Auswahl an Lebensmitteln das bestmögliche Ergebnis zu erzielen – ganz ohne Raffinessen und irgendwelchen Firlefanz. Kinderleicht soll es sein. Und kinderfreundlich soll es schmecken, denn immerhin besteht unsere Familie zur Hälfte aus Kindern. Jede Mutter kennt den ungeheuren Frust, wenn sie stundenlang in der Küche stand, geschnippelt und gekocht hat und am Ende nur in angewiderte Gesichter sieht, wenn das Essen endlich auf dem Tisch steht. So macht Kochen sicher keinen Spaß – und Essen noch viel weniger. Für alle Beteiligten. Natürlich kann man jetzt hart durchgreifen mit „Gegessen wird, was auf den Tisch kommt!", aber wozu eigentlich? Wer hat etwas davon? – Genau: niemand. Und darum probiere ich zwar ab und zu neue Kreationen aus, führe nach und nach neue Gemüse in meine bewährten Rezepte ein, pirsche mich vorsichtig heran an ganz böse Zutaten wie Zucchini oder Kürbis, scheitere und ja, manchmal gewinne ich auch, weil plötzlich jemand ganz überraschend wohlwollend nickt oder einfach nicht herumnörgelt.

Ich koche selten nach einem festen Rezept mit genauen Mengenangaben oder starren Zutatenlisten. Vielmehr schaue ich, was ich gerade zur Verfügung habe, was mein Garten mir schenkt und was ich fein miteinander kombinieren kann. Kochen ist für mich spontan und kreativ – und jedes Gericht darf jedes Mal durchaus ein bisschen anders schmekken – auch wenn es eigentlich denselben Namen hat wie letzte Woche. Wenn mir eine Zutat fehlt, ersetze ich sie durch eine andere, und manchmal entsteht aus dem anscheinenden Mangel etwas viel Besseres.

Was für mich eigentlich in jedes deftige Gericht gehört, sind Zwiebeln und Knoblauch – und Olivenöl. An Gewürzen bzw. Kräutern benutze ich außer Salz und Pfeffer am liebsten Paprika-Gewürz, Kumin, Rosmarin und Dill. Zucker vermeide ich, wo immer es geht, und ersetze ihn durch Honig bzw. Kokosblütenzucker. Trotzdem benutze ich inzwischen nach vielen Jahren Generalstreiks diesbezüglich inzwischen hier und dort wieder braunen Rohrzucker für Chutneys und Gelierzucker für Marmeladen. Mir ist einfach zu viel verdorben bei all den Experimenten, die ich mit angeblichen Alternativen gemacht habe, und dafür sind Mühe und Aufwand einfach zu groß. Wenn irgendwie möglich bevorzuge ich das Einfrieren ohne Zucker, Essig oder viel Salz dem Einkochen, aber ich mache auch wieder Ausnahmen und taste mich an einen gesunden Kompromiss zwischen totalem Verzicht und totaler Gleichgültigkeit heran. Viele Jahre habe ich jede Marmelade in meinem Regal als zuckrige Bedrohung meiner Gesundheit betrachtet, nachdem ich viele Jahre zuvor vollkommen unreflektiert Zucker zu mir genommen habe, ohne über die Konsequenzen nachzudenken. Inzwischen sehe ich ein Glas mit fruchtiger selbstgemachter Erdbeer- oder Hagebuttenmarmelade als kostbares Geschenk an – und dieses gilt es maßvoll und wertschätzend in kleinen Portionen zu genießen. Das richtige Maß zu finden, ist eine der ganz großen Herausforderungen in der Selbstversorgung.

Wenn es irgendwie möglich ist, koche ich gleich größere Portionen, damit ich einen Teil am nächsten Tag in einer anderen Variante noch einmal benutzen kann. Das spart Zeit und Energie und macht das Leben so viel leichter. Auch friere ich Überschüsse ein; so kann ich bei Gelegenheit etwas auftauen, wenn ich weiß, dass die Zeit zum Kochen an diesem Tage knapp werden könnte. Fast Food auf die langsame Weise sozusagen. Oder Slow Food auf die Schnelle.

Im Folgenden möchte ich Euch unsere Lieblingsgemüse vorstellen – quasi die

Basics in meinem Gemüsegarten, die gleichzeitig auch die Basis für die meisten meiner Rezepte darstellen. Ich halte mich hier relativ kurz und verzichte bewusst auf lange Pflanzen-Portraits, denn diese gibt es überall schon zur Genüge – außerdem hängt so vieles vom Standort ab und kann bei mir in Südschweden ganz anders sein als bei Euch in Mittel- oder Süddeutschland. Vielmehr möchte ich Euch einfach erzählen, was wir am liebsten anbauen, und warum!

FÜR GEDULDIGE GOURMETS: SELBST SPARGEL ANBAUEN

Um gleich mit etwas Ungewöhnlichem zu starten: Wer genügend Fläche hat, sollte dringend darüber nachdenken, ob er nicht auch ein oder zwei Reihen Spargel anbauen möchte. Spargel ist eine echte Delikatesse – und dementsprechend steigen auch die Preise dafür immer weiter in Höhen, die sich die meisten Menschen nicht mehr leisten können oder wollen. Wir lieben Spargel gekocht oder in der Pfanne leicht in Öl geschwenkt angebraten, dazu Salzkartoffeln und zerlassenen Petersilien-Butter – es gibt kaum etwas Luxuriöseres!

Die Anlage eines Spargelbeetes macht anfangs ein bisschen Arbeit, um die tiefen Gräben auszuheben, in die die jungen Spargelpflänzchen gesetzt werden. Die Gräben werden anschließend mit bestmöglicher Erde und Kompost wieder aufgefüllt. Danach braucht man als Gärtner vor allem eines: Geduld. Denn um eine richtig gute Entwicklung des Spargels zu gewährleisten, sollte man ihn zwei Jahre komplett in Ruhe lassen – vom Unkraut jäten und anhäufeln einmal abgesehen. Im dritten Jahr kann man vorsichtig mit der Ernte beginnen, und ab dem vierten Jahr ganz normal ernten.

Wer noch nicht allzu viel Gartenerfahrung hat, baut zwar in den seltensten

Fällen ausgerechnet Spargel als Erstes an, ich möchte ihn hier aber dennoch erwähnen, weil es eben seine Zeit braucht, bis man das erste Mal den eigenen Spargel ernten kann. Zumindest die Fläche sollte man vielleicht schon einmal mit einkalkulieren, wenn man gerne Spargel isst. Man kann diesen Platz ja vorerst mit Sommerblumen oder Kürbissen bepflanzen – oder einfach schon einmal durch Mulchen vorbereiten.

MUST-HAVES-IM SELBSTVERSORGER-GARTEN: ERDBEEREN

Erdbeeren sind zwar rein körperlich nicht unbedingt überlebens-notwendig, aber ihre psychologische Wirkung ist einfach phänomenal. Und darum sind sie auf jeden Fall ein unverzichtbarer Posten in meinem Selbstversorgergarten. Wer einmal den Unterschied zwischen gekauften importierten Erdbeeren und den im eigenen Garten gewachsenen zuckersüßen Früchtchen geschmeckt hat, wird wissen, warum mir eigene Erdbeeren so wichtig sind. Allein dieser Moment in jedem Frühsommer, wenn ich eher zufällig bei meinem täglichen Streifzug durch den Garten die allererste rote Erdbeere zwischen dem dunklen Grün der Blätter entdecke. Das ist schöner als Weihnachten! Das leise Knacken, wenn ich die Erdbeere pflücke, und der fein-aromatische Duft, der dabei entsteht und sofort in meiner Nase kribbelt. Und dann erst der Geschmack, wenn ich mir klammheimlich diese allererste Erdbeere in den Mund stecke, bevor es jemand sieht: Eine Explosion aus Glück und fruchtiger Süße, sommerwarm und einfach nur himmlisch. Als würde der gesamte Winter und alle Tage mit schlechtem Wetter in einem einzigen Augenblick von mir abfallen, als könnte für immer Sommer sein. Alle Sorgen lösen sich auf. Was bleibt, ist pure Glückseligkeit – über die allererste Erdbeere.

Erdbeeren mögen einen halbschattigen Standort mit einem lockeren humosen Boden – und natürlich jede Menge Mulch, um die Feuchtigkeit zu halten. Bei Trockenheit bilden die Erdbeerpflanzen nur wenige kleine und eher unaromatische Früchte. Viele Gärtner schwören auf eine Unterlage aus Stroh, ich bevorzuge allerdings Sägespäne. Erstens ist das Stroh sehr sperrig und schwer zwischen den Pflanzen zu verteilen, Späne sind diesbezüglich

viel einfacher zu handhaben. Zweitens lieben Schnecken Strohschichten – mit Sägespänen scheinen sie hingegen eher Schwierigkeiten zu haben, jedenfalls habe ich bisher kaum Probleme mit Schnecken, wenn ich überwiegend mit Spänen oder Holzhäckseln mulche.

Alle drei bis vier Jahre möchten die Erdbeeren umziehen. Durch das Teilen werden die Pflanzen verjüngt und bekommen neue Kraft. Es empfiehlt sich, nicht alle alten Erdbeerpflanzen auf einmal umzusetzen, weil sie im ersten Jahr erst einmal nicht ganz so gut tragen. Am besten teilt man auch die Erdbeeren in drei bis vier Parzellen, die dann nach und nach, Jahr für Jahr, umgesiedelt werden. So hat man immer Pflanzen mit vollem Ertrag, während die einen gerade etwas nachlassen und die anderen sich neu etablieren können. Im Herbst bzw. im Frühling dürfen die alten Blätter entfernt werden, das geht auf bodennahen Beeten auch gut mit dem Rasenmäher. Einfach drüber mähen, fertig!

Auch wenn Erdbeeren ein bisschen Arbeit machen und eine nicht zu vernachlässigbare Fläche im Garten in Anspruch nehmen: Ein Selbstversorgergarten ohne Erdbeeren ist für mich kaum vorstellbar. Auch im kleinsten Garten oder auf dem Balkon sollten ein paar Kübel, Kästen oder auch Hängeampeln mit Erdbeerpflanzen auf keinen Fall fehlen. Selbst wenn die Ernte nicht reicht, um davon Marmelade zu kochen: Hin und wieder eine Erdbeere im Vorbeigehen geerntet und in den Mund gesteckt, ist purer Luxus, gerade bei den immer weiter steigenden Preisen.

Da wir nicht die einzigen sind, die Erdbeeren lieben, haben wir uns inzwischen für Schutznetze entschieden, um diebische Elstern und emsige Amseln von unseren kostbarsten Früchten fernzuhalten. Wenn man mit Netzen arbeitet, muss man diese allerdings täglich kontrollieren – am besten mehrmals täglich, denn es kann durchaus vorkommen, dass sich Vögel darin verfangen und einen qualvollen Tod durch Stress oder Hitzschlag sterben, wenn sie sich aus eigener Kraft nicht wieder befreien können – und das wiederum ist keine Erdbeere wert. Aber auch Ameisen und Kellerasseln lieben Erdbeeren, also immer gut kontrollieren und reife Früchte möglichst täglich ernten.

BLATTGEMÜSE RUND UMS JAHR: SALATE, MANGOLD UND SPINAT

Gerade für Garten-Anfänger und Freude der einfachen Küche sind sämtliche Blattgemüse eine tolle Sache: Sie sind einfach anzubauen, relativ anspruchslos und dabei recht ergiebig. ***Salate*** gibt es in sämtlichen Blattformen und -farben, von frühen bis zu späten Sorten, als Pflücksalate oder Kopfsalate.
Ob in bunten Salaten mit Tomate, Gurke und Paprika, zerkleinert auf Pizza oder Brot – Salat macht immer und überall eine gute Figur, und man kann ihn mit ein bisschen Vorbereitung und der richtigen Sortenauswahl beinahe rund ums Jahr anbauen.

Spinat mag es generell etwas kühler. Sobald es zu warm wird, schießt er in

Blüte. Darum kann man ihn ziemlich früh nicht nur im Garten, sondern noch früher im Gewächshaus anbauen, wenn dort noch nicht viel oder nicht mehr viel anderes wächst, sprich: im sehr zeitigen Frühling und dann wieder im Herbst. Im Sommer wachsen ohnehin genug Alternativen im Garten. Frische Spinat-Blätter machen sich perfekt im Salat, als Topping auf frisch gebackenem Brot oder als Highlight auf selbstgemachter Pizza. Überschüsse lassen sich leicht blanchieren und einfrieren.

Wer auch im Sommer nicht auf Spinat verzichten möchte, dem sei wärmstens der ***Neuseeland-Spinat*** ans Herz gelegt! Dieses froh-wuchernde Blattgemüse ist auch bei warmen Temperaturen robust und liefert eine ständig nachwachsende Ernte, wenn der normale Spinat längst in Blüte geschossen ist. Man kann ihn roh essen wie Salat oder gegart wie Spinat, auch einfrieren ist kein Problem. Der Neuseeländer Spinat gehört zu unseren absoluten Favoriten!

Auch die ***rote Melde*** gehört übrigens zu den Spinatgewächsen: Sie ist durch ihre ungewöhnliche Blattfarbe ein echter Hingucker im Beet und natürlich auch auf dem Teller. Sie sät sich selber aus und wächst den ganzen Sommer über nach, wenn man nur einzelne Blätter erntet. Sie schmeckt roh, in der Pfanne gedünstet oder gekocht.

Mangold ist ebenso unkompliziert wie wuchsfreudig und in Geschmack und Zubereitung ähnlich dem Spinat. Den Mangold, den man im Frühling aus Samen gezogen und nach den Eisheiligen ins Freiland gepflanzt hat, kann man im Herbst leicht aus dem Beet holen und ins Gewächshaus pflanzen, um ihn dort mit etwas Glück zu überwintern, denn Mangold ist zweijährig. Das bedeutet, er überdauert den Winter und treibt mit etwas Glück zeitig im Frühling wieder mit frischen und knackigen Blättern neu aus, bevor er im Sommer anfängt zu blühen. Dann kann man direkt die Samen einsammeln, um sie im nächsten Frühling wieder auszusäen – oder man überlässt die Aussaat einfach sich selbst. Ein toller Kreislauf! In milden Gegenden bzw. mit einem guten Winterschutz ist die Überwinterung von Mangold kein Problem. Wir nutzen die Blätter genauso wie Spinat: am liebsten frisch. Aber auch in Butter oder Öl zusammen mit Knoblauch und Zwiebeln in der Pfanne geschwenkt ist er eine leckere Beilage zu sämtlichen Gerichten. Gleiches gilt für die Stängel: leicht angebraten oder gekocht kann man sie ähnlich zubereiten wie grünen Spargel.

Wir bauen immer ein bisschen mehr Mangold, an als wir selber benötigen, damit wir auch den Hühnern und Meerschweinchen guten Gewissens etwas abgeben können (auch Futterrüben eignen sich perfekt). Wenn es doch einmal zu viel werden sollte, kann man Mangold ebenso einfrieren wie Spinat, sodass man auch hiervon Vorräte für den Winter anlegen kann.

EINE RUNDE SACHE: ERBSEN ZÄHLEN!

Erbsen sind einfach köstlich, und nahrhaft dazu! Wir lieben sie – natürlich! – am allermeisten ganz frisch aus dem Garten. Deshalb schaffen sie es oftmals gar nicht bis in die Küche. Glücklicherweise kann man aber so viele Erbsen anbauen, dass man auch welche für die Vorratskammer oder das Gefrierfach beiseiteschaffen kann, denn Erbsen kann man sehr dicht pflanzen, vor allem im Hochbeet, sodass sie sich anschließend gegenseitig Halt geben. Zusätzlich eignet sich Reisig als Rankhilfe.

Bei den kleinen grünen Perlen gilt es zu beachten, dass Erbse nicht gleich Erbse ist: Es gibt Zuckererbsen, die hauptsächlich jung und frisch gegessen werden, meistens sogar mit Schoten, weshalb sie auch Zuckerschoten genannt werden. Dann gibt es noch Palerbsen und Markerbsen, wobei die Palerbsen für die Lagerung aus den Hülsen gepult und getrocknet werden. Später kann man sie bei Bedarf vor dem Verzehr in Wasser einweichen und quellen lassen, bevor man sie zubereitet. Markerbsen hingegen eignen sich nicht zum Trocknen, sondern nur zum Einfrieren, da sie nach dem Trocknen nicht wieder Feuchtigkeit ziehen und somit ungenießbar werden. Eine weitere Möglichkeit von Erbsen zu profitieren, ist, sie als Microgreens anzubauen: entweder im Winter auf der Fensterbank oder auch das Jahr über großflächig in Kübeln und Kästen. Das frische Erbsengrün ist einfach das Beste, was man sich vorstellen

kann – und es wächst über eine lange Zeit immer wieder nach!

Erbsen zählen zu den Leguminosen, was bedeutet, dass sie Stickstoff sammeln und damit die Erde anreichern. Darum sollte man nach der Ernte die Pflanzen nicht herausreißen, sondern nur überirdisch abschneiden. Die Wurzeln mit ihren Knöllchenbakterien bleiben im Beet und reichern es mit dem wertvollen Stickstoff an.

DÜNNE BOHNEN, DIE SICH LOHNEN – IN VIELERLEI HINSICHT

Auch Bohnen sind Leguminosen und auch sie sind wertvolle Stickstoffsammler im Beet. Bohnen sind deutlich kälteempfindlicher als Erbsen und können dementsprechend erst im Mai nach den Eisheiligen direkt im Freiland gesät werden, wenn sich die Böden erwärmt haben und keine Fröste mehr zu befürchten sind. Darum ist es gerade in kälteren Regionen eine gute Idee, eine Charge Buschbohnen bereits zeitiger im Gewächshaus oder auf der Fensterbank vorzuziehen, um sie dann mit einem guten Vorsprung Mitte Mai ins Beet zu pflanzen. Dadurch kann man das Erntefenster um einige Wochen verlängern.

Auch Stangenbohnen kann man auf diese Weise eine längere Erntezeit

einräumen. Bei Direktsaat im Beet wird in Reihen oder als Horst gesät, also in kleinen Gruppen von etwa fünf Saatkörnern, beispielsweise um eine Stange herum. In einer geeigneten Klimazone kann man zwischen die Stangenbohnen außerdem robuste Tomatenpflanzen setzen. Diese profitieren vom Rankgerüst der Bohnen, dienen aber zusätzlich auch selber als Rankhilfe. Zudem hält der starke Duft der Tomaten Schädlinge von den Bohnen fern.

Sowohl Buschbohnen als auch Stangenbohnen erntet man, solange die Hülsen noch relativ dünn und knackig sind, sonst werden sie faserig und schmecken nicht mehr so wunderbar köstlich, wie ihre jüngere Version es getan hätte.

Ich friere die Bohnen am liebsten direkt nach der Ernte ein, manchmal blanchiert, manchmal aber auch roh. Natürlich kann man sie auch einkochen oder ausgereift trocknen lassen.

DICKE BOHNEN – VON WEGEN SAUFRAß!

Dicke Bohnen habe eine lange Tradition. Sie sind relativ leicht anzubauen und liefern hohe Erträge. Trotzdem sind sie heute kein alltägliches Gemüse mehr auf den Tellern, denn vielen sind sie schlichtweg unbekannt. Die Saubohne, Puffbohne, Ackerbohne oder Pferdebohne, wie die dicke Bohne auch genannt wird, ist ebenfalls eine Leguminose und wird teilweise sogar ausschließlich als Gründüngung angebaut. Dabei hat sie hervorragende Eigenschaften als Speisebohne und ist dabei deutlich kältetoleranter. Sie verträgt je nach Standort Fröste im einstelligen Bereich und kann dadurch bereits sehr früh im Freiland ausgesät werden. In milden Gegenden kann man sogar eine Herbstaussaat wagen, was eine sehr frühe Ernte im Folgejahr ermöglicht. Späte Frühjahrsaussaaten erhöhen das Risiko, dass die Pflanzen von der schwarzen Bohnenlaus befallen werden.

Geerntet werden die Bohnen im Milchreifestadium, wenn sie noch weich und trotzdem knackig sind. Es gibt unterschiedliche Meinungen dazu, wie man dicke Bohnen nach der Ernte am besten verarbeitet. Viele schwören darauf, die Häutchen, die die Bohnenkerne ummanteln, einzeln zu entfernen, andere essen diese einfach mit. Wahrscheinlich ist es wie bei so vielem einfach Geschmacksache und Frage der Gewohnheiten – und natürlich eine Frage des Erntezeitpunktes. Erntet man zu spät, sind die besagten Häutchen ledrig

und zäh und müssen auf jeden Fall entfernt werden, sind die Bohnen jedoch noch zu jung, lohnt die Ausbeute kaum, da die Bohnenkerne selbst noch viel zu klein sind, obwohl die Schoten schon prall und dick aussehen. Hier gilt es mal wieder, selbst zu probieren und zu studieren.

Dicke Bohnen lassen sich vielfältig verwerten: In Eintöpfen, Gemüsepfannen, also gekocht oder angebraten, aber auch kalt in Salaten oder als Brotaufstrich mit Olivenöl, Kräutern und Knoblauch püriert. Sogar Bratlinge kann man hervorragend aus der pürierten Masse herstellen, ob mit Kartoffel oder anderen Gemüsen gemischt, ist nur eine Frage der Fantasie und Experimentierlust. Dicke Bohnen sind übrigens im Gegensatz zu anderen Bohnen im rohen Zustand nicht giftig. Sie enthalten viele B-Vitamine und sind gute Lieferanten für Eiweiß und Ballaststoffe, das heißt, sie machen wirklich satt – auch ohne Fleischbeilage.

OHNE GEHT ES NICHT: ZWIEBELN UND KNOBLAUCH

Wie bereits erwähnt sind Zwiebeln und Knoblauch absolute Notwendigkeiten in fast all unseren Rezepten, ob roh, angedünstet oder gekocht: diese beiden gehören einfach fast immer mit dazu.

Knoblauchzehen kann man im Herbst oder im Frühling setzten. Bei der Überwinterung wird die Ernte im kommenden Sommer etwas üppiger ausfallen, aber auch ein Frühlingsanbau lohnt sich in jedem Fall. Wichtig ist es, auf regionale Sorten zu achten, da Knoblauch aus wärmeren Gegenden gerade mit dem nordischen Klima meist Probleme hat.

Zwiebeln kann man entweder sehr zeitig im Frühling aussäen oder etwas entspannter aus Steckzwiebeln im Frühling direkt ins Beet setzen. Da Zwiebeln eine recht lange Saison brauchen, ist es in Schweden beispielsweise nicht ganz einfach, im Spätsommer oder Herbst große Zwiebeln zu ernten, wenn die ersten Fröste bereits Anfang September den Garten heimsuchen. Dies gelingt meist nur, wenn man spätestens im Februar Zwiebelpflanzen aus Samen im Haus vorzieht und diese später ins Freiland pikiert – eine ganz schöne Fummelarbeit. Einfacher, aber natürlich auch teurer, wenn man sie nicht selbst herstellt, sind Steckzwiebeln: Diese kleinen Zwiebeln werden im Herbst ausgegraben, im Haus überwintert und im Frühling wieder eingesetzt. Es lohnt sich, verschiedene Anbaumethode auszuprobieren und eigene Erfahrungen zu sammeln, um die bevorzugte Anbauweise herauszufinden. Steckzwiebeln sind allerdings später nicht so gut lagerfähig wie Zwiebeln aus Samen.

Eine tolle Alternative bzw. eine Ergänzung für den Übergang sind beispielsweise Frühlingszwiebeln, auch Lauchzwiebeln genannt, oder Etagenzwiebeln, die man auch als Luftzwiebel oder ewige Zwiebel bezeichnet. Manchmal gibt es hier namentliche Überschneidungen mit der Winterheckenzwiebel. Egal aber, wie man sie nun nennt, man kann ihr würziges Grün bereits früh im Jahr ernten und vielfältig in der Küche einsetzten.

Diese kleinen Momente. Wenn am Abend alles ganz still wird. Wenn zarte rosa Sonnenschirme vor altem roten Holz tanzen. Wenn oben in den Baumwipfeln der Kuckuck ruft und die Luft so sommersüß riecht, dass man sie am liebsten in Flaschen füllen möchte. Wenn die Waldschnepfe am Himmel schwirrend von Mittsommer erzählt. Wenn die Natur nur noch von ihrem langen winterlichen Dornröschenschlaf träumt. Ja, wenn der Winter so weit entfernt ist, als hätte es ihn nie gegeben …

Jeden Tag kommen wir mit vollen Händen aus dem Garten oder aus dem Wald.

Jeden Tag voller Dankbarkeit und voller Freude über unsere Ernte: Gemüse in allen Farben und Formen. Pilze im Überfluss. Blaubeeren, soweit das Auge reicht. Im Sommer ist Schlaraffenland.

Alles ist grün, überall blüht es. Die Natur strotzt vor Energie und Überfluss. Überall ist Licht. Noch liegt der ganze Sommer vor uns, obwohl die Tage nun schon wieder kürzer werden. Jeden Tag ein paar Minuten. Jeden Tag ein Stück vom Sommerkuchen. Ich bade im Sommer. Jeder Tag ist ein Fest. Alles um mich herum ist so lebendig, alles ist so unendlich intensiv. So kostbar und köstlich. – Ein Sommerstrudel.

Die Zeit des Erntens beginnt: Beeren, Gemüse, Kräuter. Vor allem aber ernte ich die Düfte des Sommers und seine Geräusche, seine Bilder und Farben. Ich sammle den Geruch des feuchten Farns am Morgen, von frisch gemähtem Gras und von all den Wildblumen. Den Duft der Pferde in der Mittagshitze und von warmem Waldboden unter meinen nackten Füßen.

Ich pflücke den Ruf des Kuckucks und das Surren der Waldschnepfe; ich konserviere das leise Wippen der Gräser und das sanfte Rauschen der Pappeln. Ich speichere das Rot der ersten zuckersüßen Erdbeere und das Glitzern auf unserem See. Die Sonnenwärme auf meiner Haut und den leichten Wind in meinen Haaren. Ich sammle all das und viel mehr für die Zeit, wenn wieder Dunkelheit und Stille um uns sein wird. Wenn draußen die Schneeflocken fallen und drinnen der Ofen bollert. Ich sammle jetzt, stopfe meine Taschen voll, um mich dann zu wärmen an den Erinnerungen – aus einer prall gefüllten Vorratskammer voller Mittsommernachtsträume.

Mit eigenen Händen. Aus dem eigenen Garten. Aus einem Saatkorn. Aus einer verwahrlosten Wiese im Wald. Jedes Jahr wieder ein Wunder! Aus dem Vollen schöpfen. Mit vollen Armen aus dem Garten kommen. Voller Dankbarkeit ernten. Vollmundiger Geschmack. Poesie aus Farben und Formen. Perfektion durch das Unperfekte. Warme Augustsonne nach ein paar kühlen Tagen. Schmetterlinge in der Luft. Wippende Blüten im milden Spätsommerwind. Und eine Tochter, die sagt: „Mama, wenn ich groß bin, dann möchte ich auch so einen Dschungelgarten haben wie du!“

NICHTS ALS KRUMME SACHEN: GURKEN

Seitdem wir eigene Gurken anbauen, sind die meisten gekauften Gurken, genauso wie viele andere Gemüse, eine Beleidigung für unseren Gaumen. Während die gekauften Exemplare im besten Fall oft nach gar nichts schmecken, im schlimmsten Fall aber trocken und bitter sind, schmecken die Gurken aus dem eigenen Gewächshaus meist zuckersüß. Sie sind unförmig und krumm, manchmal sogar ein wenig stachelig und oftmals nicht so groß wie die aus dem Supermarkt, dafür aber umso knackiger und saftiger.

Wie die meisten Dinge aus unserem Garten essen wir Gurken am liebsten roh. Natürlich kann man sie auch sauer einlegen, aber das machen wir nie. Viel zu gerne essen wir sie saisonal in ungeheuren Mengen, mehrmals täglich einfach pur, quasi direkt von der Pflanze. Meist machen wir uns nicht einmal die Mühe, einen Salat mit Dressing dazu zuzubereiten, da wir sie einfach am allerliebsten so essen – ohne alles, einfach als Snack oder in Scheiben als knackig-frischen Belag auf Brot oder auf unseren selbstgemachten Bio-Hamburgern mit Wildfleisch-Bulette.

Ich säe die ersten Gurken Ende April aus und pflanze sie Mitte Mai ins Gewächshaus. Dann stecke ich direkt weitere Saatkörner in die Erde, um mich später noch an einer zweiten Gurkenernte erfreuen zu können, wenn die erste Charge bereits ausgelaugt ist. Gurken wachsen sowohl wuchernd über

den Boden, wenn man sie lässt, aber meiner Erfahrung nach wachsen sie viel besser und gesünder, wenn man ihnen Schnüre oder Rankgerüste zum Klettern anbietet. Das erleichtert auch die Ernte, weil man sich erstens nicht so oft bücken muss und zweitens die Gurken viel leichter zu finden sind.

SOMMERTRÄUME: TOMATEN, PAPRIKA, CHILI UND PEPERONI

So richtig satt machen sie ja nicht, aber wer will schon auf eigene Tomaten oder selbstgepflückte Paprika verzichten, wenn er die Möglichkeit hat, sie im eigenen Garten oder Gewächshaus anzubauen? Sie sind nicht nur köstlich, sondern auch noch wahre Vitamin-Bomben! Mit der ersten roten Tomate oder Paprika verhält es sich ähnlich wie mit der ersten Erdbeere: ein langes Pflegen und Sehnen geht dem großen Augenblick voraus, in dem man die heiß begehrte Frucht endlich vom Strauch pflücken und sommerwarm in den Mund stecken kann. Und so schmecken sie auch am allerbesten: frisch gepflückt und direkt vor Ort verzehrt. Natürlich sind sie auch im Salat ein knackig-frischer Höhepunkt der Erntesaison – zusammen mit den eigenen Gurken natürlich. Oder ein frischer Tomate-Mozzarella-Salat mit kleinen festen Cocktailtomaten und würzigem Basilikum. Es gibt kaum etwas, das so sommerlich riecht und schmeckt.

Die Vitamin-Ausbeute könnte kaum größer sein, denn immerhin ist der Vitamingehalt der Früchte bei Vollreife am allerhöchsten. Grün geerntetes Gemüse, das für den Transport in die Supermärkte unreif geerntet wird, kann niemals so viele gute Vitamine haben, weil sie zum Erntezeitpunkt erstens noch gar nicht

von der Pflanze gebildet wurden und zweitens durch lange Transporte und noch längere Lagerzeiten zusätzlich verloren gehen. So richtig viel Power kann in gekauftem Obst und Gemüse folglich nicht vorhanden sein. Wo sollen all die guten Inhaltsstoffe denn herkommen? Dazu die ausgelaugten, mineralarmen Böden, eventuelle Kunstdünger und Pestizide – all das umgehen wir, wenn wir unser Gemüse selbst anbauen. Und dazu kriegen wir die volle Packung Vitamine und Mineralien – plus den absoluten Geschmack, denn dieser besteht letztendlich aus eben diesen Vitaminen und Mineralstoffen. Darum schmeckt eigenes Gemüse so viel besser, denn es ist einfach so viel besser – und das gilt nicht nur für Tomaten und Paprika!

Chili-Pflanzen kann man übrigens auch auf einer sonnigen Fensterbank kultivieren und mit ein bisschen Glück in einem hellen, aber kühlen Raum sogar überwintern, genauso wie Physalis. Dabei nur sparsam gießen und im Frühling zurückschneiden. Eine so über den Winter gebrachte Pflanze kann im zweiten Jahr deutlich früher Früchte tragen; oft fällt die Ernte deutlich größer aus.

Logischerweise essen wir so viele frische Tomaten, Paprika oder Chili und Peperoni wie möglich, wenn sie uns reif im Gewächshaus entgegenwachsen. Trotzdem gibt es manchmal so viele, dass wir auch Überschüsse verwerten möchten. Das ist der Zeitpunkt, wo ich meinen großen Kochtopf aus dem Schrank krame und Tomatensoße einkoche.

Tomatensoße für Bolognese oder Pizza

Ob man nun ausschließlich Tomaten zu einer feinen Sauce verarbeitet oder noch Paprika, Chili, Peperoni und Zucchini hinzufügt, ist reine Geschmackssache. Natürlich kann man auch verschiedene Kombinationen ausprobieren, um diese später unterschiedlich zu verwenden.

Als Basis für beide Varianten schmore ich je nach Menge der Tomaten bzw. Paprika einige große Zwiebeln und Knoblauch in Öl an. Währenddessen schneide ich die Tomaten klein. Ich lasse die Tomatenhaut übrigens dran, denn ich sehe absolut keinen Sinn und auch keine Notwendigkeit darin, auch nur irgendetwas zu verschwenden oder nicht zu nutzen, was mein Garten mir schenkt. Um die angeschwitzten Zwiebeln abzulöschen, gebe ich alle Tomaten zusammen mit dem ausgetretenen Saft in den Topf, sodass es ordentlich zischt – denn nur so entstehen die herrlichen Aromen, die wir den Tomaten entlocken möchten. Für Variante B kommen anschließend noch die Paprika, Peperoni, Chili und eventuell Zucchini hinzu. Das Mischverhältnis darf variieren – nicht jede Soße schmeckt am Ende gleich; es sei denn, man nimmt es ganz genau mit der Zutatenliste. Und selbst dann entscheiden Erntezeitpunkt und Reife noch immer maßgeblich über den Geschmack des fertigen Produktes.

Unter ständigem Rühren wird die Soße nun eine Zeit lang gekocht, meist zwei bis drei Stunden. Man kann alles auch deutlich kürzer kochen, um mehr Vitamine zu erhalten, aber dann wird die Konsistenz wässriger. Natürlich dürfen auch Gewürze und Kräuter nicht fehlen: Salz, Pfeffer, Basilikum, Thymian, Oregano – das sind unsere Favoriten in diesem Rezept. Ob man noch Zucker dazugeben möchte, ist jedem selbst überlassen. Generell erhöhen sowohl Salz als auch Zucker die Haltbarkeit des Einkochgutes.

Ich gebe zusätzlich noch einen guten Schuss Bio-Balsamicoessig hinzu, um den Säuregehalt anzuheben: Das erhöht die Haltbarkeit weiter und beugt der Botulismus-Gefahr vor, denn diese Bakterien entwickeln sich nicht in saurem Milieu. Am besten immer wieder abschmecken, denn natürlich soll die fertige Soße nicht total sauer schmecken. Als Richtwert gelten generell 2 Esslöffel Essig pro 0,5 Liter Gemüse oder alternativ 1 Esslöffel Zitronensaft pro 0,5 Liter zum Nachsäuern von Gemüse. Da Tomaten von Natur aus mit einem pH-Wert von 4,6 genau auf der Grenze liegen, kann man entweder ganz auf das Nachsäuern verzichten oder entsprechend weniger Säure zufügen. Da Balsamicoessig ohnehin süßlich schmeckt, braucht man keinen weiteren Zucker zugeben, welcher ansonsten meist nötig ist, um die Säure geschmacklich zu kompensieren. Hier einfach ein bisschen experimentieren.

Am Ende kann man die Masse entweder so in Gläser füllen oder vorher noch pürieren. Sind die Gläser sauber und heiß ausgespült, so reicht es, bei Früchten und anderen sauren Zutaten unter einem pH-Wert von 4,6 alles heiß abzufüllen. Wer ganz sichergehen will, kann danach die Gläser noch im Einkochtopf oder auch im Backofen zusätzlich einkochen. Wichtig ist, dass die Deckel in einwandfreiem Zustand sind und Glasränder nicht beschmutzt werden. Also am besten per Weithals-Trichter

einfüllen und dabei je nach Glasform etwa ein bis zwei Zentimeter Luft bis zum Rand lassen.

Ich stelle die Gläser nach dem Befüllen noch ein paar Minuten auf den Kopf, damit der Deckel richtig heiß wird. Über diese Technik streiten sich die Gemüter bis hin zu religionsartigen Konflikten – da bin ich raus. Ich habe gute Erfahrungen damit gemacht, die Gläser umzudrehen, und ich kenne viele, die es ebenso machen, um eventuellen Bakterien im Luftraum unter dem Deckel den Garaus zu machen. Glücklicherweise kann es jeder für sich selbst entscheiden, und jeder darf diesbezüglich seine eigenen Erfahrungen machen. Nach dem umstrittenen Kopfstand drehe ich die Gläser zurück, sodass sich ein Vakuum bilden kann, das unerlässlich ist, um den Inhalt des Glases sicher zu konservieren. Beim Öffnen gilt immer: aufmerksam schauen und riechen, um zu prüfen, wie sich der Inhalt gehalten hat. Ein sicheres Zeichen ist das unverkennbare „Plopp", wenn man den festsitzenden Deckel öffnet. Bei Weck-Gläsern zeigt schon das Einmach-Gummi an, ob der Inhalt des Glases sicher oder gar verdorben ist. Wer nicht einkochen mag, kann die Soße natürlich auch einfach einfrieren. Das klappt übrigens auch in großen Gläsern, man darf diese nur nicht zu vollfüllen, denn bekanntlich dehnen sich Flüssigkeiten aus, wenn sie gefrieren.

Diese Tomatensoße kann später die Basis bilden für Tomatensuppen oder -soßen für beispielsweise Spaghetti Bolognese, aber auch für Pizzasoßen. Die Variante mit den anderen Zutaten schmeckt hervorragend zu süßsauren Reisgerichten, aber ebenso zu Kartoffeln, Fisch oder Falafel.

DER EXTRA KICK FÜR JEDES ESSEN: KRÄUTER

Natürlich dürfen auch Kräuter im Selbstversorgergarten nicht fehlen! Das einjährige Basilikum zum Beispiel passt natürlich hervorragend zu Tomaten, sowohl frisch als auch gekocht. Aber auch im Gewächshaus gedeiht es am besten als Unterpflanzung unter den Tomatenpflanzen, weil es die gleichen Standortansprüche hat: Basilikum liebt es warm und sonnig!

Auch Oregano und Rosmarin mögen ein mediterranes Klima und brauchen einen sonnigen Standort ohne Staunässe. Am besten eignet sich eine Kräuterspirale. Ich kultiviere sie jedoch am liebsten im Kübel, weil ich sie so leichter im Gewächshaus überwintern kann. Dort überleben sie den schwedischen Winter eher als im Freiland, denn nicht nur Kälte, auch Nässe mögen sie nicht besonders. Gleiches gilt für das Bohnenkraut, welches sowohl im Freiland direkt in die Erde neben die Bohnen gepflanzt werden oder aber dort im Kübel aufgestellt werden kann.

Wir brauchen zudem ungeheure Mengen Schnittlauch, Petersilie und Dill. Dill säe ich jedes Jahr neu aus. Petersilie ebenso, wobei ich jedoch versuche, die Pflanzen auch durch den Winter zu bekommen, denn Petersilie ist zweijährig und treibt zeitig im Frühjahr neu aus, sodass man noch einmal ernten kann, bevor sie im Sommer in Blüte geht. So kann man die Zeit überbrükken und ernten, bis die neue, diesjährige Petersilie erntereif ist. Schnittlauch ist hingegen ausdauernd und überwintert problemlos im Beet, im Kübel oder im Gewächshaus. Wenn man die Horste alle paar Jahre teilt und somit verjüngt, vermehrt man ganz nebenbei die Ausbeute. Zusätzlich sät er sich auch an geeignetem Standort selbst aus.

Als Teepflanzen mögen wir am liebsten sämtliche Formen von Minze und Zitronenmelisse. Beide sind herrlich sommerlich aromatisch und schmekken sowohl warm als auch als Eistee. Außerdem sind sie sehr wuchsfreudig und vollkommen unverwüstlich – ein großer Pluspunkt für uns im schwedischen Wald!

Es gibt eine riesige Anzahl von Kräutern und Duftpflanzen und es lohnt sich wirklich, hier immer mal neue Exemplare auf Tauschbörsen oder in Katalogen zu ergattern und die eigenen Favoriten ausfindig zu machen.

Zu all den kultivierten Kräutern gibt es natürlich zusätzlich eine riesige Auswahl an Wildkräutern. Es lohnt sich auf jeden Fall, sich damit näher auseinanderzusetzen, denn auf diese Weise kann man bereits sehr früh im Jahr vollkommen kosten- und mühelos seine Kochrezepte äußerst kreativ aufpeppen.

Die meisten Kräuter lassen sich problemlos trocknen und in Schraubdekkelgläsern lagern. Dill, Schnittlauch und Petersilie friere ich lieber ein, entweder lose gehackt oder in Eiswürfelblöcken. Auch Minze kann man auf diese Weise gut einfrieren. So kann man nach Lust und Laune immer frische Minze in sein Getränk oder knackigen Schnittlauch in sein Essen geben.

ZURÜCK ZU DEN WURZELN: PASTINAKEN & MÖHREN

Jeder kennt Möhren, und fast jeder isst sie auch gern. Kaum aber jemand kennt heute noch Pastinaken, oder wenn, dann vielleicht noch eingekocht als Brei in der Babynahrungsabteilung. Dabei sind auch Pastinaken eine wirklich gute Wahl im Gemüsegarten, denn sie unterscheiden sich im Anbau nicht allzu sehr von dem der Möhren. Zudem lassen sie sich ebenso leicht zubereiten und lagern. Der große Vorteil von Pastinaken aber ist, dass sie viel satter machen als Möhren und somit einen wichtigen Anteil am „Friss-dich-satt-Garten" haben. Der Geschmack kann anfangs ein wenig ungewohnt sein, trotzdem lässt sich die Pastinake gut und einfach in nahezu jedes Gemüsegericht integrieren. Der Mengenanteil kann dabei durchaus über die Zeit langsam gesteigert werden, sodass sich wählerische Gaumen langsam daran gewöhnen können.

Wir essen Pastinaken zum Beispiel sehr gerne anstatt von Knollensellerie in Hühnersuppe. Aber auch als Rohkost, in

einem Kartoffelstampf oder in der Pfanne in Butter leicht angebraten sind sie richtig süß und lecker.

Möhren kann man je nach Region bereits ab Januar oder Februar in Reihen aussäen, am besten in einen leichten, sandigen und humosen, aber nicht frischgedüngten Boden und in Gemeinschaft von Zwiebeln oder Lauch. Aber auch eine breitwürfige Aussaat ist möglich und bietet sich vor allem im Hochbeet geradezu an. Hier rupfe ich die zu dich stehenden Pflänzchen nach und nach aus und benutze das frische aromatische Grün in Salaten oder Suppen. Sogar Pesto kann man daraus machen. Auf diese Weise dünnt man die Pflanzen aus, ohne welche wegwerfen zu müssen.

OFTMALS VERKANNT: ZUCCHINI – DAS SCHWARZE SCHAF IM GEMÜSEGARTEN?

Entweder man liebt sie oder man verabscheut sie. Selten habe ich Menschen getroffen, die eine neutrale Meinung zu Zucchini entwickelt haben. Dabei gibt es wirklich eine riesig große Auswahl an Möglichkeiten, wie man die jungen oder auch älteren Zucchini durchaus wohlschmeckend zubereiten und so selbst der größten Zucchini-Schwemme Herr werden kann. Wir mögen Zucchini am liebsten als Antipasti: in Scheiben geschnitten und mit einer Marinade aus Öl, Salz, Pfeffer und Knoblauch bepinselt – entweder in der Pfanne gebraten oder im Backofen gegart. Aber auch in einem Gemüseauflauf zusammen mit Tomaten, Zwiebeln, Paprika und viel Knoblauch, Feta, Oregano, Thymian und Rosmarin schmecken sie uns richtig gut, ebenso halbiert und mit Feta gefüllt aus dem Backofen.

Meist reicht es für eine vierköpfige Familie, drei bis vier Zucchinipflanzen

anzubauen – der Ertrag ist in den meisten Fällen mehr als ausreichend. Wenn man jedoch genug Platz hat, kann man ein paar zusätzliche Pflanzen setzen, um auch seine Hühner oder Schweine damit zu füttern. Man kann Zucchini auch in Öl einlegen oder einkochen – ja sogar Zucchinikuchen gibt es.

Zucchini lassen sich übrigens in ausgereiftem Zustand sehr lange lagern, allerdings schmecken sie dann nicht mehr so aromatisch wie die kleineren Exemplare. Generell kann ich empfehlen, Zucchini möglichst klein und jung zu ernten, dafür häufiger. Die kleinen Früchte sind deutlich angenehmer zu verarbeiten und schmecken einfach besser. Um sie zu konservieren, gibt es neben dem Einkochen auch die Möglichkeit, Zucchini einzufrieren, zum Beispiel gehackt oder gerieben. So kann man sie später portionsweise einer Mahlzeit zufügen, um etwas mehr Masse zu produzieren. Sie schmecken gerieben beispielsweise total gut in einer Bolognese-Soße, da sie selbst nahezu geschmacksneutral sind und im Grunde komplett den Geschmack der Soße annehmen. In geriebener Form fallen sie auch von Form und Struktur nicht mehr negativ auf, sodass man sie auf diese Weise sogar Zucchinikostverächtern anbieten kann.

Auf diese Weise kann man viele in der Familie beliebte Gerichte saisonal variieren. Unsere Bolognese beinhaltet beispielsweise manchmal Möhren, dann Kidneybohnen und Mais und dann wieder Tomaten und Zucchini, je nachdem, was gerade im Garten wächst. Auf diese Weise werden Rezepte auch nicht langweilig, weil sie sich immer wieder verändern. Auch unser Feta-Backofen-Gemüse besteht mal aus Kürbis mit Möhren, mal aus Zucchini, Tomaten und Paprika – oder auch mal aus Roter Bete mit Pastinake, je nach Saison. Natürlich kann man den Feta auch weglassen. Hauptsache, man vergisst Knoblauch, Olivenöl, Kräuter und Zwiebeln nicht!

Junge Zucchini schmecken übrigens fast wie Gurke und können dünn geschnitten mit einem Käsehobel auf einem Sandwich oder kleingehackt im Salat auch roh serviert werden.

ROTE BETE – KUGELRUNDES SUPERFOOD

Rote Bete sind tatsächlich die einzigen Gemüse, die meine Kinder lieber gekocht und dazu noch sauer eingelegt mögen als frisch und roh, denn durch das Einlegen verliert sich der etwas erdige Geschmack. Auch die gelbe Variante schmeckt hervorragend und ist insgesamt vom Aroma etwas milder und süßer. Roh zum Beispiel in einen Apfel-Möhren-Salat gerieben schmekken Rote oder auch Gelbe Bete einfach herrlich frisch und sind zudem ein echtes Superfood. Man kann sie auch hervorragend in Säfte pressen oder den Rote-Bete-Saft pur trinken.

Rote Bete ist recht einfach anzubauen und ebenso leicht zu lagern, wenn man sie nicht einkochen will. Eine Erdmiete oder eine Tonne gefüllt mit sandiger Erde in einem kühlen Keller reichen vollkommen aus, um den ganzen Winter über frische Rote Bete zu haben.

Ich säe die Roten Beten etwas dichter aus als angegeben und ernte dann ab einer bestimmten Größe immer jedes zweite Exemplar, bis der Abstand reicht, damit sich ein paar große Kugeln für die Winterlagerung entwickeln können. Auch die Blätter kann man roh oder gegart essen. Übrigens mögen die Pflanzen die ersten kühlen Herbstnächte und legen da oft noch einmal richtig an Umfang zu.

Rote Bete im Glas: Sauer macht lustig

Da unsere Kinder wie gesagt rohe Rote und Gelbe Bete nicht besonders mögen und diese außerdem eine recht lange Kochzeit haben, machen wir einen Teil der Ernte gerne sauer ein. Rote Bete ist tatsächlich das einzige Gemüse, das wir auf diese Weise konservieren – und auch das einzige, welches wir so dem rohen bevorzugen.

Dazu werden 2 Kilogramm der roten Kugeln gekocht, bis man sie leicht mit einem Messer einstechen kann. Das dauert je nach Größe etwa eine Stunde. In

dieser Zeit schneiden wir 400 Gramm Zwiebeln. Wenn die Rote Bete gar ist, wird sie mit den Händen gepellt. Unter fließendem kalten Wasser geht das ganz schnell und einfach! Danach in Würfel schneiden und abwechselnd mit den Zwiebeln in saubere Gläser schichten. Nebenbei in einem Kochtopf 1 Liter Wasser (alternativ Apfelsaft), ½ Liter Apfelessig, 3 Esslöffel Salz und 2 Esslöffel Zucker (alternativ Honig) aufkochen und anschließend in die Gläser füllen. Gut verschließen und kühl und dunkel lagern. So ist die Rote Bete über ein Jahr haltbar.

Die Schale muss man natürlich nicht wegwerfen, denn darüber freuen sich selbstverständlich die Hühner – auch wenn sie danach etwas befremdlich aussehen mögen.

KOHL – LASST DIE KÖPFE ROLLEN!

Bei dem Wort Kohl rümpft der ein oder andere automatisch die Nase. Dabei ist das gar nicht nötig. Sogar unsere Kinder mögen inzwischen fast jede Sorte Kohl: Brokkoli oder Blumenkohl mit Feta; Weißkohl, Chinakohl oder Rotkohl als

rohköstlichen Krautsalat zum Beispiel gemischt mit Apfel, Zwiebel und Möhre und einem leichten Joghurt-Dressing; Palmkohl oder Wirsing in der Steinpilzpfanne; und natürlich gekochten Rotkohl, Grünkohl und Rosenkohl zu deftigen Fleischgerichten wie Braten oder Steaks. Vor allem Grünkohlsuppe ist bei uns mit der Zeit zum heiß geliebten Favoriten avanciert – sogar bei den Kindern.

Zugegeben: Man muss schon für und um seine Kohlernte kämpfen, denn die Raupen des Kohlweißlings mögen dieses Grünzeug genauso gern wie wir. Aber wenn man sich aufrafft und regelmäßig alles Getier von den Pflanzen absammelt oder sogar Pflanzenschutznetze benutzt, kann man tolle Ergebnisse erzielen: im Beet und auch auf dem Teller! Die Mühe lohnt sich also, vor allem, weil Kohl sehr gesund ist und dazu noch erstaunlich satt macht. Gerade bei Grünkohl ist eine überraschend sättigende Wirkung zu beobachten. Bei der Anzucht ist vor allem darauf zu achten, dass die Jungpflanzen keinen großen Temperaturschwankungen ausgesetzt werden. Wenn es nach einer wärmeren Zeit plötzlich wieder kalt wird, bekommen die Pflänzchen den Impuls, beim nächsten Temperaturanstieg in Blüte zu schießen. Normalerweise passiert dies erst im zweiten Jahr nach der Aussaat, ein krasser Temperatursturz aber simuliert den Winter und bringt den natürlichen Rhythmus vom Kurs ab. Darum ist es besser, die jungen Kohlsetzlinge eher bei gleichmäßiger Zimmertemperatur zu halten, ggf. unter Kunstlicht, anstatt sie zu früh im Gewächshaus aufzustellen, denn dort sind im Frühling die Schwankungen zwischen Tag und Nacht beträchtlich, gerade an sonnigen Tagen. Wenn man aber Kohl relativ früh im Gewächshaus kultiviert, kann man dort mit ein bisschen Übung und Geschick eine frühe Ernte einfahren, welche jedoch nicht lagerfähig ist.

Darüber hinaus lassen sich sämtliche Kohlsorten hervorragend in Staffelsaaten ziehen, sodass man ein breites Erntefenster öffnen kann, wenn man sich ein bisschen ins Zeug legt. Vom Frühling bis zum Winter kann man im besten Falle frischen Kohl aus Garten und Gewächshaus ernten. Außerdem lassen sich die meisten späten Kopfkohlsorten auch gut lagern. Blumenkohl, Rosenkohl und Brokkoli kann man dazu perfekt portionieren und ohne viel Mühe einfrieren. Und das super gesunde Sauerkraut, welches durch Fermentation überwiegend aus Weißkohl, aber auch aus anderen Kohlsorten gewonnen werden kann, ist ein regelrechtes Superfood, weil es nach der Verarbeitung noch mehr Vitamine und dazu noch Darm-heilendere Eigenschaften hat als im frisch geernteten Zustand. Ein Grund mehr, den Kohl zum Highlight im Gemüsegarten zu erheben.

Ebenfalls zu den Kohlgewächsen gehören die Kohlrüben, auch Steckrüben oder Zuckerrüben genannt. Diese bilden unterirdisch je nach Standort dicke Knollen, die einen sehr hohen Nährwert haben und sich auch zur Winterlagerung hervorragend eignen – ein richtiges Notfall- und Wintergemüse also. Geschmacklich streiten sich hier, wie bei so vielen Gemüsen, die Geister. Ich zum Beispiel liebe Steckrübeneintopf: Kleingewürfelte Rüben zusammen mit Zwiebel und Möhren in Öl

und Butter andünsten, mit Wasser oder Brühe ablöschen und zusammen mit Kartoffeln weichkochen. Durch das Anbraten bekommen die Rüben, wie fast alle Gemüse, eine süßliche Note, was dem Geschmack natürlich sehr zugutekommt. Meine restliche Familie konnte ich bisher noch nicht mit meiner Begeisterung anstecken, aber ich gebe nicht auf. Über die Jahre haben sich schon viele andere Gemüse zwischen die Lieblingsrezepte meiner Kinder geschummelt, die zuerst nicht einmal mit der Kneifzange angefasst wurden. Auch hier lautet das Motto: nicht aufgeben! Immer wieder anbieten, immer wieder neue Variationen testen; und irgendwann wird das zuerst verhasste Gemüse plötzlich unerwartet toleriert – oder sogar gemocht. (Wenngleich oftmals auch lange Zeit heimlich, denn welcher Teenager würde schon freiwillig gestehen, dass er plötzlich Zucchini mag?)

Wer die Kohlrüben absolut nicht in den Speiseplan seiner Familie integrieren kann, darf sie trotzdem guten Gewissens anbauen, denn auch die Hühner

freuen sich im Winter über die ein oder andere Rübe zur Bereicherung ihres Speiseplans!

Sauerkraut fermentieren

Für dieses Sauerkraut-Rezept brauchen wir einen Kopf Weißkohl und Meersalz. Pro Kilogramm gehobeltem Gemüse gibt man 1 EL Salz hinzu. Optional zusätzlich 1 Lorbeerblatt, 1 EL Kümmel, 1 TL Wacholderbeeren.

Den Strunk und die äußeren Blätter entfernen (zur Seite legen), den Kohlkopf klein schneiden oder hobeln bzw. raspeln. In einer großen Schüssel mit dem Salz so lange kneten, bis sich Flüssigkeit bildet. Kräuter untermischen. Abgedeckt ein bis zwei Stunden stehen lassen, damit sich ein Sud bildet. Dann das Kraut (und die Kräuter) randvoll in sterile Gläser füllen und festdrücken (stampfen). Anschließend mit dem Salzwasser auffüllen, sodass das Kraut bedeckt ist. Etwa zwei Zentimeter bis zum Rand freilassen! Eventuell die Masse beschweren, damit sie nicht hochkommt. Dazu den Strunk obenauf legen. Oder einen Stein abkochen und gemeinsam mit einem passenden Stück Kohlblatt als Gewicht auflegen. Es gibt auch spezielle Gewichte zum Beschweren.

Das Sauerkraut zwei bis drei Wochen bei Raumtemperatur fermentieren lassen. In dieser Zeit feiern die Milchsäurebakterien eine regelrechte Party in den Gläsern, also am besten ein Tablett oder Ähnliches unterstellen, weil durch die aufsteigenden Gase Flüssigkeit austreten kann. Anschließend kühl lagern, dann ist das

Sauerkraut etwa ein Jahr haltbar. Nach dem Öffnen im Kühlschrank verwahren.

Tipp: Wenn man keine speziellen Sauerkrauttöpfe zur Verfügung hat, kann man auch Schraubgläserdeckel benutzen. In diesem Fall Frischhaltefolie über die Gläser spannen, bevor man sie zuschraubt. Auch ein großes Glas mit Gummidichtung ist eine Möglichkeit.

1001 SPAGHETTI-KÜRBISSE

Auch wenn Einkochen für mich inzwischen wieder eine reelle Option darstellt und aus dem Kreise des Okkulten verbannt wurde, freue ich mich am allermeisten über die Gemüse, die ich entweder saisonal frisch ernten kann – oder über jene, die sich ohne viel Aufhebens einfach ewig lange lagern lassen: Kürbisse zum Beispiel! Denn Kürbisse lassen sich wirklich super lagern, vor allem Spaghetti-Kürbisse. Man kann sie den ganzen Winter über quasi nach Bedarf frisch verarbeiten, ganz ohne Einmachen. Das Fruchtfleisch hat eine faserige Konsistenz, die an Spaghetti erinnert, daher der Name.

Da wir hier in Schweden gegen Ende der Saison immer recht früh mit Frost rechnen müssen, oft schon Anfang September, haben es unsere Kürbisse oft etwas schwer, rechtzeitig vorher auszureifen. Immerhin kann ich sie meist auch erst gegen Ende Mai auspflanzen. Wenn also im September die ersten Fröste angesagt sind, ernte ich all meine Kürbisse und schaffe sie an einen warmen Ort, zum Beispiel ins Gewächshaus, wenn dort schon Platz freigeworden ist. Dort können die Kürbisse ganz in Ruhe nachreifen, bis die Stängelansätze verholzt sind, denn erst dann sind die Kürbisse lange lagerfähig, am besten in luftigen Kisten ohne direkten Kontakt untereinander. Auf diese Weise konnte ich schon Spaghetti-Kürbisse länger als ein Jahr bei kühler Raumtemperatur lagern. Ein häufiger Lagerfehler ist, die Kürbisse mit den Kartoffeln im Keller zu lagern. Das mögen sie gar nicht, denn dort ist es zu kühl und zu feucht! Optimal sind etwa 10 bis 15 Grad und eine mäßige Luftfeuchte. Unbedingt regelmäßig kontrollieren!

Wenn man die Kerne aus den Kürbissen später wieder als Saatgut benutzen möchte, sollte man ausschließlich Bio-Saatgut verwenden, weil dieses samenfest ist. Trotzdem besteht die Gefahr von Verkreuzungen zwischen den verschiedenen Kürbissen untereinander und mit Gurken und Zucchini. Um wirklich reines Saatgut selbst herzustellen, sollte man auf jeden Fall möglichst große Pflanzabstände von idealerweise etwa 150 Metern zwischen den einzelnen Kulturen einplanen. Selbst wenn man wenig Platz hat, kann man beispielsweise die Kürbisse auf dem Komposthaufen anbauen, Gurken im Gewächshaus und Zucchini im Gemüsegarten oder aber auch in großen Kübeln beispielsweise auf der Terrasse. So kann man mit etwas Glück verhindern, dass das Saatgut von anderen Sorten kontaminiert wird. Das Problem bei den Rückkreuzungen ist, dass es hierbei zur Bildung von bitteren Exemplaren kommen kann. Diese sind nicht nur ungenießbar, sondern tatsächlich auch gesundheitsschädlich oder sogar giftig. Bittere Gurken oder Zucchini also auf keinen Fall essen!

Morgens im Wald …

Hinter dem warmen Morgennebel wartet die Sonne. Mit der einen Hand kannst du noch nach dem Sommer greifen, während du mit der anderen schon den Herbst berührst. Die Luft riecht nach Tau und nach Wandel.

Die Bienen und die Schmetterlinge tanzen und zelebrieren das Leben als Blütentaucher.

Eifrige Hände graben in tiefschwarzer Erde, bringen bunte Kartoffeln und tüchtige Regenwürmer ans Licht und ernten orange-leuchtende Kürbislaternen, dort, wo noch vor kurzer Zeit nur eine Waldwiese war.

Winzige Babysalate ziehen um ins Hochbeet, wo eben noch die Erdäpfel wohnten. Dort wollen sie groß und stark werden, damit sie im Winter den Schnee kosten dürfen.

Aber noch laufen nackte Füße über warmes Gras – im goldenen Schein der Septembersonne über dem Wald.

Kürbisbrot

Für unser Kürbisbrot brauchen wir 300 Gramm gewürfeltes Kürbisfleisch. Dieses wird in wenig Wasser (ca. 3 EL) 3 bis 4 Minuten angedünstet, anschließend püriert und zum Abkühlen beiseitegestellt.

In einer großen Schüssel mischen wir 500 Gramm Mehl (wir benutzen 200 Gramm Hafermehl und 300 Gramm glutenfreien Mehl-Mix). In einer weiteren Schüssel verrühren wir 2 EL flüssigen Honig, 3 EL lauwarme Milch, 100 ml Öl und 1 TL Salz. Dazu kommen noch zwei Eier bei der glutenfreien Variante.

Anschließend alle Zutaten mit einem Knethaken zu einem Teig verarbeiten. Den Teig warm stellen und gehen lassen, bis er sich vergrößert hat. Anschließend die Oberseite vom Teig leicht mit Olivenöl bepinseln und der Länge nach ca. 1 cm tief einschneiden. Im vorgeheizten Backofen bei etwa 180 Grad etwa 40 bis 50 Minuten backen. Aus der Form holen und auskühlen lassen, bevor man es anschneidet.

Winterliche Kürbismarmelade

Für diese herbstlich-winterliche Kürbismarmelade werden 350 Gramm Kürbisfleisch und 350 Gramm Apfel klein geschnitten und zusammen in 300 ml Orangensaft weichgekocht und danach püriert. Zu dem Mus kommen 2 TL Zimt und 500 Gramm Gelierzucker 2:1.

10 Minuten kochen und heiß in Gläser abfüllen.

Die Marmelade schmeckt hervorragend auf Brot, aber auch als Zusatz zum morgendlichen Haferbrei oder auf Waffeln und Pfannkuchen.

Aufregendes Kürbis Chutney

1 kg Hokkaido-Kürbis, 2 kleine Äpfel, 2 große Zwiebeln und 2 Knoblauchzehen klein schneiden und in einem großen Topf in reichlich Olivenöl anschwitzen. Nach und nach mit etwa 250 ml Orangesaft ablöschen.

1 TL Rosmarin, 1TL Thymian, 2 kleingehackte Chili-Schoten, (1 Prise Kardamom) und 1 Lorbeerblatt dazugeben. Köcheln lassen, bis das Gemüse weich ist, dann 340 Gramm Rohrzucker untermischen und karamellisieren lassen. Mit etwa 320 ml Apfelessig ablöschen und weiter köcheln lassen, bis eine musartige Masse entsteht.

Mit Salz, Pfeffer und Paprika-Gewürz abschmecken und heiß in Gläser füllen. Einkochen, einfrieren oder frisch genießen.

Tipp: Statt des Zuckers kann man auch Honig oder Kokosblütenzucker benutzen. Wer generell deutlich weniger Zucker und Essig benutzen möchte, kann das durchaus tun, denn dieses Chutney ist wirklich sehr süß! Allerdings sollte man es dann lieber einfrieren oder mindestens doppelt bzw. mit dem *Pressure Canner* oder Schnellkochtopf einkochen, damit es eine sichere Konserve ist.

Kürbis-Bratlinge

Kürbisse lassen sich, wie gesagt, relativ leicht und ertragreich anbauen, und man kann sie super gut lagern. Ein perfektes Gemüse also. Theoretisch, denn praktisch ist Kürbis nicht jedermanns Sache. Kürbissuppe ist wirklich lekker, aber nach der zwanzigsten Portion hängt sie einem doch so langsam zum Hals raus.

Kürbisbrot, Kürbisbrei, gebackener Kürbis ... alles gute Ideen. Oder etwa nicht?

Ich bin in unserer Familie scheinbar die einzige, die richtig gerne Kürbis isst.

Deshalb habe ich mal etwas Neues ausprobiert und aus den verbliebenen Kartoffeln vom Vortag und einigen gebackenen Kürbisspalten einen Teig gemischt. Dazu noch Zwiebeln, Knoblauch, Ei und etwas Hafermehl sowie ein paar Kräuter. Aus dem Teig werden flache Bratlinge geformt und diese in Olivenöl und etwas Butter goldbraun angebraten (mehrfach vorsichtig wenden).

Das Resultat: Garten-Falafel.
Oder Kürbis-Buletten.
Oder vegetarische Frikadellen.
Oder Kartoffel-Bratlinge.

Nennt sie, wie Ihr möchtet – aber probiert sie unbedingt aus!

Natürlich kann man dieses Basis-Rezept vollkommen nach Lust und Laune variieren, je nachdem, was der Garten gerade im Angebot hat. Wenn man experimentierfreudig ist, kann man die

Bratlinge statt in Frikadellen- auch mal in Würstchenform zubereiten und mit selbst gemachtem Ketchup servieren. Bratlinge schmecken auch mit Roter Bete, Möhre, Pastinake, Zucchini, ja sogar mit oder komplett aus Linsen oder Bohnen. Gleiches gilt übrigens auch für Kartoffelpuffer, die sich himmlisch mit frisch geriebenem Gartengemüse aufpeppen lassen und durchaus sehr kinderfreundlich sind. Ein frischer Kräuterquark dazu, und ein leckeres Essen aus der Pfanne ist garantiert. Bei der Zubereitung können kleine Gemüsekostverächter sehr gut mithelfen – oft erhöht das die Wertschätzung und den Zugang zu den Lebensmitteln, und das Essen macht gleich doppelt viel Spaß, wenn man das Gemüse mit gerieben und zubereitet hat.

MAIS – EINE ALTERNATIVE ZUM GETREIDEANBAU?!

Für alle, die sich wieder von der Idee abgewendet haben, eigenes Getreide anbauen zu wollen, kann Mais eine gute Alternative sein. Je nach Größe der Fläche, die für den Maisanbau eingeräumt wird, kann man sogar per Hand säen und ernten, ganz ohne den Einsatz von Maschinen. Der Mais braucht allerdings einen nährstoffreichen Boden, der gut Wasser hält, und einen sonnigen Standort. Voraussetzung ist dazu je nach Sorte eine relativ lange Wachstumsperiode, da der Mais sonst keine oder nur kleine, nicht reife Kolben ausbildet. Bietet man jedoch gute Bedingungen, so kann man im Herbst vor dem ersten Frost eine große Menge reifer Kolben ernten, die sich zum Trocknen oder Einfrieren eignen. Getrockneter Mais kann später zu Cornflakes, Mehl oder Polenta weiterverarbeitet werden. Sogar Hühnerfutter kann man daraus perfekt herstellen, sodass sich ein kleines Maisfeld schnell bezahlt machen kann. Wer eine kurze Anbauperiode zur Verfügung hat, kann eine frühe Sorte wählen, die nicht ganz so lange zur Ausreifung der Kolben benötigt. Eine Voranzucht im Haus oder Gewächshaus bei späterer Auspflanzung erhöht die Chancen auf eine gute Ernte, da die Pflanzen bereits mit einem guten Vorsprung im Freiland starten.

An den vorgezogenen Mais kann man zusätzlich Stangenbohnen aussäen, welche den Mais später als Rank- und Kletterhilfe nutzen können. Zur Bodenbedeckung eignen sich Kürbisse, die den Boden beschatten und feucht halten. Diese Kombination nennt sich „die drei Schwestern“ oder auch

„Indianerbeet Milpa“ und vereint drei verschiedene Gemüse, die sich gegenseitig stärken und fördern – ein perfektes Beispiel von Mischkultur. Mais verträgt sich auch gut mit Zucchini, Melonen und Gurken.

Beeren pflücken und Marmeladen kochen. An den letzten Blümchen schnüffeln.
Rote Bete ausgraben und einmachen.
Die intensiven Farben und Düfte inhalieren. Die letzten Sonnenstrahlen fangen.
Den Blättern beim Loslassen zuschauen.
Es ist immer schwer, den Sommer ziehen zu lassen, aber es fällt leichter, wenn man den Herbst willkommen heißt:
Es ist nicht nur das Ende von etwas Altem. Es ist vor allem der Anfang von etwas Neuem.

Ende und Neubeginn. Wandel und Übergang. Loslassen und Losgehen.
Dem Rascheln der Blätter unter den Füßen lauschen. Sich den Herbststürmen hingeben.
Die Farben einatmen.
Die letzte Zucchini ernten. Das erste Feuer im Ofen anzünden.
Das Winternest bauen. Sich fallen lassen. Vertrauen.

KARTOFFELN – DIE WICHTIGSTE ZUTAT IM NOTVORRAT!

Mit einem Keller voller Kartoffeln muss man garantiert keinen Hunger leiden. Sie lassen sich relativ simpel anbauen und lagern – und passen nahezu zu jedem Gericht. Kartoffeln, gerade in Bio-Qualität, werden immer teurer. Gerade bei Kartoffeln sollte man unbedingt Wert darauflegen, ausschließlich biologische angebaute zu kaufen, denn Kartoffeln gehören im konventionellen Anbau zu den am häufigsten gespritzten Kandidaten. Am besten also, man baut sie selbst an – und zwar am besten so viele wie nur irgend möglich. Natürlich am besten im Mulchbeet, denn diese Methode bringt mal wieder jede Menge Vorteile mit sich.

Nachdem die Fläche vorbereitet wurde, also mit der Grabgabel tief gelokkert und im Idealfall einigermaßen von Unkraut befreit wurde, werden breite Rillen gezogen und die Kartoffeln in etwa 20 bis 30 Zentimeter Abstand darin abgelegt. Anschließend werden die Reihen mit der Harke geschlossen, sodass leichte Dämme entstehen. In den folgenden Wochen wird mehrfach angehäufelt, also weitere Erde auf die Dämme geharkt. Dabei wird ganz nebenbei aufkeimendes Unkraut entfernt. Kurz bevor sich die Reihen durch das Kartoffelkraut schließen, verteile ich so viel Mulch wie möglich zwischen und auf den Dämmen, denn anschließend werde ich den Acker nur noch im Notfall betreten. Somit sind die Kartoffeln nun unter einer schönen fruchtbaren Erdschicht und zusätzlich einer schützenden Mulchdecke versteckt. Auf diese Weise braucht man selbst in trockenen Sommern kaum zu gießen – ein absoluter Pluspunkt, was die gefürchtete Kraut- und Knollenfäule angeht, die einem die ganze feine Ernte bereits im Beet oder später im Keller vernichten kann. Und da wir wie bereits erwähnt in unserem Biogarten kein Gift einsetzen (Nein! Auch nicht bei den Kartoffeln!), wollen wir natürlich vorbeugend alles geben, um den Pflanzen die bestmöglichen Bedingungen zu schaffen, um gesund durch die Saison zu kommen und zusätzlich noch eine reichte Ernte für uns zu produzieren. Frei nach dem Motto: Wie man sich bettet, so liegt man. Und das gilt auch, oder sogar besonders, für unsere geliebten Erdäpfel!

Kartoffeln eignen sich auch besonders gut, um neue Beetflächen anzulegen: Man kann sie im Grunde einfach auf der Wiese verteilen und dick mit Heu oder Stroh abmulchen, die Schicht sollte aber mindestens 40 bis 50 Zentimeter hoch

sein. In diesem Fall wird der Ertrag zwar nicht gleich bombastisch ausfallen, aber man kann so in Ruhe eine neue Fläche vorbereiten und nebenbei sogar schon ein bisschen Ernte einfahren. Die Kartoffelpflanzen wachsen einfach durch die Mulchschicht hindurch; das Gras und andere Wildkräuter haben hingegen meist keine Chance: Vor allem lästige Wurzelunkräuter wie Giersch und Quecke lassen sich nach einem Anbau von Kartoffeln viel leichter entfernen, da der Boden auf diese Weise gut gelockert wird. Giersch verabscheut die Anwesenheit von Kartoffeln dazu scheinbar generell, denn er zieht sich in deren Nähe deutlich zurück. Disteln entfernt man am besten direkt während oder kurz nach einem ergiebigen Regenguss, denn dann lassen sich die langen und tiefen Wurzeln recht problemlos einfach aus der Erde ziehen.

Nach der Ernte lassen wir die Kartoffeln ein paar Tage irgendwo im Schatten in luftigen Kisten abtrocknen, bevor wir sie in große Papiersäcke sortieren und im Keller verwahren. Dazu eignen sich beispielsweise die leeren Säcke vom Hühnerfutter bestens – und diese haben wir ja in ausreichender Menge zur Verfügung. Immerhin ein Vorteil von leeren Futtersäcken! Ich sortiere die Kartoffeln nach Größe, zumindest, was die Saatkartoffeln fürs nächste Jahr betrifft. Denn natürlich möchte ich auch einen Teil meiner eigenen Kartoffeln im nächsten Mai wieder in die Erde legen – für die nächste Ernte. Als Saatkartoffeln eignen sich übrigens auch die, die ein bisschen grün geworden sind, weil sie zu dicht an der Oberfläche gewachsen sind bzw. zu wenig Mulch abbekommen haben. Exemplare, die schadhaft sind, zum Beispiel solche, die bei der Ernte mit der Grabgabel verletzt wurden, lege ich immer für den Direktverzehr zur Seite, denn diese sind natürlich nicht so lange lagerfähig. Winzig

kleine Modelle oder solche, die aus irgendwelchen Gründen nicht für den Verzehr geeignet erscheinen, bekommen unsere Hühner. Natürlich geht das auch nur gekocht, denn auch für Hühner sind rohe Kartoffeln nicht geeignet. Gleiches gilt für all die anfallenden Kartoffelschalen.

Die ersten Kartoffeln, die wir im Jahr ernten, sind übrigens immer die vergessenen aus dem Vorjahr. Oder Vor-Vorjahr. Diese haben den Winter in der Erde überdauert und wissen scheinbar ganz genau, wann sie im Frühling ihr Blattgrün aus der kalten Erde schieben dürfen, ohne von späten Frösten überrascht zu werden.

Manchmal lohnt es sich, Dinge ruhen, im Verborgenen schlummern zu lassen. Denn oft entwickeln sich die Dinge am besten ganz ohne unser Zutun. Ganz von alleine. Und plötzlich sind sie da, kommen ans Tageslicht, und wir dürfen ihre heimlichen Früchte ernten …

Um eine frühzeitige Keimung der Kartoffeln im Frühling oder Sommer zu verhindern, wenn man tatsächlich einen Ganzjahresvorrat an Kartoffeln eingelagert hat, kann man einige Äpfel ins Lager legen. Denn bei Kartoffeln wirken die Äpfel ganz anders als bei Tomaten, bei denen sie ja die Reife beschleunigen. Ein paar Äpfel auf den Kartoffeln verzögern hingegen die Keimung. Zusätzlich sollte es im Lager möglichst dunkel und kühl sein. Ideal sind vier bis sechs Grad und eine relativ hohe Luftfeuchtigkeit. Die Kartoffeln unbedingt regelmäßig kontrollieren, denn nur eine einzige faule Kartoffel kann einen ganzen Sack Ernte verderben. Meistens hilft es schon, ab und zu die Säcke zu öffnen: der Geruch

von fauligen Kartoffeln ist wirklich unverkennbar – genauso wie der Griff in eine ebensolche, wenn man im Dunkeln mal eben schnell ein paar Kartoffeln fürs Mittagsessen aus dem Keller holen will …

TOPINAMBUR – WILDE SCHÖNHEIT MIT TOLLER KNOLLE

Ein weiteres wertvolles Wintergemüse ist die Topinambur. Überirdisch erinnert sie an eine hohe Sonnenblume mit kleiner Blüte, unterirdisch bilden sich knubbelige Knollen, die sowohl roh als auch gekocht Verwendung in der Küche finden. Man kann sie mit oder ohne Schale in den Salat raspeln, eine Suppe davon zubereiten oder sie wie Kartoffeln kochen, backen oder braten. Das enthaltende Inulin ist richtig gut für die Darmflora und kann beispielsweise nach einer Antibiotikakur helfen, diese wieder aufzubauen. Was die Kohlehydrate angeht, sind Topinambur eine gute Alternative zu Kartoffeln, und sie liefern dabei jede Menge Ballaststoffe. Man sollte jedoch langsam anfangen, den Darm an Topinambur zu gewöhnen, um sich jegliche Turbulenzen zu ersparen.

Die Pflanzen selbst sind super robust und unkompliziert. Im Grunde wachsen sie wie Unkraut, was je nach Standort Vor- und Nachteile haben kann. Man sollte die tolle Knolle also lieber dort ansiedeln, wo sie sich ungestört austoben darf, ohne andere Kulturen zu stören. Ansonsten empfiehlt sich eine

Rhizom-Sperre im Boden, um unkontrollierte Vermehrung über Wurzelausläufer in Schach zu halten. Auch große Kübel oder alte Badewannen bieten sich an, um Topinambur darin zu kultivieren.

Nach der Blüte im Herbst werden die überirdischen Teile abgeschnitten und die Knollen entweder geerntet und frostfrei eingelagert oder dick gemulcht. So kann man den ganzen Winter über an frostfreien Tagen frische Topinambur ernten, ohne zusätzliche Lagermöglichkeiten zu benötigen.

*Der Rest vom Schützenfest. Oder: nach der Saison ist vor der Saison! Der Garten hat sich verändert: die Sommergemüse sind endgültig verschwunden, das Gewächshaus ist aufgeräumt und alles dick mit Mulch zugedeckt. Die **Wintersalate** sind größtenteils gepflanzt, Postelein und Feldsalat wachsen tüchtig und draußen ernten wir noch Rote Bete, Mangold, Kohl und Lauch. Die Saison war kurz – und doch hat unser Garten uns eine solch reiche Ernte geschenkt.*

NUR DIE HARTEN BLEIBEN IM GARTEN: WINTERGEMÜSE

Mitten im Winter frisches Grünzeug zu ernten, ist wohl eine der tollsten Sachen, die ich mir vorstellen kann. Unbedingt wollte ich meine Erntezeit über die übliche Saisonlänge hinaus steigern. Richtig gut klappt das zum Beispiel mit Wintersalaten, aber auch mit Spinat, Lauch und Mangold.

Auch ***Lauch*** ist relativ winterhart und kann unter Schutz den Winter über geerntet werden. In kalten Gegenden holt man ihn im Herbst aus den Beeten und setzt ihn beispielsweise in einem Kübel mit lockerer Erde oder auch ins Beet ins Gewächshaus, wo man ihn an frostfreien Tagen einfach aus der Erde zieht. Möglichst nur zu ernten, wenn es frostfrei ist, gilt übrigens für alle Wintergemüse, ansonsten hat man ganz schnell nur noch einen trübsinnigen Haufen Matsch in der Küche.

Zudem gibt es viele **Wintersalate**, die mit sehr kalten Temperaturen gut zurechtkommen, allen voran der würzige Asia-Salat. Blattsalate haben eher Probleme mit Feuchtigkeit und der daraus resultierenden Grauschimmelbildung – und mit Mausefraß. Wichtig ist es, die Pflanzen rechtzeitig genug im Sommer in Töpfen oder Paletten auszusäen, sodass sie eine gute Größe haben, wenn sie an ihren Überwinterungsstandort ausgepflanzt werden. Denn weiter wachsen werden auch die ganz harten Kandidaten bei kalten Temperaturen nicht mehr. Wenn es einem trotzdem gelingt, klassische Wintersalate, vor allem in Form von Schnittsalaten, über den Winter zu bringen, dann kann man bereits ab Februar/März wieder frischen Salat ernten, denn dieser wächst erstaunlich gut nach, selbst wenn man im Winter viel davon geerntet hat. Wichtig ist, dass das Herz gut geschützt und natürlich nicht beerntet wird. Schutzvliese und zusätzlich Abdeckungen können für extra Schutz im Gewächshaus sorgen. Auch eine zeitige Aussaat direkt an Ort und Stelle garantiert eine frühe Ernte von Salaten im Gewächshaus. Sobald Licht und Temperatur stimmen, keimen die jungen Pflänzchen und liefern eine frühe Ernte von frischem Grün unter Glas. Schnittsalate wachsen dabei immer wieder nach, wenn man stets nur die äußeren Blätter erntet. Mit gutem Management und ein bisschen Fingerspitzengefühl kann man im eigenen Garten also beinahe rund ums Jahr eigenen Salat ernten!

Ziemlich unkompliziert und selbstständig sind ***Feldsalat und Postelein***, auch Winter-Portulak genannt. Man kann sie im Spätsommer und Herbst an Ort und Stelle aussäen, bei Bedarf ein wenig schützen und dann quasi sich selbst überlassen. Irgendwann sind sie plötzlich gekeimt und gewachsen, und man kann mit der Ernte beginnen. Das

Abzupfen oder Schneiden der kleinen Blätter ist zwar ein bisschen mühsam, aber diese Mühe nehme ich gerne in Kauf dafür, dass sich die beiden Kandidaten ansonsten beinahe vollkommen um sich selbst kümmern und mir mitten im Winter die Freude frischer Ernte bereiten. Und das Tolle: Sie wachsen nahezu unbegrenzt wieder nach. Lässt man sie am Ende der Erntezeit, also Richtung Frühling und Sommer in Blüte gehen, samen sie sich selbstständig aus und man findet sie später nahezu überall im Garten. Wo sie stören, kann man sie entfernen (aufessen!) oder wachsen lassen: als Hühnerfutter, Gründüngung oder einfach als Schutz für den Boden. Aber unter uns: Im Grunde kann man nie genügend Winter-Salate haben. Ich freue mich über jedes kleine Blättchen, das sich von selbst irgendwo in meinem Garten ansiedelt und dort etabliert, sodass ich nur zusehen und ernten muss – das ist Permakultur, wie sie sein soll!

Ob Bäume jemals versuchen, ihre Blätter festzuhalten?
Ob die Blätter jemals Angst davor haben, sich fallen zu lassen?
Oder wissen sie, die Bäume und die Blätter,
dass alles zum richtigen Zeitpunkt geschieht?
Und dass das Loslassen und das Fallenlassen vor dem Fliegen kommt:
Um dann dort zu landen, wo man sein soll …

SO ENTWICKELN AUCH KLEINE GÄRTEN SUPERKRÄFTE

All diese Gemüse lassen sich auf relativ kleinem Raum in erstaunlich großer Menge anbauen, wenn wir nur ein paar Tricks beherzigen. Dadurch sparen wir nicht nur an Platzbedarf, sondern auch an Zeit, Kraft und Energie, die wir für andere Projekte brauchen können – oder eben als vollkommen freie Zeit. Damit neben der Freude am Garten noch genügend Kapazität für alles andere bleibt, möchte ich hier noch einmal ein paar Dinge zusammenfassen und daran erinnern, dass kleine Flächen tatsächlich Superkräfte entwickeln können, wenn man ihnen etwas auf die Sprünge hilft. Nein, nicht durch Zauberei. Schlicht und einfach durch Kreativität, gute Planung und Flexibilität!

Das bedeutet nicht, dass man die konventionelle Ordnung komplett verwerfen muss, aber es macht die Arbeit leichter, wenn man hier und da ein paar Ausnahmen in der Fruchtfolge zulässt oder aber vor allem immer ein paar Nachzuchten in Töpfen bereithält, um entstandene Lücken immer sofort wieder füllen zu können. Beginnt man beispielsweise bereits im Januar mit der Anzucht von jeweils nur fünf Pflänzchen Tomaten, Paprika, Kohl und Salat, so kann man deren Saison schon deutlich früher starten, ohne auf der Fensterbank an Platzmangel zu leiden.

Salate und Mangold, aber auch Blattkohlpflanzen wie Grünkohl oder Palmkohl, müssen nicht immer komplett geerntet werden: Wenn sie eine entsprechende Größe erreicht haben, kann man laufend die jungen Blätter ernten. Solange man das Herz der Pflanze, also den inneren Kern, stehen lässt, bilden sich ständig neue Blätter. Selbst nach der Haupternte beim Kopfkohl, können sich beispielsweise bei Blumenkohl und Brokkoli aus den Seitenachsen noch neue kleine Köpfchen bilden.

Ein weiterer Trick, der nicht nur kleine, sondern auch größere Gärten supereffektiv macht und dazu noch Zeit spart, ist, ständig und wiederholt kleine Aussaaten zu machen, sogenannte Staffelsaaten. Wem hilft es, wenn er zeitgleich hundert Salatköpfe oder dreihundert Radieschen ernten kann? Der Hauptteil davon wird in Blüte schießen oder als Hühnerfutter enden. Viel sinnvoller ist es, einmal im Monat eine Saatpalette mit Salat auszusäen, immer der Jahreszeit angepasst. So kann man ständig nachpflanzen und ernten – beinahe rund ums Jahr. Am besten nimmt man täglich einmal sein vorbereitetes Kästchen mit aktuellem Saatgut mit in den Garten und sät regelmäßig ein paar Salate, Kohlpflanzen oder auch Buschbohnen nach, je nach Bedarf und Platz. Ob direkt im Freiland oder lieber im Topf bleibt dabei vollkommen dem eigenen Geschmack vorbehalten.

Auf diese Weise und bei guter Planung kann man mit etwas Glück mehrere Kulturen auf der gleichen Fläche anbauen, und die Beete stehen niemals ungenutzt leer. So kann man zum Beispiel auf demselben Beet hintereinander Spinat, Bohnen und Wintersalat ernten.

Oder aber man zieht auf derselben Fläche erst frühen Kohl und pflanzt nach dessen Ernte direkt noch eine späte Sorte. Das Gleiche gilt für Gurken im Gewächshaus: Wenn man die erste Charge im Haus vorgezogener Gurkenpflänzchen Mitte Mai ins Gewächshaus gesetzt hat, kann man direkt daneben oder in Töpfen noch eine zweite Charge aussäen, da die Gurkenpflanzen sich relativ schnell verausgaben und danach nur noch wenig Gurken liefern. Da ist es sinnvoller, den ersten Satz zu entfernen und von einer zweiten Aussaat zu profitieren, die zudem weniger anfälliger für Spinnmilben ist, welche im Hochsommer gern Besitz von überalterten Gurkenblättern ergreifen.

Für eine frühe Ernte bis etwa Mitte Juli eignen sich beispielsweise Kohl, Spinat, Erbsen, Rettich, Rüben, Rote Bete und Zwiebeln. Eine späte Ernte nach einer anderen Kultur liefern – je nach Klimazone – zum Beispiel Bohnen, Salate, Spinat, Möhren, Rüben, Rote Bete, Pastinaken und Kohl.

Viele Kulturen wie Salate oder Spinat lassen sich sehr gut in Breitsaat kultivieren statt nur in Reihen. Dadurch kann man auf kleinerer Fläche dichter säen und eine höhere Ernte generieren. Generell kann man im privaten Permakulturgarten viel dichter säen, als auf den Saattütchen empfohlen, da man normalerweise nicht mit Maschinen arbeitet und die Böden kontinuierlich durch Mulch aufgewertet werden.

Es gibt viele Leute, die auf das Gärtnern nach Mondphasen schwören.

Diese Begeisterung möchte ich auf keinen Fall jemandem absprechen, denn natürlich und unbestritten hat der Mond eine große Bedeutung auf sämtliche Rhythmen in der Natur. Vielleicht werde ich mich hiermit irgendwann einmal tiefgehend befassen. Bisher jedenfalls habe ich zu viele andere Dinge, nach denen ich mich bereits richten muss: die Kinder, die Tiere, Projekte an Haus und Hof – vor allem aber das Wetter. Da ist es oft schon eine Herausforderung, Zeit zum Säen und Ernten zu finden. Müsste ich jetzt noch akribisch auf die Mondphasen achten, würde mich das vollkommen überfordern und wahrscheinlich mehr bremsen als motivieren.

Was ich damit sagen will: Es gibt viele gute Tipps und Konzepte zum Gärtnern, aber auch hier muss jeder den richtigen Weg für sich finden, damit aus Inspiration nicht schnell Zwang und Dogmatismus entsteht. Denn das wiederum erzeugt Druck und Stress – beides Dinge, die ich in meinem Leben möglichst gering halten möchte. Auch hier gehe ich meist ganz nach meinem Gefühl und meinem persönlichen Zeitplan: Ich säe aus, wenn ich die Ruhe dazu und zusätzlich das Gefühl habe, Licht und Temperatur sind gerade optimal. Frei nach dem Motto: Wenn ich ein Saatkorn wäre, würde ich jetzt gern in die Erde kommen. Mit der Ernte ist es so ähnlich: Ich plane selten im Voraus, wann ich etwas ernten möchte. Ich gehe durch den Garten und schaue, was gerade erntereif ist, dann nehme ich es mit in die Küche und verarbeite es. Oder ich überlege, was ich kochen möchte und schaue im Garten nach, was gut dazu passen würde. Eigentlich nehme ich bei jedem Streifzug durch den Garten gleich irgendetwas mit ins Haus, um es direkt oder in absehbarer Zeit zu verarbeiten.

Und wenn doch einmal etwas zu lang im Beet bleibt, weil ich es einfach nicht rechtzeitig geschafft habe, es zum perfekten Zeitpunkt zu ernten, dann ist auch das keine Katastrophe. In den meisten Fällen ist dieses Gemüse noch immer frischer als jenes, welches ich im Laden gekauft hätte. Unschöne Stellen werden herausgeschnitten – und im allerschlimmsten Fall ist das Gemüse trotzdem nicht verloren, sondern endet als Hühner- oder Kaninchenfutter. Egal, was der Garten an Ernte einbringt: Es ist immer mehr, als wenn es ihn gar nicht gegeben hätte.

VORAUSSCHAUEND GÄRTNERN – UND TROTZDEM FLEXIBEL BLEIBEN

Dass ein Garten gar keine Arbeit macht, ist natürlich unrealistisch. Von nichts kommt nichts. Das Sprichwort „Man erntet, was man sät“ hat durchaus eine Berechtigung (nicht nur im Garten). Trotzdem gibt es Möglichkeiten, die Arbeit geringer zu halten. Natürlich macht die Anlage eines Gartens erst einmal viel Arbeit und natürlich gibt es auch mal stressige Zeiten im Garten, wenn

das Gießen oder Ernten nicht mehr verschoben werden kann, weil das Gemüse ansonsten vertrocknet oder durch einen plötzlichen Frosteinbruch leiden würde. Aber diese Momente kann man gering halten. Generell ist es eine gute Idee, jeden Tag ein bisschen im Garten zu arbeiten, um die Arbeit gleichmäßig zu verteilen, anstatt nur ab und zu ganz viel. Das beugt nicht nur Stress und Enttäuschung vor, sondern auch Rückenschmerzen und großen Ernteschwemmen.

Ich habe nicht mehr den Anspruch, mein Garten müsse zu jeder Zeit perfekt sein. Das ist sowieso illusorisch und verdirbt mir nur die Freude am Tun. Mein Garten ist allein schon perfekt dadurch, dass es ihn gibt! Natürlich könnte er immer noch größer sein, noch effektiver – aber ich habe mich ja ganz bewusst für weniger Fläche und mehr Genuss entschieden. Die Kunst liegt doch gerade darin, mit möglichst wenig Fläche und Arbeit möglichst viel Gewinn zu erzielen – sowohl was die Ernte betrifft als auch die Freizeit. Es ist wunderbar, im Sommer durch die Beete zu streifen, das Gemüse beim Wachsen zu beobachten, die Hummeln, Bienen und Schmetterlinge zu beobachten und an den Sommerblumen zu schnüffeln. Im Frühling und Herbst macht es Freude, die Beete vorzubereiten, Kompost aufzufüllen, Flächen und Wege mit frischem Mulch zu versorgen, in dem Wissen, dass dies die Grundlage sein wird für die nächste Saison. Genauso wundervoll ist es, an einem grauen Wintertag durch den Garten zu bummeln, wenn die Beete nicht mehr sind als ein grüner abstrakter Traum, neue Pläne zu machen und diese später bei Bedarf auch gern mal spontan wieder zu verwerfen. – Der Garten ist meine Leinwand, und ich bin die Künstlerin, die gemeinsam mit der Natur gestalten darf. Was für ein Geschenk!

DIESER ORT ...

Dieser Ort, an dem die Zeit still zu stehen scheint, obwohl er doch ständig den Prozess von Anfang und Ende zeigt. Von Wandel, von Entstehen und Vergehen. Von Wachsen und Erblühen.

Dieser Ort, der Erdung bringt. Totale Entspannung. Ruhe innerhalb von ein paar Minuten. Hinter der Pforte beginnt eine andere Welt. Meine Welt. Mein Spielplatz. Hier bin ich Schöpfer meines eigenen kleinen Universums. Ein Universum voll mit Blumen, mit Leben, mit Träumen und Hoffnungen. Bunt und frei und vielfältig. Hier gibt es kein Richtig und kein Falsch. Alles hat seinen Sinn. Alles hat einen Grund.

Hier bin ich ganz ich. Hier bin ich frei und selbstbestimmt und selbst verantwortlich. Hier kann ich atmen und mich frei bewegen, hier erlebe ich die Konsequenzen meines Tuns – und auch die meines Nicht-Tuns. Hier kann alles sein, was ich möchte. Ich muss es nur tun. Ich muss aufstehen und umsetzen, was in meinem Kopf als Idee entstanden ist. Ich muss die Saat setzen, damit das wachsen kann, was ich mir wünsche. Ich kann nur ernten, was ich einst gesät habe. Jede meiner Handlungen hat eine Auswirkung. Auch all das, was ich nicht tue.

Dieser Ort, mein Garten, egal, wo. Der Garten hat mich gelehrt, dass es sich lohnt, immer wieder aufzustehen und neu zu beginnen. Er hat mir beigebracht, dass nach einer Dürre Regen kommt und nach jedem Winter ein neuer Frühling. Dass man sich um die Dinge kümmern muss, die einem wichtig sind. Dass es immer eine Zukunft gibt. Und Hoffnung. Dass man mit seinen eigenen Gedanken und Händen ganze Welten erschaffen und Dinge verändern kann. Und dass man alles, was man tut, mit Liebe tun sollte.

EXKURS: MINI-FARMING – SELBSTVERSORGER WERDEN OHNE EIGENEN GARTEN

Was aber tun, wenn der vorhandene Platz einfach viel zu klein ist im Vergleich zu all den großen Träumen, die sich in Herz und Kopf eines angehenden Selbstversorgers geschlichen haben? Was, wenn der Balkon bereits überquillt mit einem gut organisierten Topfgarten voll mit gutem Gemüse und Erdbeeren? Was, wenn sich alle Fensterbänke biegen unter den Kisten und Kästen voller knackiger Sprossen und Microgreens? Was, wenn auf der Terrasse kein Platz mehr für einen Liegestuhl ist, weil sich dort dicht an dicht die Kübel mit den Tomaten drängen, und die Säcke mit den Kartoffelpflanzen einen dichten Dschungel bilden? Und was, wenn einfach absolut keine Möglichkeit besteht, in absehbarer Zeit an einen eigenen Garten oder gar Hof heranzukommen? Ist das bereits das Ende des Traumes vom Leben als Selbstversorger? Nein, das muss es nicht sein, denn dann heißt es: Augen auf, statt Kopf in den Sand. Lösungen finden, statt Probleme zu suchen!

Zum Thema *Urban Gardening* gibt es unzählige eigene Bücher, Videos und Blog-Beiträge, die davon berichten, wie man Dachgärten anlegen oder zusätzlich zur Horizontalen auf Balkon und Terrasse auch noch in die Vertikale gärtnern kann, damit wirklich

jede Möglichkeit ausgeschöpft werden kann, auch auf kleinsten Flächen möglichst große Erträge zu erzielen. Wenn hier aber tatsächlich alle Nischen bereits erschlossen sind, findet sich vielleicht ein Schrebergarten um die Ecke, ein Gemeinschaftsgarten im Dorf, eine Pachtparzelle beim Bauern oder die Möglichkeit zum Obst-und-Gemüse-selber-Pflücken auf einem Hof in der Nähe. Zusätzlich bieten viele Gemeinden öffentliche Streuobstwiesen oder Obstalleen entlang bestimmter Feldwege oder Landstraßen an. Oft reift hier das wundervollste Obst heran und fällt aufgrund von Mangel an Interessenten einfach auf den Boden. Welch eine Verschwendung! Dabei kann man doch wirklich kaum saisonaler, regionaler und biologischer an sein Gemüse kommen – und das in vielen Fällen auch noch kostenlos. Vielerorts signalisieren gelbe Bänder am Stamm, dass hier jedermann ernten darf. Genaue Infos bietet hier die Internetplattform „Mundraub", bei der sämtliche Obstbäume und Streuobstwiesen gelistet werden, die zur freien Ernte geeignet sind.

Manchmal reicht auch schon ein Blick über den Gartenzaun der alten Nachbarin, um zu erkennen, dass die Johannisbeersträucher nicht mehr beerntet werden oder die Apfelbäume dringend auf einen erntewilligen Helfer warten. Warum nicht Hilfe anbieten, die Ernte übernehmen und dafür den Nachbarn später ein paar Gläser selbstgemachter Marmelade und Apfelmus vorbeibringen? Und vielleicht ergibt sich daraus sogar die Möglichkeit, gemeinsam einen Gemüsegarten auf einer im Grunde lästigen Rasenfläche anzulegen. Die Älteren stellen die Fläche und eventuelles Wissen zur Verfügung, die Jüngeren machen die körperlich anstrengenden

Arbeiten. Die Ernte kann geteilt und der Nutzen verdoppelt werden. Wo sonst niemand eigenes Gemüse gehabt hätte, entsteht so eine Win-win-Situation. Generationen Hand in Hand! Eigentlich ist doch alles so einfach!

Wer weder Lust noch Zeit oder Möglichkeit hat, auch nur eine dieser Lösungen umzusetzen, der kann immerhin saisonal und regional auf dem Wochenmarkt oder beim nächsten Hofladen sein Gemüse und Obst direkt beim Erzeuger kaufen. Auch daraus kann man eigene Vorräte anlegen. So unterstützt man die lokalen Anbieter, vermeidet lange Wege und weiß genau, wo das Essen herkommt und auf welche Weise es angebaut wurde. Gleiches gilt natürlich auch für tierische Produkte wie Eier, Milch, Käse oder Fleisch. Außerdem besteht vielerorts die Möglichkeit, Lebensmittel zu retten. Es gibt inzwischen regional einige Tauschringe und Organisationen, die sich mit dem sogenannten Containern und *Food Sharing* beschäftigen, damit möglichst wenig Lebensmittel weggeworfen werden. Auch hier kann man unter Umständen mit ein bisschen Glück an große Mengen Obst und Gemüse kommen, dieses trocknen, fermentieren oder einkochen und sich auf diese Weise nahezu kostenlos, oder doch zumindest sehr günstig, eigene Vorräte anlegen und sich mit der Herstellung und Verarbeitung von Nahrungsmitteln befassen.

Schlussendlich bietet auch die freie Natur viele kostenlose Schätze wie Pilze, Beeren, Heilkräuter und Hausmittel „to go". Dazu aber später noch mehr.

Nadine

Ein Leben ohne Tiere ist möglich, aber nicht erstrebenswert ...

HÜHNER – DIE BESTEN TIERE FÜR DEN SELBSTVERSORGER!

Früher waren es nur Eier. Früher waren es nur Hühner.

Jetzt ist es jeden Tag unerhörter Luxus. Jetzt sind es unsere liebsten Freundinnen.

Wie Dinge im Laufe der Jahre ihre Bedeutung ändern können.

Wie Nebensächlichkeiten und Selbstverständlichkeiten im Laufe der Zeit an Wert gewinnen. Wie jedes einzelne Ei eine kostbare Mahlzeit wird. Wie jedes Huhn eine eigene Persönlichkeit präsentiert. Wenn man es zulässt.

Ein Leben außerhalb des Zaunes – vollkommen frei: Selbstbestimmt. Grenzenlos. Glücklich. Ab und zu ein bisschen Blödsinn. – So wie es sein sollte.

Kaffeekränzchen mit den besten Freundinnen

Als wir vor vielen Jahren auf unserem ersten Hof in Nordfriesland unsere ersten Hühner kauften, war das zwar etwas ganz Besonderes – vor allem die Ernte der ersten Eier –, aber trotzdem hielten wir die Hennen natürlich als Nutztiere. Es waren normale Hybridhennen. Immerhin in verschiedenen Farben, um sie wenigstens auseinanderhalten zu können, aber charakterlich schienen sie sich nicht besonders zu unterscheiden. Sie glänzten weder durch Schönheit oder Intelligenz noch fielen sie durch sympathisches Verhalten auf. Sie waren ein wenig einfältig und ehrlich gesagt ziemlich aggressiv. Einmal erwischten sie eine Meise und zerlegten sie gemeinsam bei lebendigem Leibe. So schnell konnte ich gar nicht eingreifen, um den kleinen Vogel zu retten. Kurz: Diese ersten Hennen waren Eierlieferanten, die unserem Schutz unterstanden. Nicht mehr und nicht weniger. Am Ende ihres Lebens stand ohne Frage oder Zweifel ein sprudelnder Kochtopf.

Das ist inzwischen etwa zwanzig Jahre her. Seither haben wir immer unsere Hühner selbst gezüchtet – vielmehr haben die Glucken ihre Eier selbst ausgebrütet, denn von einer gezielten Zucht können wir wahrlich nicht sprechen, es sei denn, bunte Gartenhühner dürfen sich als eigene Rasse verstehen. Zwischendurch hatten wir sogar mal ein

paar Jahre eine Brutmaschine, um mehr Küken auszubrüten, als unsere Hennen es taten. Dadurch, dass wir Bruteier von Freunden und Bekannten ergattern konnten, haben sich über die Jahre wunderbare bunte, lebendige, soziale und vor allem robuste Hühnergruppen entwickelt. Die Küken waren immer eine farbliche Überraschung und die Hühner selbst zeigten immer mehr individuelle Charaktereigenschaften, fast so, als würde mit der Farbvielfalt auch die Persönlichkeit immer bunter und einzigartiger werden. Die Einfältigkeit verschwand nahezu komplett.

Einmal konnte ich von oben aus dem Badezimmerfenster beobachten, wie ein Greifvogel ins Hühnergehege flog, um sich ein Küken zu holen. Aber die Glucke stellte sich über ihre Kinder, breitete die Flügel aus – und war bereit, sich für die Kleinen zu opfern. In diesem Moment allerdings, als der Greifvogel die Glucke im Nacken packte, konnte ich rechtzeitig das Fenster aufreißen und den Vogel vertreiben. Die Glucke war leicht verletzt und hatte ein paar Federn gelassen, die Küken aber waren alle unversehrt. Ich als damals ganz junge Mutter aber war so berührt von dieser aufopfernden Tat, dass sich mein Bild von den Hühnern schlagartig und vollkommen änderte: So viel Mut und Opferbereitschaft für seinen Nachwuchs aufzubringen, zeugte nicht gerade von Stumpfsinnigkeit. Diese Erfahrung und die individuelle Schönheit der einzelnen Hühner machte es nicht gerade leichter, wenn der Schlachttag näher rückte, denn welchen Junghahn will man denn schon opfern, wo doch

einer schöner und stolzer ist als der andere? Aber natürlich war das ja der Sinn und Zweck der Hühnerhaltung, nicht wahr? Die Hennen für die Eier und später für die Suppe, die Hähne für den Backofen. Ein Naturgesetz quasi. Wer würde daran zweifeln?

Richtig schwierig allerdings wurde es, als wir in unserem zweiten Jahr in Schweden Bruteier von schwedischen Blumenhühnern aus Österreich bestellten und in der Brutmaschine ausbrüteten. Unsere Tochter Mia war damals sechs Jahre alt und äugte gespannt täglich in die Brutmaschine. In dem Moment, in dem das erste Küken in dieser lilafarbenen Styropor-Kiste in unserer Küche schlüpfte, da schlüpfte auch etwas im Herzen unserer kleinen Tochter: Es war wie ein Urknall, nur leiser – und zuerst nicht für alle sichtbar. Aber ziemlich sicher war das der Moment, in dem aus einem ganz normalen kleinen Mädchen eine kleine Hühnerfrau wurde. Noch ein Naturgesetz, von dessen Existenz ich bis dato allerdings noch nichts geahnt hatte, ebenso wenig wie von der übergreifenden und ansteckenden Leidenschaft, die eine einzelne sechsjährige Hühnerfrau in einem einfachen Selbstversorgerhaushalt entfachen kann.

Seit diesem Frühling haben vor allem Mia und ich mehr Zeit mit den Hühnern als mit unseren Pferden verbracht. Stundenlang saßen und sitzen wir vor den Kükenställen oder auf dem Hof und beobachten die Hühner. Wir sehen die Küken aufwachsen und sich langsam in die Gruppe mischen. Wir beobachten, wie sich die einzelnen Hühner entwickeln, wie sie Gefieder bilden und ganz besondere Farben bekommen. Von Anfang an hat Mia geholfen, die Küken zu versorgen, Wasser zu kontrollieren und Futter zu geben. Von Anfang an hatten alle Küken und Hühner plötzlich Namen, und Mia konnte sie sofort und ohne zu überlegen auseinanderhalten. Sie wusste immer zuerst, welche Küken Hähne oder Hennen waren – und in jeder Brut zeigte sich bereits nach wenigen Tagen mindestens ein sehr spezielles Lieblingshuhn, das quasi alternativlos von Mia adoptiert wurde – und welches folglich ganz definitiv nicht mehr für eine potenzielle

Hühnersuppe an einem fernen Tag in der Zukunft zur Verfügung stehen würde. Darüber brauchte man nicht zu diskutieren. Noch so ein Naturgesetz, von dem wir damals als normale Menschen niemals auch nur einen Schimmer gehabt hatten.

Von wegen Kuschelfaktor null

Durch Mias „Auferstehung" zur Hühnerfrau änderten die Hühner ihren einfachen Status als wohlgehegte Nutztiere plötzlich Richtung Haustiere.
Es war wie ein Erdrutsch. Wir konnten es weder aufhalten noch verhindern. Und irgendwie wollten wir das auch gar nicht. Es war wunderschön zu sehen, wie sehr sich unsere Tochter um ihre Hühner kümmerte, wie sie ohne unser Zutun Verantwortung für die Pflege und Versorgung der Tiere übernahm – einfach, weil sie es selbst wollte. Und als Dank folgten ihr bald die Hühner aller Altersgruppen über den Hof. Sobald sie Mias Stimme oder auch nur ihre Schritte hören, kommen sie nun aus allen Ecken des Hofes, aus Sandbädern und Legenestern, und streben ihr entgegen, als wäre sie ein Hühnermagnet.

Egal, wie oft ich dieses Phänomen beobachte, es erscheint mir noch immer ein bisschen magisch. Mia kann am Gakkern erkennen, welche Henne gerade ein Ei gelegt hat – oder welcher Hahn hinter der Scheune gerade das Krähen übt. Wenn sie dort hockt, inmitten aller Hühner, und ihre Lieblingshennen ihr zärtlich an der Jacke zupfen, als Zeichen, dass sie gerne auf den Arm genommen und gestreichelt werden wollen, dann muss ich schon zugeben, dass die Selbstversorgung eine besondere Herausforderung ist, wenn Kinder im Spiel sind, die gemeinsam mit den Tieren aufwachsen. Es gibt plötzlich viele doppelte Böden, denn der Grat zwischen Suppenhuhn und Lieblingstier ist sehr, sehr schmal. Wenn man da als Eltern nicht als der letzte Henker auftreten will, gilt es durchaus, Kompromisse zu schließen.

Bei uns sieht der Kompromiss so aus, dass Mia ein paar eigene Hennen hat, die quasi unantastbar sind. Diese Hennen dürfen so alt bei uns werden, wie sie wollen, selbst wenn sie irgendwann keine Eier mehr legen. Diese Hennen

werden nicht geschlachtet, sie werden keine Suppenhühner, sondern dürfen eines natürlichen Todes sterben. Über alle anderen Hennen entscheiden wir gemeinsam, aber das letzte Wort haben wir als Eltern, denn wir können nicht unbegrenzt viele Hennen halten, die keine Eier mehr legen. Das Hühnerfutter wird gefühlt täglich teurer – und vor allem möchten wir auch alle gern ab und zu im Winter eine schöne heiße Hühnersuppe essen – auch Mia. Gleiches gilt für die Brathähnchen! Mia weiß, dass wir nicht alle Hähne behalten können, schon aus dem einfachen Grund, dass diese früher oder später anfangen, sich gegenseitig zu bekämpfen. Und diese Kämpfe sind wahrlich nichts für schwache Nerven: Da geht es bis aufs Blut, denn die Hähne sind nicht gerade zimperlich miteinander, wenn es darum geht, die Hackordnung zu klären. Es gab schon Fälle, da haben sich zwei Hähne stundenlang über den Hof gejagt, beide blutend und am Ende völlig erschöpft. Erst dann konnten wir sie einfangen und trennen. Hätten wir sie sich selbst überlassen, hätten sie wohl weitergemacht, bis einer tot umgefallen wäre.

Schon alleine daraus ergibt sich also der natürliche Zeitpunkt, die Junghähne zu schlachten. Meist sind sie dann etwa ein halbes Jahr alt und haben ein wundervolles freies Leben auf unserem Hof gehabt, bevor sie im Herbst in die Gefriertruhe wandern. Das wird selbst nach vielen Jahren niemals leichter – und das soll es auch gar nicht, denn so wissen wir den Wert des Fleisches auf unseren Tellern umso mehr zu schätzen. Und ja, auch Mia weiß diesen Wert und vor allem den Geschmack von den Hühnern, für die selbst liebevoll gesorgt hat, zu schätzen. Das mag für den einen oder anderen paradox klingen, aber für uns ist es eine natürliche Schlussfolgerung aus dem Leben, das wir führen:

Wir versorgen unsere Tiere bestmöglich, voller Liebe und Hingabe – und dafür sorgen sie am Ende auch für uns. Ein stiller Vertrag, der so alt ist wie die Menschheit selbst.

Der Stall: Hühner-Tetris im Buffet-Schrank?

Natürlich wollen wir, dass unsere Hühner das bestmögliche Leben bei uns führen können. Wie also muss der Hühnerstall beschaffen sein, damit sich die Tiere wohlfühlen? Als Hühnerstall eignen sich sowohl Gebäude aus Holz wie Schuppen oder kleine Holzhäuser. Leichter zu pflegen allerdings sind Gebäude aus Stein, da gerade Vogelmilben es schwerer haben, sich in Steinwänden einzuquartieren. Wer aber einen alten Schuppen zur Verfügung hat, der als Hühnerstall auserkoren wurde, braucht nicht zu verzweifeln. Wir hatten bisher nur Hühnerställe aus Holz. Man muss aufpassen mit den kleinen Plagegeistern, aber mit guter Vorsorge, entsprechender Pflege und einigen Hygienemaßnahmen ist ein Holzstall eine gute Alternative. Ob aus Stein oder Holz, ob alt oder neu – auf jeden Fall sollte der Stall für die Hühner hell sein, sich aber nicht aufheizen. Idealerweise bekommt er Morgensonne, aber nicht ganz so viel Mittagssonne ab. Große Fenster nach Osten sind also ideal. Die Wetterseiten kann man zusätzlich isolieren, aber es ist nicht unbedingt notwendig. Auch die Luftzufuhr ist wichtig: Ein kontinuierlicher Luftaustausch muss gewährleistet sein, ohne dabei aber Zugluft zu begünstigen.

Wichtig für den Hühnerhalter selbst ist auf jeden Fall eine Stallhöhe und -Größe, in die man bequem aufrecht

hineingehen kann, um zu füttern, auszumisten oder andere Arbeiten durchzuführen. Ziemlich oft werden fertige Ställe angeboten, die diese Möglichkeit nicht bieten. Natürlich ist es auch möglich, Hühner in kleineren, niedrigen Ställen zu halten, ideal aber ist es nicht: Man kommt nur schwer an alles heran, und gerade bei schlechtem Wetter ist es sehr unkomfortabel in Bodennähe auszumisten. Vor allem aber bieten diese kleinen Fertigställe nur selten ausreichend Fläche, um den Hühnern auch mal eine längere Zeit über eine entspannte Stallhaltung zu ermöglichen. Man kann nie ausschließen, dass über Wochen eine geschlossene Schneedecke liegt, in der die Hühner den Stall nicht verlassen können oder wollen, denn die allermeisten Hühner gehen nur sehr ungern bis absolut gar nicht in den Schnee. Auch in Zeiten von Stallpflicht kann eine dauerhafte Aufstallung über Wochen oder gar Monate angesagt sein. Auch in diesen Zeiten brauchen die Hühner natürlich eine ausreichend große Fläche, um sich bewegen und einander ausweichen zu können.

Eine automatische Hühnerklappe mit Zeitschaltuhr kann die Hühnerhaltung zusätzlich erleichtern: Man kann morgens auch mal länger schlafen, oder aber entspannt zur Arbeit fahren, wenn es noch dunkel ist, denn die Luke geht von ganz alleine auf, wenn es an der Zeit ist. Und abends bzw. im Winter geht die Klappe wieder automatisch zu, ohne dass man bei Schmuddelwetter noch einmal rausmuss. Auch wenn diese Möglichkeit verlockend ist, so haben wir bisher darauf verzichtet. Wir sind ohnehin zu Hause und lieben es, morgens die Hühner persönlich ins Freie zu lassen, Futter aufzufüllen und das Wasser zu kontrollieren. Genauso ist es abends für uns selbstverständlich, noch einmal nachzuschauen, ob alle Hühner auf ihrer Stange sitzen und wohlauf sind. Das gehört für uns einfach zur Abendroutine dazu und ist keine Belastung. Trotzdem ist es gut zu wissen, dass es auch anders ginge, wenn wir Bedarf hätten. Es ist immer schön, eine Wahl zu haben – auch, oder gerade in der Selbstversorgung.

Wenn man Hühner hält, um eigene Eier zu bekommen, braucht man natürlich Legenester. Braucht aber jede Henne ihr eigenes Legenest? Das klingt natürlich ideal und der ambitionierte Hühnerhalter kann seinen Lieblingen sicherlich eine solch große Auswahl anbieten, wenn genügend Platz und Muße vorhanden sind. Die Erfahrung aber zeigt, dass – aus welchen Gründen auch immer – die Hennen sich grundsätzlich auf ein oder zwei bestimmte Nester fokussieren und diese zu ihren bevorzugten Orten der Eiablage auserwählen.
In diesen Lieblingskisten sitzen dann auch schon mal zwei oder drei Hennen

gleichzeitig: nebeneinander – oder auch gestapelt, weil sie unbedingt und unter allen Umständen genau jetzt und genau hier ihr Ei legen möchten. Ich habe aufgehört, das verstehen zu wollen, geschweige denn, es ihnen ausreden zu wollen. Egal, wie viele Hennen, und egal, wie viele Nester, egal, in welchem Stall: Es ist immer das gleiche Bild: Hühner-Tetris in den Legenestern!

Die Größe der Legenester hängt natürlich von der jeweiligen Rasse ab: Durchschnittlich große Rassen brauchen eine Legenestgröße von etwa 30 mal 30 Zentimetern, größere Rassen besser 40 mal 40 Zentimeter. Immer öfter sieht man Futtertröge aus dem Reitsportbedarf, die als Legenester benutzt werden. Diese können ganz leicht in beliebiger Anzahl und Höhe an eine Wand geschraubt oder gehängt werden. Es gibt sie in verschiedenen Größen und Formen, sie sind langlebig und sehr leicht zu reinigen – gerade auch in Bezug auf Vogelmilben ist das ein klarer Vorteil gegenüber Legenestern aus Holz. Allerdings sind die Futtertröge recht teuer, wenn man mehrere davon anschaffen möchte. Legenester aus Holzkisten, alten Schubladen oder Obstkisten sind hier schon preiswerter, oft findet man sie auch auf Flohmärkten. Wer es ganz günstig möchte, nimmt einfach stabile Pappkartons, diese lassen sich auch schnell einmal austauschen und bei Milbenbefall einfach verbrennen. Besonders schön sind diese Legenester allerdings nicht.

Die schönste, wenn auch ehrlicherweise unpraktischste Lösung ist ein ausrangiertes Regal, ein altes Küchen-Buffet oder ein anderer Schrank. Die Aufteilung bietet direkt mehrere Legenester in unterschiedlichen Formen und Höhen, und man muss quasi nur noch die Fächer mit Heu auslegen und ein paar Querleisten anbringen, damit die weiche Polsterung nicht herausgescharrt wird. So schön und stabil diese Lösung auch ist, man kann sie schwerer saubermachen und muss umso genauer kontrollieren, dass sich in den vielen Ritzen keine ungewünschten Untermieter einnisten. Einige Crazy-chicken-Ladys sind trotzdem Deko-waghalsig genug und verschönern ihre antiken Hühner-Schränke gar mit Spitzenbordüren und Gardinen – Pettersson und Findus lassen grüßen. Wem die Ästhetik besonders wichtig ist, sollte es auf einen Versuch ankommen lassen. Denn mit dem nötigen Augenmerk auf mögliche Schwachstellen ist ein Schrank als Hühnernest eine wirklich solide und schöne Sache – ob mit oder ohne Rüschen bleibt natürlich dem persönlichen Geschmack überlassen.

Um das Wohlbefinden der Hühner zu steigern, gehört neben Futternapf und

Wassertrog auch ein trockenes Sandbad zur Standardeinrichtung eines jeden Hühnerstalles. Hühner lieben es nämlich, sich bei einem Bad in staubigem Sand Haut und Geflügel zu „waschen", um damit lästige Parasiten loszuwerden. Was Futter und Wasser angeht: Damit man beides nicht jeden Tag auffüllen muss, gibt es auch hier automatische Spender, was eine große Erleichterung sein kann, wenn man einmal nicht zur Futterzeit zu Hause sein kann. Auch Modelle, die man an einer langen Schnur oder Kette von der Stalldecke abhängen kann, können hilfreich sein, wenn es darum geht, Futter und Wasser vor Verschmutzung zu schützen. Denn beim Kratzen und Scharren in der Einstreu neigen Hühner dazu, im wahrsten Sinne des Wortes mit Dreck zu schmeißen – und der landet allzu oft eben auch dort, wo man ihn am allerwenigsten haben möchte.

Die Frage über Art und Beschaffenheit der optimalen Sitzstangen ist eine richtige Gretchenfrage unter Hühnerhaltern geworden: Sollen sie rund sein oder eckig, aus gesägtem, gehobelten oder Wildholz? Wie dick müssen die Stangen sein und wie hoch soll man sie anbringen? Um es kurz zu machen: Ich glaube, es gibt keine eindeutige Antwort auf diese Fragen. Es hängt absolut von der Größe und Rasse ab, wie breit und wie hoch man eine Sitzstange anbringt, je schwerer die Rasse, umso weniger gut können sie fliegen. Je kleiner, umso lieber sitzen sie möglichst weit oben – so zumindest meine Beobachtung. Zu der Form der Stangen kann ich ebenfalls sagen: Es scheint Geschmackssache zu sein, denn einige Hühner bevorzugen Dachlatten, einige abgerundete Latten, einige sitzen am liebsten auf natürlichen Ästen, die nicht komplett eben und grade sind. Wieder andere bevorzugen die Schranktür unseres alten Schranks, der als Legenest dient, und noch andere sitzen direkt oben auf dem Schrank, wenn sie die Möglichkeit dazu haben. Der Umfang der Sitzstangen sollte ebenfalls der Größe der Hühner angepasst sein: Größere Rassen brauchen dickere bzw. breitere Stangen als kleine zarte Rassen. Um es also allen recht zu machen und den Tieren eine persönliche Wahl zu ermöglichen, bieten wir einfach immer mehrere Varianten an – und alle werden genutzt! Menschen haben unterschiedliche Vorstellungen vom Wohnen – warum sollten Hühner nicht auch verschiedene Vorlieben haben dürfen? Egal, welche Form die Sitzstange auch immer haben mag, pro Huhn sollte man eine jeweilige Stangenbreite von etwa dreißig Zentimetern einrechnen, damit die Tiere bequem und stressfrei nebeneinander Platz zum Schlafen finden.

Zu einem guten Hühnerstall gehört immer auch ein passender Auslauf – entweder in Form einer Voliere oder aber als einfacher Zaun. Eine Voliere hat natürlich viele Vorteile. Sie ist von oben durch ein Netz oder festen Draht gegen Greifvögel geschützt, und man kann sogar einen Teil der Fläche mit einem Dach versehen, sodass bei Regen oder Schnee immer zumindest ein Teil des Auslaufes trocken bleibt. Damit das Gehege nicht innerhalb kürzester Zeit in eine Steppe verwandelt wird, sollte pro Huhn im Idealfall eine Grundfläche von etwa dreißig Quadratmetern zur Verfügung stehen. Dann hat der Boden die Chance, ein wenig grün zu bleiben. Zehn bis zwölf Quadratmeter pro Huhn sollten es aber auf jeden Fall sein. Um den Auslauf interessanter zu machen und die Hühner beschäftigt zu halten, bietet es sich an, verschiedene Sträucher hinein zu pflanzen. Zusätzlich kann man Gartenabfälle, aber auch beispielsweise Pferdemist in den Auslauf bringen. Können die Hühner aus irgendwelchen Gründen nicht zum Misthaufen kommen, muss der Misthaufen eben zu den Hühnern kommen. Dadurch spart man nicht nur Futter, sondern die Hühnerschar bereitet auch noch in kürzester Zeit den allerfeinsten unkrautfreien Kompost zu, den man direkt auf die Beete streuen kann. Das sind Kreisläufe, die mich total begeistern können!

Im Stall selbst soll ein Huhn eine Fläche von mindestens 0,3 Quadratmetern haben, lieber mehr. Für zwanzig Hühner und einen Hahn braucht man also einen Stall von knapp zehn Quadratmetern. Will man mehr als einen Hahn halten, sollten pro Hahn etwa zwanzig Hennen zur Verfügung stehen, weil die Konkurrenz zwischen den Hähnen sonst zu hoch wird, und auch die Hennen darunter leiden. Dementsprechend braucht man deutlich mehr Fläche, damit die Hähne sich aus dem Weg gehen können. Aber selbst das ist keine Garantie für ein friedliches Zusammenleben, denn die meisten Hähne – je nach Rasse – dulden nicht einmal einen gleichaltrigen Konkurrenten in der Nähe. Selbst wenn sie auf einem ganzen Hof theoretisch die Möglichkeit haben, sich aus dem Weg zu gehen, neigen sie dazu, sich in stundenlangen Gefechten zu jagen und zu attackieren. Oftmals geht es bei diesen Rangkämpfen ziemlich heiß her und nicht selten fließt Blut. Es fliegen im wahrsten Sinne des Wortes die Fetzen. Der Begriff Streithähne hat eben eine gewisse Berechtigung.

Eine gute Alternative zu einem festinstallierten Stall ist ein sogenannter Chicken-Traktor, also ein mobiler Hühnerstall, den man bei Bedarf verschieben kann, um Flächen zu schonen oder das Frischfutterangebot zu erneuern. Wir haben zusätzlich zu unserem Hühnerstall einen Chicken-Traktor für brütende Hennen und für die Kükenaufzucht. Das hat den Vorteil, dass die Glucke in Ruhe ihre Eier ausbrüten und die Küken aufziehen kann, ohne dass allzu viel Stress durch den Rest der Gruppe entsteht.

Hat man allerdings generell nur eine kleinere Gruppe Hühner, kann man diese auch dauerhaft in einem mobilen Hühnerstall unterbringen. Das ist vielleicht eine gute Alternative für all die, die keinen großen Stall haben und auch keine Baugenehmigung für so ein Projekt bekommen. Auch ein Bauwagen oder ein alter ausrangierter Wohnwagen können in diesem Fall eine gute Alternative sein. Wichtig ist, immer daran zu denken, dass die Stallfläche auch bei schlechtem Wetter und längerem Schneefall der Hühnergruppe ausreichend Platz und Raum bieten muss, sich entspannt drinnen aufzuhalten.

Glückliche Hühner: Denn Liebe geht durch den Magen …

Je nach Rasse braucht ein Huhn etwa 120 Gramm Futter pro Tag. Bei zwanzig Hühnern braucht man also knapp drei Kilogramm pro Tag. Da kommt dementsprechend ziemlich schnell eine beachtliche Menge Futter zusammen, was bei den steigenden Kosten ein

erheblicher Faktor sein kann. Normalerweise suchen sich freilaufende Hühner einen Großteil ihres täglichen Futters selbst. Sowohl Gras und Wildkräuter, als auch Insekten, Schnecken, Larven und Würmer stehen auf der Liste der Lieblingsgerichte im Garten. Im Winter sieht es allerdings mit frischem Futter aus dem Garten mau aus! Wenn Schnee liegt und der Boden wochenlang gefroren ist, können sie während ihres Freigangs deutlich weniger erbeuten als sonst. Auch Muschelgrit und kleine Steinchen müssen den Hühnern immer zur freien Verfügung stehen, damit die Nahrung im Magen besser verdaut werden kann, denn immerhin haben Hühner bekanntlich keine Zähne und können dementsprechend auch ihr Essen nicht zerkauen.

Natürlich bekommen die Hühner auch im Winter weiterhin ihren „Hühnertopf" aus der Küche mit sämtlichen Küchenabfällen (außer Fleischreste), vor allem gekochte Kartoffelschalen. Auch zerkleinerte Eierschalen bekommen sie mit ins Futter, denn die Eiablage entzieht den Hennen viel Kalzium.

Dazu ergänzen wir den Speiseplan mit Möhren, Futterrüben, Kohlrüben, Roter Bete, Grünkohl und Kürbis. Wer im Sommer die Möglichkeit dazu hat, sollte unbedingt in großen Mengen Brennnesseln ernten und trocknen. Im Winter kann man sie zerkleinert mit ins Futter mischen. All diese Dinge lassen sich ziemlich leicht auch in größeren Mengen anbauen und auch problemlos im Winter frostfrei lagern. So kann man bei den Futterkosten zumindest ein bisschen einsparen und den Hühnern vor allem etwas Gutes tun. Unsere Hühner sind völlig verrückt nach einer Mischung aus geriebenem Apfel, Möhre und Kürbis. Dazu ein Schuss Olivenöl, etwas Oregano und vielleicht noch eine Handvoll Vogelfutter – das lieben sie!

Das gekaufte Hühnerfutter besteht aus einem aufeinander abgestimmten Mix verschiedener Komponenten und Vitamine. Wenn man viel anderes Futter dazugibt, gilt es zu beachten, dass das Verhältnis der benötigten Vitamine aus dem Gleichgewicht kommen kann. Dies führt unter Umständen zu Vitaminmangel bei den Hühnern, vor allem im Winter, wenn das Frischfutter begrenzt ist. Gerade was die B-Vitamine angeht, muss man ein bisschen aufpassen, denn diese werden dringend benötigt. Vor allem ein Mangel an Vitamin B12 führ zu Störungen im Nervensystem, was vielerlei Auswirkungen auf die Hühner haben kann. Füttert man beispielsweise zu viel Hafer zusätzlich zum Fertigfutter, so kann eine Darmentzündung die Folge sein, die die Vitaminaufnahme weiter stört und Durchfall auslösen kann. Eine Teufelsspirale.

Wer sichergehen will, füttert höchstens zehn Prozent Hafer und anderes Getreide zusätzlich und bietet seinen Hühnern zudem Futterkalk und Bierhefe an. In der Bierhefe sind vor allem B-Vitamine enthalten, aber auch weitere Komponenten wie wichtige Aminosäuren und Mineralien sowie Biotin, was für ein schönes Federkleid und eine gesunde Haut sorgt. Gerade in der Mauser ist der Mineral- und Vitaminbedarf erhöht. Die Mauser wird hormonell ausgelöst und hängt auch ab von Tageslänge, Temperatur und Futterversorgung. Sie dauert etwa vier bis sechs Wochen und fällt meist in den Herbst. In dieser Zeit wird das Federkleid erneuert, denn die Federn verlieren mit der Zeit ihre wärmende und wasserabweisende Funktion. Im Herbst und Winter kann man durchaus auch einmal in die ein oder andere Tüte mit Mehlwürmern investieren, wenn man seinen Tieren etwas richtig Gutes tun will – die Hühner sind völlig verrückt danach und fressen sie auch gern aus der Hand! Spätestens nach so einer Mehlwurm-Kur folgen einem die Hühner bis ans Ende der Welt.

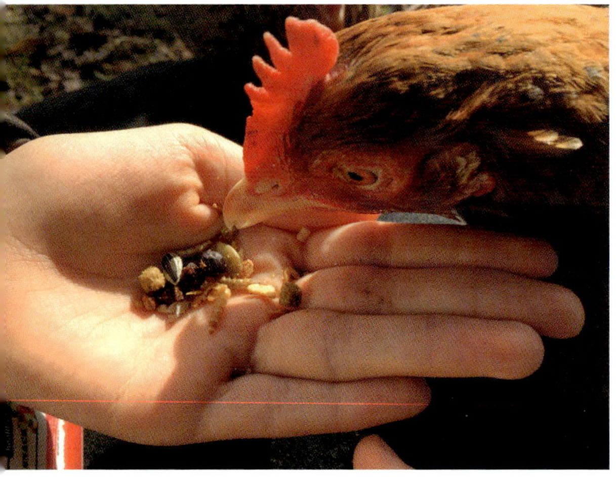

Zusätzlich überlegen wir seit Längerem, Sonnenblumen und Mais für die Hühner anzubauen und eventuell zusätzlich in eine Pellets-Presse zu investieren, um im Sommer Überschüsse an Grünfutter für den Winter konservieren zu können. Voraussetzung hierfür wären aber größere Anbauflächen, die eventuell maschinell bearbeitet werden müssten – Voraussetzungen, die uns noch zurückhalten, denn die Investition für die Geräte, der erhebliche Arbeitsmehraufwand und letztendlich auch das Risiko einer Fehlernte sind nicht unerheblich. Hier ist der Grat zwischen Selbstversorgung und Überschätzung der eigenen Ressourcen wieder einmal ein schmaler. Da lohnt es sich, wirklich ganz genau abzuwägen.

Eine gute Alternative kann das Fermentieren von Getreide sein. Hierfür wird das Futter für drei Tage in Wasser eingeweicht. Dadurch verdoppelt sich die Futtermenge nahezu, halbiert also die Futterkosten. Zusätzlich ist das Getreide besser verdaulich und bildet zusätzlich Vitamine, was den Hühnern zusätzlich zugutekommt.

Je nachdem, wo man sein Futter bezieht, kann es sein, dass die Hühnerhaltung

eine Nullrechnung ist, was die reinen Kosten angeht. Im Idealfall kauft man sein Getreide am besten direkt beim Bio-Bauern nebenan, um Kosten zu sparen und genau zu wissen, wo das Futter herkommt. Dadurch unterstützt man die lokalen Landwirte und spart sich selbst hohe Investitionen und Misserfolge, denn der Anbau von Getreide ist eine Aufgabe, die die meisten Selbstversorger nach einigen Versuchen schnell wieder einstellen, weil sich das Kosten-Nutzen-Verhältnis einfach nicht rechnet. Hat man aber keinen Bio-Bauern in erreichbarer Nähe, ist man zwangsläufig darauf angewiesen, sein Futter im Landmarkt zu kaufen. Dann zahlt man im schlimmsten Fall sogar drauf, was die Hühnerhaltung angeht. Warum also nicht lieber einfach weiter Eier im Supermarkt oder im Bioladen kaufen?

Die Antwort ist genauso einfach wie kompliziert, denn letztendlich werden nur Menschen sie verstehen, die den Unterschied bereits kennen: Nichts kann das vertrauliche Gackern, das geschäftige Kratzen und das kollektive Staubbaden an einem Sommernachmittag ersetzen, das man als Hühnerhalter beobachten kann. Es gibt nichts Schöneres, als vormittags die handwarmen Eier aus den Legenestern zu holen, die Hühner zu füttern oder zu sehen, wie glücklich die Kinder mit den geflügelten Freunden über den Hof laufen. Schon die Freude an eigenen Hühnern ist also quasi unbezahlbar. Und letztendlich ist der Geschmacksunterschied zu gekauftem Hühnerfleisch und ebensolchen Eiern einfach nicht in Worte zu fassen. Schon rein optisch ergeben sich unfassbare Unterschiede: Während gekauftes

Hühnerfleisch, selbst in Bio-Qualität, blass und irgendwie kränklich aussieht, haben die eigenen Hühner eine viel gesündere Hautfarbe. Gleiches gilt für Eier, sogar Bio-Eier: Ein Rührei aus gekauften oder eigenen Eiern unterscheidet sich nicht nur optisch und vor allem auch vom Geruch dermaßen stark voneinander, dass man denken könnte, es handle sich um völlig unterschiedliche Lebensmittel (und im Grunde tut es das ja auch!). Vom Geschmack fangen wir erst gar nicht an, denn auch geschmacklich kommen die Supermarkteier, auch die in Bio-Qualität, bei Weitem nicht an die Eier der eigenen Hennen heran – um es einmal freundlich zu formulieren. Seit wir Eier von unseren eigenen glücklichen Freilandhühnern essen, mögen wir dementsprechend kaum noch gekaufte Eier essen. Schon das blasse Eigelb im Vergleich zum sonnengelben Dotter unserer Eier spricht eigentlich Bände.

Das gute Leben, das wir unseren Hühnern mit allen uns möglichen Mitteln bieten – gutes Futter, viel Freilauf und ganz viel Liebe und Zuwendung, scheint Grund genug zu sein, uns die

köstlichsten Eier und das bestmögliche Fleisch zu liefern. Beides kann man im Laden einfach nicht kaufen. Glückliche Hühner sind eben Geschmackssache!

10 Gemüse und Kräuter, die Du als Winterfutter für Deine Hühner im Garten anbauen kannst:

1. Möhren
2. Pastinaken
3. Futterrüben
4. Kohlrüben
5. Rote Bete
6. Grünkohl
7. Kürbis
8. Brennnesseln (trocknen)
9. Oregano
10. Kartoffeln

Achtung! Diese Dinge dürfen Hühner nicht fressen:

Zitrusfrüchte
salzige oder sehr scharfe Speisen mit zu viel Chili oder Pfeffer
Süßigkeiten
schimmlige oder verdorbene Lebensmittel
Avocados sind für Hühner giftig!

Einstreu für umsonst: *Deep Litter aus dem Wald*

Man kann durchaus einen Hühnerstall mit Heu oder Stroh einstreuen, allerdings besteht die Gefahr, dass die Hühner große Mengen davon fressen und durch die grobe Struktur der Halme eine Kropfverstopfung bekommen. Wahrscheinlicher aber ist es, dass Vogelmilben sich in den Hohlräumen der Strohhalme einquartieren und von dort aus versuchen, „die Weltherrschaft an sich zu reißen". Mit Vogelmilben ist wahrhaftig nicht zu spaßen, und man sollte alles dafür tun, diese blutsaugenden Plagegeister aus dem Hühnerstall fernzuhalten. Meiner Meinung nach gibt es keine bessere Einstreu im Hühnerstall als Sägespäne, dazu ein bisschen Laub und Gartenerde. Diese Komponenten als Tiefstreu (*deep litter*) angewendet, binden Gerüche und nehmen Flüssigkeiten gut auf, sodass die Einstreu immer relativ trocken und geruchneutral bleibt. In regelmäßigen Abständen, meist einmal pro Woche, wird eine neue Schicht oben aufgetragen. So kann man sich häufiges Ausmisten des Hauptstalles ersparen – und natürlich dementsprechend auch die Anschaffung neuer Einstreu, denn immerhin hat nicht jeder ein eigenes Sägewerk im Garten. Natürlich kann man auch Sägespäne im Großpack beim Landmarkt kaufen oder beim nächsten großen Sägewerk fragen, ob man dort unbehandelte Späne günstig erwerben kann.

Wer gar nichts für die Einstreu im Hühnerstall bezahlen möchte, kann im Herbst große Mengen trockenes Laub sammeln und das Jahr über gemischt mit ein bisschen Erde im Hühnerstall verteilen. Wem normales Laub zu grob ist, der fährt einfach mit dem Rasenmäher drüber, um es etwas zu zerkleinern. Auch trockener Grasschnitt und ein wenig Kompost darf durchaus im Hühnerstall untergemischt werden.

Es gibt verschiedene Ansichten dazu, wie und wie oft ein Hühnerstall ausgemistet werden sollte. Das hängt ein bisschen davon ab, wie groß der Stall ist, wie viele Hühner ihn bewohnen und womit er eingestreut wird. Im Idealfall werden die Kotbretter unter den Sitzstangen jeden Tag bzw. nach Bedarf abgeräumt und neu übergestreut. Dieser recht konzentrierte Mist wandert auf den Komposthaufen. Die Hauptfläche am Boden kann auf diese Weise recht sparsam bewirtschaftet werden und braucht im Grunde nur zweimal im Jahr komplett ausgemistet zu werden: im Frühling und im Herbst. In der Zwischenzeit wird nur regelmäßig neu übergestreut, im Winter mehr als im Sommer, weil die Hühner in der kalten und dunklen Jahreszeit mehr Zeit drinnen verbringen. Dadurch wächst vom Herbst bis zum Winter eine dicke isolierende Matratze heran, die zusätzliche Wärme in den Stall bringt. Da diese Tiefstreu auch lange Zeit nicht friert, wenn sie sauber und trocken ist – und das sollte sie bei richtiger Anwendung in jedem Falle sein –, können die Hühner den ganzen Winter weiterhin scharren und kratzen, selbst wenn draußen die Böden knüppelhart gefroren sind.

Wenn es ans Ausmisten geht, gibt es immer einen Grund zum Feiern, denn hier kommen große Mengen besten Materials für unseren Garten zusammen, und

zwar genau zum richtigen Zeitpunkt: im Herbst. Damit kann man die Beete vor dem Winter mit einer schützenden Decke ausstatten, Hochbeete auffüllen oder den Komposthaufen füttern, und im Frühling den Kartoffelacker oder die Beetflächen rechtzeitig vor der trockenen Zeit dick mulchen. Hierbei braucht man nicht zu fürchten, dass der Hühnermist zu scharf wirkt, denn in der Deep-Litter-Einstreu ist er so stark verdünnt, dass kein Schaden zu befürchten ist.

Von blinden Passagieren und Mietnomaden: Parasiten und Ungeziefer im Hühnerstall

Vogelmilben, Federlinge, Würmer – das sind Untermieter, die wir auf keinen Fall in unserem Hühnerstall antreffen wollen, und schon gar nicht auf den Hühnern selbst! Um den Hühnerstall frei von Schädlingen zu halten, empfiehlt es sich unter anderem, die Sitzstangen regelmäßig mit Kieselgur einzustäuben. Dieses Pulver erstickt quasi die kleinen Übeltäter, die tagsüber am liebsten auf der Unterseite der Schlafstangen sitzen und darauf warten, sich in der Dunkelheit über die hilflosen Hühner herzumachen. Dieses gilt es unbedingt zu verhindern, denn die Hühner können durch starken und langfristigen Befall mit Vogelmilben sehr geschwächt werden. Das passiert nicht nur durch Blutarmut, sondern auch durch Schlafentzug und starken Juckreiz. Darum unbedingt regelmäßig die Sitzstangen und Nester auf die krabbelnden Untiere kontrollieren und darauf achten, ob die Hühner sich übertrieben viel kratzen oder gar abends nicht mehr auf ihre Sitzstangen gehen möchten.

Auch Federlinge, die für ein struppiges Aussehen der Hühner sorgen, weil sie sich an den Federn unserer Freunde zu schaffen machen, oder Räudemilben, die die gefürchteten Kalkbeine verursachen, können ebenfalls mit Kieselgur gut in Schach gehalten werden. Gegen Kalkbeine helfen außerdem warme Bäder in einem Eimer mit warmem Wasser, einem guten Spritzer grüner Seife und einigen Tropfen Teebaumöl. Auch Ballistol, ein bekanntes Mittel zur Waffenreinigung, hilft sehr gut gegen Ungeziefer und raue Hautstellen. Nur eines darf man nicht tun: Die Augen verschließen und hoffen, dass sich die Dinge von selbst lösen, denn das tun sie nicht. Diese winzigen Plagegeister haben nämlich alle eines gemeinsam: Sie vermehren sich rasend schnell und nahezu ungebremst, wenn man ihnen nicht energisch Einhalt gebietet – in erster Linie

den Hühnern zuliebe, aber natürlich möchte man selber auch frei von all diesen blinden Passagieren bleiben! Ein täglicher Spritzer Apfelessig im Trinkwasser hilft den Hühnern ebenfalls, Parasiten abzuwehren und steigert die Gesundheit unserer gefiederten Freunde.

Bei der Hühnerhaltung besteht leider auch immer die Gefahr, durch das Futter Mäuse und Ratten anzuziehen. Diese können Krankheiten übertragen, aber auch jungen Hühnern und vor allem Küken durchaus gefährlich werden. In erster Linie aber verursachen sie deutlich höhere Futterkosten, da sie selten alleine kommen, sondern gern mit der gesamten Großfamilie anrükken, um sich an den gedeckten Tisch zu setzen – sprich: die Futternäpfe zu plündern. Hier können hochgehängte Futterspender eine gute Lösung sein. Da haben Mäuse keine guten Chancen. Allerdings sind Ratten durchaus kreativ. Sollte man auf diese Weise noch immer zu viele ungebetene Gäste einladen, empfiehlt es sich, den Hühnern immer nur die Futtermenge anzubieten, die sie auch direkt aufpicken, sodass nichts übrig bleibt. Wir füttern also lieber drei- bis viermal täglich, damit keine Futterreste die lästigen Nager auf den Plan rufen können. Ab und zu größere Mengen aufzufüllen, weil man mal ein paar Stunden wegfahren muss oder will, stellt aber selten ein Problem dar.

Vorbeugen ist besser als heilen – Erste Hilfe für Hennriette

Ganz egal, wie viel Mühe wir uns geben, unseren Hühnern ein möglichst gutes, gesundes und artgerechtes Leben zu bieten, es ist nie ausgeschlossen, dass doch mal eines krank wird. Zu den häufigsten Erkrankungen bei Hühnern gehören Kropfverstopfung und Legenot. Man erkennt die Kropfverstopfung an einem festen, harten und übervollen Kropf. Das Huhn frisst nicht und kann Speichel absondern. Bei der Legenot verrät sich die Henne durch eine angespannte Haltung, die an einen Pinguin erinnert. Sie sucht wiederholt das Legenest auf, kann aber kein Ei ablegen. Mit etwas Geschick fühlt man

das Ei durch vorsichtiges Abtasten des Bauches Richtung Kloake.

Glücklicherweise kommt beides nicht oft vor. Man sollte aber misstrauisch werden, wenn sich ein Huhn anders verhält als sonst, nicht frisst, apathisch wirkt oder sich von der Gruppe absondert. Gegen beide Erkrankungen helfen Ruhe, Wärme und Entspannung, eventuell sogar ein warmes Bad. Leichte Massagen des Kropfes bzw. des Legedarms können Abhilfe leisten. Bei der Legenot muss man um jeden Preis vermeiden, dass das Ei im Huhn kaputtgeht, aber natürlich muss es den Weg nach draußen finden. Die Kloake mit etwas Öl geschmeidig zu machen, soll helfen. Ich muss allerdings dazusagen, dass ich noch keinen Fall hatte, wo ich derartig hätte eingreifen müssen. Bisher scheinen alle Eier noch den Weg von allein ins Freie gefunden zu haben. Ich denke, dass Legenot vor allem ein Problem bestimmter Rassen ist. Da unsere Blumenhühner und Mischlinge tendenziell eher kleine Eier legen, scheint es hier weniger Probleme zu geben. Auch mit Kropfverstopfung hatten wir bisher nur ein einziges Mal Probleme. Gutes, gesundes Futter, vor allem frisches Grünfutter, und ganz viel Bewegung und Freilauf sind meiner Meinung nach der beste Garant für eine gute Gesundheit (bei Tier und Mensch!).

Sowohl gegen Milben und Federlinge als auch gegen Würmer hilft vorbeugend eine regelmäßige Fütterung mit geriebenen Möhren, Olivenöl und/oder Kokosöl, Oregano, Knoblauch und – wie gesagt – Apfelessig. Im Winter kann man Bierhefe (B-Vitamine) und Hagebutten füttern, um die Hühner zusätzlich zu stärken. Auch Quark, warmer Haferbrei oder getrocknete Mehlwürmer geben zusätzliche Kraft und können müde Hühner wieder munter machen.

Leider kann es auch vorkommen, dass einmal ein Huhn stirbt – trotz guter Haltung und optimaler Fütterung – und ganz jenseits des persönlichen Plans für Hühnersuppe oder Brathähnchen. Auch, oder gerade als Selbstversorger muss man damit rechnen, dass es nicht immer nur perfekt läuft. Die Selbstversorgung hat auch Schattenseiten! Diese jedoch sollten uns auf keinen Fall davon abhalten, unseren Traum zu leben. Wir müssen nur darauf gefasst sein, dass es einmal richtig schlecht laufen kann. Auch in schwierigen Situationen besonnen zu reagieren und nicht den Mut zu verlieren, ist eine große Herausforderung. Wenn man sie jedoch antritt, kann man nur daraus lernen und daran wachsen.

Nicht nur zu Ostern: Frische Eier das ganze Jahr

Das Gerücht, Eier seien nicht besonders gesund und würden den Cholesterinspiegel anheben, hat sich inzwischen glücklicherweise bei den meisten Menschen aufgeklärt. Denn ganz im Gegenteil sind Eier eines der gesündesten Lebensmittel überhaupt: Sie enthalten viele Vitamine und Mineralien. Außerdem sind sie natürlich unglaublich lecker und vielseitig in der Küche einsetzbar – und sie machen, im Gegensatz zu vielen Gemüsesorten, richtig satt und sind somit zumindest für uns ein unverzichtbarer Bestandteil unseres Speiseplans.

Wie viele Eier man am Tag oder in der Woche benötigt, ist natürlich individuell sehr verschieden. Wir essen beispielsweise jeden Morgen ein Frühstücksei, also jeder von uns. Auch zum Abendessen darf ein Ei pro Person eigentlich nicht fehlen. Dazu kommen Eier zum Backen oder Kochen – da kommt schon ganz schön was zusammen. Wenn wir also nur von zwei Eiern pro Tag und Person ausgehen, benötigen wir etwa 730 Eier pro Person in einem Jahr. Das macht sage und schreibe etwa 3000 Eier für uns als vierköpfige Familie in einem Jahr.

Wenn wir davon ausgehen, dass ein Huhn nicht jeden Tag ein Ei legt, sondern übers Jahr verteilt im Schnitt eher jeden zweiten Tag, dann bräuchten wir also theoretisch etwa 16 durchschnittlich begabte Legehennen (oder acht Hochleistungshühner, was ich ausschließe). Und so bewegt sich denn auch die Zahl unserer ausgewachsenen Hennen immer zwischen 15 und 20 Stück. In guten Zeiten, wenn die Damen nicht in der Mauser sind, wenn ihnen die Außentemperatur, Lichtverhältnisse und die Futtermenge zusagen, dann kommt es vor, dass wir einen Überschuss an Eiern haben. Im Winter jedoch sieht es schon anders aus: Die Wintermonate, vor allem in Schweden, können da schon eine Herausforderung sein, wenn das Licht und das Frischfutter rar sind. Sofern man die Eierproduktion dem Schicksal überlässt, kann man schon mal eine lange Zeit in leere Legenester schauen. Die Tage sind

einfach kurz und oftmals dunkel. Das gefällt auch den Hühnern nicht und sie hören meist auf, Eier zu legen. Zumindest schränken sie die Produktion sehr ein. Natürlich nehmen wir in Kauf, dass die Hennen auch mal Legepausen einlegen – das sei ihnen gegönnt! Aber bei allem Verständnis: Ein halbes Jahr ohne Eier geht einfach nicht, weder kulinarisch noch wirtschaftlich. Dafür sind die Futterkosten einfach zu hoch.

Seit wir aber eine einfache LED-Lampe im Stall installiert haben, die von morgens sechs Uhr bis abends neunzehn Uhr leuchtet, hat sich nicht nur das generelle Wohlbefinden der Hühner deutlich gesteigert, sondern auch die Legeleistung: Von fünfzehn Hennen haben wir im Dezember auf diese Weise noch um die zehn Eier pro Tag. Vor allem aber sind die Hühner deutlich zufriedener, selbst bei starkem Frost unter minus zehn Grad über mehrere Tage. Wer will schon den ganzen Tag im Dunkeln sitzen? Was die Temperaturen angeht, haben wir bisher noch nie irgendwelche Gegenmaßnahmen

ergriffen. Natürlich kann man den Stall dämmen oder eine Wärmelampe aufhängen, bisher sind wir aber ohne ausgekommen, und die Hühner sahen zu keinem Zeitpunkt so aus, als hätten sie damit irgendwelche Probleme.

Damit es für beide Seiten stimmt, die Tiere also nicht durch übermäßiges Eierlegen ausgelaugt werden, der Selbstversorger aber trotzdem täglich seine frischen Eier sammeln kann, gibt es eine relativ einfache Lösung: Man muss einfach nur Hennen verschiedener Altersgruppen halten, denn die älteren Hennen kommen normalerweise im Herbst oder Winter in die Mauser, dann hören sie auf, Eier zu legen, und machen eine Legepause von mehreren Wochen. Hat man aber im Frühling und Sommer Küken ausgebrütet, beginnen die Junghennen exakt zu diesem Zeitpunkt, nämlich je nach Rasse mit vier bis sechs Monaten, mit dem Eierlegen. So fangen die jungen Hennen also gerade dann an mit der Eierproduktion, wenn die älteren Damen pausieren. Perfekt, oder?

Das Einzige, worum wir uns natürlich bei Dauerfrost mehrmals täglich kümmern müssen, sind gutes Futter und warmes Wasser. Und auch, wenn warmes Wasser tatsächlich schneller friert als kaltes, gönne ich meinen Hühnern den Luxus von warmem Trinkwasser. Da laufe ich eben einmal öfter in den Hühnerstall, um unseren Damen und Herren frisches temperiertes Wasser zu bringen. Ein Schuss Apfelessig liefert ein paar Extra-Mineralien und ein Schuss Olivenöl verzögert den Frostpunkt deutlich. Die Ölschicht schwimmt oben auf dem Wasser und verhindert dadurch schnelles Einfrieren. Natürlich kann man auch eine beheizte Tränke bauen oder kaufen, Wärmematten auslegen oder ähnliche Maßnahmen ergreifen, das ist sicherlich Geschmackssache. Ich halte es nach dem Motto „Keep ist simple!“ – und für mich scheint ein Eimer mit warmem Wasser die einfachste Lösung, denn raus muss ich ohnehin, um zu schauen, ob alle wohlauf sind. Auch die Eier müssen bei starkem Dauerfrost möglichst schnell ins Haus, ansonsten platzen sie.

Eier konservieren

Wer während guter Legeperioden zu viele Eier hat, um sie alle frisch zu verbrauchen, kann sie in Kalk oder Essig einlegen oder Soleier kochen. Alle drei Varianten sind lange haltbar.

Kalkeier: Um Eier in Kalk einzulegen, sammelt man nur vollkommen saubere Eier. Gewaschen werden sie nicht, weil das die natürliche Schutzschicht zerstören würde.

Die rohen Eier stellt man mit der Spitze nach unten in ein Gefäß mit Deckel, zum Beispiel einen Topf. Darauf kommt eine Mischung aus Wasser, Salz und Löschkalk (Calciumhydroxid). Pro Liter Wasser rührt man zwei Esslöffel Löschkalk unter und gibt etwas in warmem Wasser gelöstes Salz hinzu. Dabei unbedingt Haut- und Augenkontakt mit dem Kalk vermeiden!

Auf diese Weise kann man den Topf nach und nach auffüllen. Reicht die Flüssigkeit nicht aus, wird nachgefüllt mit demselben Mischverhältnis. Die Flüssigkeit sollte immer etwa fünf Zentimeter über den Eiern stehen. Auf diese Weise sind die Eier etwa acht Monate haltbar.

Essigeier: In Essig eingelegte Eier halten etwa sechs Monate und bekommen typischerweise eine säuerliche Note. Hierfür kocht man die Eier etwa zehn Minuten hart. In einem Topf erhitzt man derweil einen Liter Essig mit Salz, Ingwer, Pfefferkörnern und zwei Chilischoten und lässt diese Mischung nach dem Aufkochen etwa zwanzig Minuten köcheln. Der Sud reicht für etwa fünfzehn bis zwanzig Eier. Die hartgekochten Eier werden geschält, in ein großes Einmachglas gestapelt und mit dem nicht mehr heißen Sud übergossen. Vor dem Verzehr sollten die Eier sechs Wochen ziehen.

Soleier: Für zehn hartgekochte Eier braucht man etwa einen Liter Sud. Dieser wird wie folgt hergestellt: Lorbeerblätter, 50 Gramm Salz, etwas Zucker, 100 ml Essig, Nelken, Senfkörner bzw. aufgelöster Senf, Kümmel und Pfeffer werden zusammen mit zwei Händen

voll Zwiebelschale und einer halbierten Zwiebel in 750 ml Wasser aufgekocht. Die Eier werden vorsichtig rundherum angeklopft, sodass die Schale leicht springt und der Sud später eindringen kann. Anschließend wird die abgekühlte Flüssigkeit über die in ein Einmachglas gestapelten Eier gegeben (Zwiebel und Zwiebelschalen entfernen). Durch die Zwiebelschalen werden die Eier gefärbt und erhalten ihre für Soleier typische Marmorierung. Mindestens drei Tage ziehen lassen, kühl und dunkel lagern.

Küken aus dem Automaten? Naturbrut vs. Kunstbrut

Wer selber Küken großziehen möchte, muss dies schon bei der Anschaffung der ersten Hühner miteinbeziehen. Viele Hybrid-Rassen haben ihren Bruttrieb komplett verloren und setzen sich selbst unter besten Haltungsbedingungen nicht in ein Nest, um zu brüten. Trotzdem haben wir zu Beginn unserer Hühnerhaltung auch hin und wieder Hybrid-Glucken gehabt, die einen guten Job gemacht haben – zumindest, was das Brüten anging. Nachdem die Küken geschlüpft waren, hat allerdings beispielsweise eine Mutter die Küken direkt verlassen und sich abends wieder zu den anderen Hennen auf die Stange gesetzt. Leider habe ich das damals erst am nächsten Morgen bemerkt, da war es für die Küken schon zu spät: Sie waren alle erfroren, weil ihnen die Nestwärme fehlte.

Die meisten Hühnerrassen bringen deutlich bessere Glucken hervor, zum

Beispiel Seidenhühner, welche als besonders gute Mütter gelten, dafür aber viel weniger Eier übers Jahr legen. Auch sämtliche bunten Gartenhühner haben normalerweise gute Mutterinstinkte. Diese sind uns sowieso die liebsten: Jedes sieht anders aus, und meist sind sie deutlich robuster als reine Rassehühner. Unserer Erfahrung nach haben die Mischlinge auch die höchste Brutbereitschaft, aber das mag auch Zufall sein, ist also ein absolut subjektiver Eindruck in Bezug auf unsere Mixe aus schwedischen Blumenhühnern und diversen anderen Gartenhühnern. Mischlinge und alte Rassen sind in jedem Fall Turbo-Hühnern, den sogenannten Lege-Hybriden, vorzuziehen. In den meisten Fällen sind es Zweinutzungs-Rassen, die sowohl für die Fleischgewinnung, aber auch als gute Legehennen geeignet sind, ohne dabei auf das eine oder das andere spezialisiert zu sein. Wer explizit nur Eier oder nur Fleisch von seinen Hühnern möchte, kann hierbei geeignete Rassen für beide Schwerpunkte finden. Hier gilt es, speziell beim Züchter nach den Bruteigenschaften zu fragen, denn der Bruttrieb kann je nach Rasse stark bis kaum ausgeprägt sein.

Von Frühjahr bis Herbst setzten sich einige Damen plötzlich in den Kopf, nun glucken zu wollen. Meist scheinbar aus heiterem Himmel – wie durch eine Eingebung gelenkt. Und dann kann sie nichts und niemand mehr von ihrem Plan abbringen. Ein Hahn in der Nähe scheint sie durchaus zu motivieren, aber auch in Zeiten, in denen wir mal keinen Hahn hatten, haben sich immer wieder Hennen zum Glucken niedergelassen. In diesem Fall muss man sich

natürlich befruchtete Bruteier von den Nachbarn besorgen oder welche bestellen. Wenn man allerdings gar keinen Nachwuchs möchte, kann man die brutwilligen Damen mit ein bisschen Glück durchaus auch wieder „entglucken". Das aber kann aufwendig und manchmal auch ein bisschen gemein sein, wenn man sie zum Beispiel ohne Nest in Einzelhaft setzt, um sie wieder auf andere Gedanken zu bringen. Manchmal funktioniert das, oft fällt ihnen ihre Mission aber sofort wieder ein, sobald man sie wieder entlässt.

In den meisten Fällen aber ist der Bruttrieb ja durchaus erwünscht. Trotzdem muss man die Glucke meist umsetzen, denn am allerliebsten lassen sich die werdenden Mütter in dem favorisierten Legenest im Stall nieder und blockieren dieses durch ihre Dauerpräsenz. Und es ist, wie es ist: Man kann, wie bereits erwähnt, als Hühnerhalter so viele Legenester in einem Stall aufbauen, wie man nur möchte, es wird immer dieses eine perfekte Nest geben, in das die meisten Hennen am allerliebsten gehen, um ihre Eier dort zu legen – oder es eben für etwa 21 Tage besetzten zu wollen, um dort zu brüten. Manchmal braucht es dann ein paar Anläufe, um die Glucke umzuquartieren, denn dort im Legenest kann sie auf keinen Fall bleiben: Sie hätte dort keine Ruhe, die anderen Hennen würden auf ihr herumturnen, neue Eier dazulegen und ein heilloses Chaos stiften. Dabei können durchaus Bruteier kaputtgehen, was natürlich nicht passieren darf. Am besten separiert man die Glucke entweder in einem extra Gluckenstall oder in einer gesicherten Kiste im Hauptstall, sodass sie ihre Freundinnen sehen und hören kann, aber nicht gestört wird. Im Idealfall hat man die entsprechende Menge Eier bereits gesammelt, sodass man, je nach Größe der Glucke, fünf bis zwölf Eier unterlegen kann, die alle etwa gleich alt und noch nicht angebrütet sind – sonst kann sich der Schlupf über einen zu langen Zeitraum hinziehen. Dies aber würde die Glucke unnötig stressen, weil sie einerseits noch die letzten Eier ausbrüten möchte, aber eigentlich bereits mit den schon geschlüpften Küken auf Futtersuche gehen müsste. Zum Lagern kann man die Eier an einem dunklen Ort, am besten in einer Eierpappe, durchaus einige Tage bei etwa fünfzehn bis zwanzig Grad lagern, Spitze nach unten. Bestellte Bruteier sollten nach ihrer Ankunft mindestens 24 Stunden ruhig lagern, bevor sie der Glucke untergeschoben werden.

Futter und Wasser müssen natürlich immer für die zukünftige Mutter erreichbar sein – und einmal täglich sollte man die Glucke unter Beobachtung freilassen, damit sie sich erleichtern und kurz Sandbaden kann, wenn sie möchte. Zumindest sollte man es ihr anbieten. Es gibt aber durchaus Hennen, die beinahe 21 Tage fest auf ihrer Brut sitzen und sich kaum bewegen. Wichtig ist, in den letzten Tagen die Henne möglichst nicht mehr rauszulassen, Futter also am besten nur noch ganz sparsam anbieten. Denn in den letzten Tagen und Stunden bildet sich ein ganz bestimmtes Klima unter der Henne: die perfekte Temperatur und Luftfeuchtigkeit, die den Küken beim Schlupf hilft. Steht die Henne auf, bricht dieses Mikroklima zusammen und die Luftfeuchtigkeit sinkt. Je trockener die Eier dann liegen, umso härter sind die Schalen, was den Schlupf erschwert. Ich habe schon davon gelesen, dass Leute das Gluckennest auf umgedrehten Grassoden einrichten, um die Feuchtigkeit zu erhöhen, manch einer befeuchtet wohl auch in trockenen Sommern ganz leicht das Nest gegen Ende der Brutzeit mit einem Wasserzerstäuber. Das sind sicherlich Möglichkeiten, die man unter bestimmten Bedingungen in Erwägung ziehen kann; ich habe es trotzdem noch nie gemacht und trotzdem gute Brutergebnisse erzielt. Trotzdem muss man damit rechnen, dass bei nahezu jeder Brut am Ende ein oder zwei Eier übrigbleiben. Nach spätestens 23 Tagen verlässt die Henne mit ihren Küken das Nest, um auf Futtersuche zu gehen. Oftmals findet man dann in den verlassenen Eiern beinah fertig entwickelte Küken, die den Schlupf nicht geschafft haben.

Gleiches gilt übrigens auch für das Brüten mit der Brutmaschine. Ein paar Eier bleiben meist übrig: Entweder waren sie unbefruchtet, oder das Küken ist beim Schlupf oder schon vorher im Ei abgestorben. Das Brüten mit der Brutmaschine hat ansonsten viele Vorteile gegenüber der Naturbrut: Man kann vollkommen unabhängig von der Brutlust einer Glucke Nachwuchs ausbrüten. Das ist vor allem praktisch, wenn man Bruteier bestellen möchte. Hier sonst das richtige Timing aus Lieferung der Eier und einer gluckenden Henne abzupassen, ist schon eine Herausforderung, die auch ein gewisses finanzielles Risiko bietet, denn Bruteier bestimmter Rassen können durchaus teuer sein. Wenn bei Eintreffen der Lieferung, die ja durchaus ein paar Tage dauern kann, die entsprechende Glucke ihren Plan, Mutter zu werden, wieder aufgegeben hat, steht man da mit seinen Bruteiern. Da fährt man mit einer Brutmaschine schon sicherer – sofern man selbst zuverlässig ist. Natürlich gibt es auch Brutvollautomaten, die das Wenden und Lüften vollkommen selbstständig lösen, aber das ist auch eine Preisfrage. Wir haben uns damals für eine Brutmaschine entschieden, die zwar die Eier selber drehte, das Lüften mussten wir jedoch selbst übernehmen. Ein kleiner gut gemeinter Tipp: Es hilft ungemein, sich eine Eieruhr oder die Zeituhr am Handy zu stellen, damit man nicht vergisst, den Deckel wieder zu schließen, weil man nur mal eben … Ich weiß, wovon ich spreche. Kleine Unregelmäßigkeiten in der Temperatur tolerieren die Eier meist erstaunlich gut, aber zu niedrige Temperaturen über einen längeren Zeitraum wirken sich zumindest negativ auf die Schlupfrate aus. Im schlimmsten Fall sterben die Embryonen ab. Auch von den Außentemperaturen macht einen eine Brutmaschine unabhängiger:

So kann man viel früher im Frühling mit dem Brüten beginnen, wenn die Hennen draußen im Stall noch nicht einmal im Traum über Nachwuchs nachdenken.

Allerdings muss man sich darüber im Klaren sein, dass man in so einem Fall eine lange Zeit mit den Küken herumhökern und sie in einer Kiste unter einer Wärmelampe oder -platte im Haus geschützt halten muss. Das kostet nicht nur eine Menge Strom, man weiß auch erst, was Küken für eine unfassbare Menge Staub verursachen können,

wenn man einmal eine Zeit lang welche im Haus hatte. Ein extra eingerichteter Raum wäre eine bessere Alterative, auch wegen der Lärmkulisse und Geruchsentwicklung, die proportional zum Wachstum der Küken ansteigt, egal, wie gut und oft man ausmistet. Von Strom, Lärm und Geruch einmal abgesehen, kann es einen durchaus erstaunen, wie viel Zeit und Zuwendung so eine Horde Küken ohne Mutter machen kann, wenn man es richtig gut machen möchte und hohe Ansprüche an das Wohlergehen seiner Schützlinge hat. Temperatur kontrollieren, ständig sauberes Wasser nachfüllen, Futter mischen und beobachten, ob alle gesund und munter sind.

Wenn man kein fertiges Kükenfutter kaufen möchte, kann man es auch selbst mischen. Zumindest für die ersten Tage nach dem Schlupf, ob nun aus Natur- oder Kunstbrut, mischen wir Haferflocken mit Wasser oder Hafermilch zu einem Brei. Dazu kommt ein hartgekochtes, kleingehacktes Ei, etwas Olivenöl und ein wenig Oregano. Im besten Falle ergänzt man das Ganze noch mit sehr fein geschnittenem Grün von Brennnessel, Löwenzahn, Vogelmiere, Giersch oder Salat und gibt Bierhefe und geriebene Möhren hinzu. Diese Mischung ist ein perfektes Starterfutter – und ggf. auch ein gutes Aufbaufutter für die Glucke, die sich nach all den Tagen Entbehrung durchaus ein bisschen was Gutes verdient hat. Auf keinen Fall aber sollte man ausschließlich Haferflocken füttern, denn diese können als Alleinfutter mehr Schaden als Nutzen anrichten.

Ob man sich für Kunst- oder Naturbrut entscheidet, ist in erster Linie eine Gefühlssache, beides hat seine Vor- und Nachteile. Natürlich ist eine Brut per Maschine praktisch und auch effektiver, weil man viel mehr Küken gleichzeitig ausbrüten kann. Trotzdem kann einem das Piepsen der Küken all die Tage und Wochen im Anschluss durch Mark und Bein gehen, wenn man bedenkt, dass es sich hierbei um nichts Anderes handelt als um das Piepen des Verlassenseins, was ein unentwegtes Rufen nach der Mutter bedeutet – einer Mutter, die diese Küken gar nicht haben. Diesen Fakt kann man durchaus verdrängen, vor allem wenn man die Küken nicht im Wohnraum hält. Es kann einem aber auch den Spaß an der Brutmaschine komplett verderben. Vor allem wenn man einmal den Vergleich erlebt hat, wie fürsorglich und absolut hingebungsvoll sich eine Glucke um ihre Küken kümmert, wie sie einzelne kleine Krümel vom Futter auswählt, um sie ihren Kindern hinzulegen, und welche liebevollen Geräusche sie ihnen zuflüstert, um sie zurück ins Nest zu rufen. Und nichts, wirklich nichts, geht über den Anblick von kleinen Küken, die ihre winzigen plüschigen Köpfchen aus dem warmen Gefieder ihrer Mama stecken, um aus der dortigen Sicherheit neugierig herausspähen. Das ist der Inbegriff von Glückseligkeit und Schutz! Wenn die Glucke mit den Küken später auf Wanderschaft geht und ihnen die große weite Welt auf dem Hof zeigt, verteidigt sie ihren Nachwuchs wie eine Löwin gegen alles, was sich ihnen nähert: fremde Menschen, andere Hühner – oder, wie bereits erwähnt, im Notfall auch gegen Greifvögel.

Gärtnern mit glücklichen Hühnern

Die meisten Hühnerhalter halten ihre gefiederten Mitbewohner in Volieren oder großzügigen Freigehegen – es gibt aber eine wachsende Anzahl von Menschen, die ihre Hühner mehr ins alltägliche Leben und somit auch in ihren Garten integrieren möchten: Eine Schar freilaufender Hühner bei der Gartenarbeit um sich zu haben, hat eben einen ganz besonderen Charme. Das muntere Plaudern und emsige Scharren umgibt sofort alles mit einer großen Wolke von Zufriedenheit und Entspannung. Zugegeben: Oftmals kommt die Gartenarbeit etwas in Stocken, wenn die Hühner erst einmal in der Nähe auftauchen, weil man erstens nicht mehr so schnell hacken und graben kann, damit kein Huhn aus Versehen zu Schaden kommt, vor allem aber, weil man einfach ständig innehalten und die Hühnerbande beobachten muss. Nichts ist so beruhigend und meditativ wie Hühnerkino!

Es ist allerdings kein Geheimnis, dass Hühner absolut keinen Sinn für

Ästhetik haben – und schon gar nicht für einen liebevoll angelegten Blumen- oder Gemüsegarten. Vor allem junge Gärten haben es schwer, sich gut zu entwickeln, wenn eine Horde Neuzeit-Raptoren durch die Beete zieht. Solange frische, nackte Erde mit jungen Pflanzen oder gerade getätigten Aussaaten zu sehen ist, kennen die Hühner kein Halten. Es wird gekratzt, gescharrt und gegraben, bis kein Erdkörnchen mehr auf dem anderen liegt. Hier kommen sich Hühnerliebe und Gartenliebe schnell mal in die Quere, denn kein Gärtner kann es mitansehen, wie sein mühevoll gehegtes Stück Land innerhalb kürzester Zeit in eine Steppe verwandelt wird. Es sei denn, er plant ohnehin gerade die Neuanlage einer Fläche. Denn in diesem Fall helfen die Hühner garantiert voller Begeisterung mit, die Fläche von Bewuchs zu reinigen und anschließend aufzulockern.

Ein älterer, richtig eingewachsener Staudengarten mag einer gewissen Anzahl Hühner standhalten, wenn auch mit geringen Verlusten hier und da. Dafür suchen die Hühner Schnecken und andere unerwünschte Fressfeine aus den Blumenrabatten. Hier kann man sicherlich einen Kompromiss machen. Für alle anderen Gartenflächen aber lohnt es sich, darüber nachzudenken, wie man Blumen, Gemüse und freilaufende Hühner miteinander in Einklang bringen kann, ohne dass jemand zu Schaden kommt.

Wer seine Hühner nicht dauerhaft einsperren will, kann natürlich seinen Gemüsegarten stattdessen mit einem hübschen Zaun umgeben. Unser

Gemüsegarten zum Beispiel ist ja ohnehin durch die Hochbeete mit aufgesetztem Wildzaun gegen jegliche Eindringlinge gesichert. Für unseren Kartoffelacker und das Tomatenhaus habe ich hingegen einen Zaun aus Rest- und Wildholz gebaut: Zuerst haben wir in regelmäßigen Abständen von etwa zwei Metern aufrechte Zaunpfähle gesetzt und daran jeweils drei bis fünf Querplanken genagelt, die beim Blockhausbau als Restmaterial abgefallen waren. Zum Schluss habe ich mir aus unserem Wald unzählige Weiden- und Birkenruten geholt und diese durch die Querlatten gewebt, um sie anschließend unten in die Erde zu stecken. Auf diese Weise ist ein vollkommen kostenloser und, wie wir finden, wunderschöner Naturzaun entstanden, der sogar zu einer lebendigen Hecke werden kann, wenn man anfangs die Ruten wässert, sodass sie Wurzeln schlagen können. Sollten Lücken im Zaun entstehen, kann man jederzeit problemlos neues Material aus dem Wald holen und diese flicken. Diese rustikale Umzäunung hält nicht nur Hühner fern, sondern bisher sogar Rehe, Elche und Wildschweine.

Aber neben eigenem Gemüse und Kartoffeln möchten wir natürlich auch nicht auf eine sommerliche Blütenpracht rund um Haus und Garten verzichten. Einfache Beete mit Sommerblumen haben bei unserer freilaufenden Meute allerdings keine Chance. Glücklicherweise wächst ohnehin ein Großteil meiner Blumen innerhalb des Gemüsegartens, da diese dort als Bienenweide und Insektenmagneten dienen. Aber auch direkt am Haus wollen wir es gern blühen sehen. Diesen

Bereich auch noch einzuzäunen, ist langfristig eine Option; bisher aber gab es andere Prioritäten. Darum habe ich mich in erster Linie vorerst für andere Hühner-sichere Alternativen entschieden: Große Blumenkübel sind in jedem Fall die einfachste und schnellste Lösung. Bis die Pflanzen im Kübel eine stabile Größe erreicht haben, lege ich entweder Steine mit in den Topf, oder ich stecke mehrere Zweige aufrecht mit hinein und verbinde sie oben zu einer Art Tipi. Das hält die Hühner in den meisten Fällen davon ab, in den Topf zu klettern und diesen zu plündern. Wer genug Steine und Muße hat, kann diese Variante natürlich auch im großen Stil im Beet testen.

Auch Zaunelemente oder Maschendraht können helfen, bis die Pflanzen groß genug sind, den Kratzattacken standzuhalten. Entweder legt man diese Gitter direkt über die Pflanzen oder aber man stellt sie leicht schräg, beispielsweise an eine Hauswand oder einen Zaun. Natürlich kann man sich auch die Mühe machen, jedes Blumenbeet einzeln zu umzäunen. Hier muss jeder selbst abwägen, wie wichtig entweder die Blumen oder die Anwesenheit von freilaufenden Hühnern im Garten sind. Eine weitere Idee, um Blumen und Kübelpflanzen vor den marodierenden Hühnern zu schützen, ist es, diese einfach hochzustellen. Ganz im Sinne von „aus den Augen, aus dem Sinn“ habe ich damit ganz gute Erfahrungen gemacht, die Töpfe einfach auf eine selbstgebaute Bank oder einen ausrangierten Tisch zu stellen. Selbst alte Stühle ohne Sitzfläche eignen sich perfekt, um darin Blumenkübel einzulassen und diese dadurch eine Etage höher zu stellen – zusätzlich entstehen so wunderschöne und individuelle Stillleben und alte Scheunenfunde kommen zu neuen Ehren.

PUTEN – GEFLÜGELTE STRAUCHDIEBE

Wer bereits Hühner hält, kann es durchaus auch mit Puten versuchen, denn Puten und Hühner sind durchaus WG-tauglich. Allerdings sollten mindestens die Schlafplätze getrennt voneinander sein, denn immerhin sind Puten deutlich größer und schwerer und brauchen dementsprechend stärkere Sitzstangen mit mehr Abstand zur Wand. Idealerweise laufen Hühner und Puten tagsüber zusammen, haben aber getrennte Ställe. Puten sollten zudem möglichst trocken gehalten werden, um eine Fußballenentzündung zu vermeiden. Hier sind sie deutlich anspruchsvoller als Hühner. Um Puten und Hühner zu vergesellschaften, bietet es sich an, eine Gruppe junger Puten in einer bereits bestehenden Gruppe von Hühnern aufwachsen zu lassen. So sind die Kräfteverhältnisse vorerst fairer verteilt. Puten benötigen spezielles Putenfutter, wobei alte Rassen auch mit dem Hühnerfutter gut zurechtkommen. Bei der Aufzucht sollte man jedoch auf eine erhöhte Eiweißzufuhr achten und auf jeden Fall Bierhefe zufüttern.

Auch wir haben es nach vielen Jahren Hühnerhaltung einfach mal darauf ankommen lassen: Eigentlich sollten es Julians Puten werden! Ich wollte auf keinen Fall Puten haben, da ich zu oft gelesen hatte, Puten seien kompliziert und vollkommen hysterisch. Und optisch – nun ja, wenn man nichts Nettes zu sagen hat, soll man bekanntlich lieber schweigen. Kurzum: Meine Begeisterung für Puten war eher gering (von der Vorstellung, in eine saftige Putenkeule zu beißen, einmal abgesehen). Aber Julian wollte Puten. Also bestellte er zehn Bruteier, legte sie in unsere Brutmaschine und brütete seine Puten aus.

Was da schlüpfte, war eine Mischung aus Hühnerküken und dem hässlichen Entlein: Hilflose kleine Frankensteins im Inkubator. Julians Kindergarten. Ich hielt mich vollkommen zurück und hatte glücklicherweise genug mit meinen Hühnerküken und dem Garten zu tun. Aber ab und zu musste ich natürlich mal nach dem Rechten schauen, ob die kleinen hässlichen Vöglein genug Wasser hatten, ob das Futter aufgefüllt war, ein bisschen Grünzeug vorbeibringen, das ich ja sowieso gerade im Garten gepflückt hatte. Und dann, als sie irgendwann der Aufzucht-Kiste entwachsen waren und draußen im Garten herumstromerten, da hingen sie mir plötzlich buchstäblich am Rockzipfel. Sie waren einfach überall: auf dem Grill (etwas voreilig …), auf dem Auto, dem Quad, dem Trecker, dem Feuerholz, in den Blumentöpfen, im Wäschekorb. Sie stahlen Strümpfe und Unterhosen vom Wäscheständer, sie plünderten offene Futtersäcke und glänzende Deko-Gegenstände, sie zwickten in Finger und

Wadenbeine – aber man konnte ihnen einfach nicht böse sein!

Immer wieder sagte ich mir: Ich wollte mich da doch völlig raushalten. Und überhaupt: Sie sollten doch hässlich und unsympathisch sein. Okay, über „hässlich“ können wir streiten, aber unsympathisch: definitiv nicht! Und so haben diese „geflügelten Ziegen“ neben all den Socken, meinen neuen Handschuhen und diversen anderen Gegenständen klammheimlich noch etwas gestohlen …

Auch wenn immer wieder empfohlen wird, man solle Hühner und Puten auf keinen Fall gemeinsam halten, weil die Puten die Schwarzkopfkrankheit auf die Hühner übertragen können, haben wir es dennoch ausprobiert – mit besten Erfahrungen. Voraussetzung ist natürlich eine besondere Stallhygiene, aber das sollte ohnehin selbstverständlich sein. Die Puten sollen außerdem durch ihre Körpergröße und ihr lautes Rufen Greifvögel von den Hühnern fernhalten. Unsere Puten wussten davon allerdings nichts. Sie hatten mehr oder weniger panische Angst vor den Hühnern und ergriffen jedes Mal schreiend die Flucht, wenn eine Gruppe Hühner auf sie zukam. Uns gegenüber jedoch waren sie mehr als zutraulich. Wenn ich mit den Kindern auf dem Rasen vor dem Haus Picknick machte oder mit Kaninchen und Meerschweinchen im Gras saß, ließen die Puten nicht lange auf sich warten. Und wenn doch, brauchten wir sie nur zu rufen. Mit ihrem ganz eigenen Schlachtruf kamen sie sofort aus irgendeiner illegal eroberter Ecken angerannt und wollten dabei sein, Futter abstauben oder sich streicheln lassen. Nur Julian gegenüber blieben sie scheu und zurückhaltend, obwohl es doch eigentlich seine Puten waren. Ich glaube, sie hatten vielleicht so eine Ahnung ...

Jedenfalls waren wir allesamt begeistert von unseren ersten eigenen Puten (von einigen Eskapaden einmal abgesehen).

Invasion der Außerirdischen! Ob sie wirklich nur nach Hause telefonieren wollen oder doch die Weltherrschaft an sich reißen ... Wir wissen es nicht, aber sie sind überall! Rosmerta und ihre Gang der schwedischen Zwergputen – das sind die neugierigsten und irgendwie lustigsten Selbstversorger-Tiere, die wir je hatten ...

Wäre da nicht eine lange Zeit mit Stallpflicht gewesen, hätten wir sicherlich einen Puter und zwei Hennen behalten, so wie wir es eigentlich geplant hatten. Diese neugierigen, verspielten und unternehmungslustigen Tiere jedoch Monate lang im Stall einzupferchen, kam für uns jedoch nicht infrage, und so landeten sie zu unserem Kummer allesamt in der Tiefkühltruhe. Das war sehr schade, denn die Putenhaltung hat uns wirklich Spaß gemacht, und das Fleisch hat wirklich extrem wunderbar geschmeckt. Auch die Puteneier sind übrigens essbar und eine echte Delikatesse. Sie sind etwas größer als Hühnereier, unterscheiden sich geschmacklich aber nicht so sehr davon. Mit ziemlich großer Sicherheit werden es also nicht „Julians“ letzte Puten gewesen sein.

KANINCHEN – IDEAL BEI WENIG PLATZ, TROTZ OPTIMALER HALTUNG

Kaninchen sind die besseren Hühner! – So oder ähnlich habe ich es schon häufiger gelesen. Dieser Ausspruch bezieht sich wohl in erster Linie auf die Fortpflanzungsfähigkeit der Kaninchen, die bei der Selbstversorgung natürlich eine große Rolle spielt: Tiere, die auf einer verhältnismäßig kleinen Fläche relativ einfach zu halten sind und sich problemlos in großer Menge fortpflanzen, sind rein wirtschaftlich gesehen für den Selbstversorger ein Volltreffer. Dazu kommt noch die Tatsache, dass Kaninchen keine Geräusche machen: lautes Krähen um vier Uhr morgens oder wildes Geschrei des Triumphes nach jeder Eiablage hat der Kaninchenhalter genauso wenig zu fürchten wie hohe Futterkosten. Denn im Gegensatz zur Hühnerfütterung ist die Beschaffung und der Anbau von geeignetem Kaninchenfutter nahezu ein Kinderspiel: Kaninchen brauchen kein Getreide und sind glücklich mit Heu, Gras und frischen Kräutern sowie hin und wieder ein bisschen Obst oder einer Möhre aus dem Garten. Das meiste lässt sich also problemlos nebenbei pflücken oder selbst anbauen, sodass hohe zusätzliche Futterkosten nahezu entfallen. Natürlich legen Kaninchen aber keine Eier, was sie eben doch nicht zu besseren Hühner macht – zumindest nicht in Bezug auf die doppelte Nutzbarkeit von Fleisch und Eiern.

Kaninchen neigen für gewöhnlich nicht dazu, über Zäune zu fliegen, um den Garten zu verwüsten. Dafür können sie sich aber bekanntlich unter Zäunen hindurchgraben. Ein Punkt, den es bezüglich Stall und Freigehege zu bedenken gilt. Viele Menschen wollen ihren Kaninchen nicht mehr die traditionelle Einzelhaltung in kleinen Ställen zumuten und halten ihre Tiere deshalb in größeren Gruppen in großzügigen, der Natur nachempfundenen Freiläufen entweder drinnen in einer Scheune oder Ähnlichem oder aber in großen Outdoor-Gehegen. Dieses sogenannte Koloniesystem ermöglicht es den Tieren, ihren natürlichen Vorlieben wie Springen, Rennen, Hakenschlagen,

Kuscheln und Buddeln nachzugehen. Eine Fläche von zehn Quadratmetern reicht schon aus, um eine artgerechte Haltung zu gewährleisten.

Es empfiehlt sich zum Beispiel, eine Gruppe von Zuchttieren zu halten, also einen Rammler und zwei Zippen, die sich relativ ungehindert fortpflanzen dürfen. So kann eine Zuchtgruppe von drei Tieren übers Jahr ausreichend Nachkommen zeugen, die je nach Alter mit etwa zwölf bis sechszehn Wochen zum Schlachten entnommen werden – natürlich bevor die Geschlechtsreife einsetzt. Wenn man ganz sichergehen will, baut man zwei zusätzliche Ausläufe, um die Jungs von den Mädels zu trennen. Inzucht ist bei Schlachttieren zwar ein untergeordnetes Problem, aber man will natürlich keine trächtigen Tiere schlachten.

WACHTELN – AUF UNSERER WUNSCHLISTE GANZ OBEN!

Wir haben zwar bisher noch keine eigenen Wachteln gehalten, aber diese kleinen Tierchen mit den wunderschön gesprenkelten Eiern faszinieren uns schon länger. Und sie stehen definitiv auf unserer Wunschliste! Wachteln sind die kleinsten Hühnervögel, und es gibt sie in verschiedenen Farbschlägen und -größen.

Anders als Hühner können Wachteln nicht frei auf dem Hof herumlaufen, weil sie nicht so standorttreu sind wie diese. Dementsprechend würden sie schlimmstenfalls einfach irgendwo verschwinden. Selbst zum Schlafen suchen sie nicht zwangsläufig den heimischen Stall auf, sondern suchen sich ein feines Plätzchen, wo sie gerade unterwegs sind – eine leichte Beute für Füchse und Co. Von einer gemeinsamen Haltung mit Hühnern ist also ebenfalls abzuraten. Die Bedürfnisse sind einfach zu verschieden. Die Haltung von Hühnern und Wachteln nebeneinander in verschiedenen Gehegen ist hingegen kein Problem.

Am besten hält man mindestens fünf bis sechs Wachteln in einer großen Voliere mit angeschlossenem Offenstall, der vom Aufbau ähnlich dem eines Hühnerstalles ist: also hell, aber nicht zu warm, luftig, aber nicht zugig, und trocken, wobei man pro Quadratmeter Stallfläche nicht mehr als fünf Wachteln halten sollte. Wachteln schlafen, anders als die meisten Hühnerrassen, nicht erhöht auf Stangen, sondern auf dem Boden. Dieser muss entsprechend besonders sauber und gut gepflegt sein. Die Einstreu besteht am besten aus *Deep Litter* (Tiefstreu), Vogelsand, Rindenhäcksel oder Mutterboden – oder einer Mischung daraus. Einzelne große Steine im Gehege helfen den Wachteln, ihre Füße sauber zu halten.

Wachteln essen kein Hühnerfutter, sondern brauchen als Hauptfutter ein spezielles Wachtel-Legefutter. Zusätzlich füttert man Gras, Klee und Wildkräuter sowie Grit zur freien Aufnahme als Mineralienlieferant und zum Verarbeiten der Nahrung im Muskelmagen.

Die Voliere sollte zum Wetterschutz überdacht sein. Außerdem darf sie nicht zu niedrig sein, da Wachteln recht schreckhaft sein können und sich beim Aufflattern das Genick brechen könnten, wenn sie nicht genügend Raum nach oben haben. Idealerweise baut

man sie so, dass man selbst bequem darin stehen kann. Dann ist es sowohl für die Wachteln als auch für das Pflegepersonal, sprich: den Wachtelhalter, angenehm und ungefährlich. Denn wer stößt sich beim Ausmisten und Füttern schon gern ständig den Kopf an einer zu niedrigen Voliere?

Tendenziell sind Wachteln nicht ganz so zutraulich wie Hühner, wobei es ja auch hier sehr große Unterschiede gibt, die wohl hauptsächlich darauf zurückzuführen sind, wie intensiv sich der Besitzer mit seinen Schützlingen befasst. Ich habe schon von Wachteln gelesen, die zum Kuscheln und Fressen genauso auf den Schoß kommen – und sogar schon vor lauter Entspannung dort ein Ei gelegt haben. Wie zahm eine Wachtel wird, kann außerdem an der Zuchtlinie liegen: Wenn man nur auf äußere Merkmale züchtet, scheinen sich eher scheuere Tiere zu entwickeln. Wer aber nur nach den inneren Werten geht, kann durchaus eine relativ zahme Zuchtlinie hervorbringen. Einen Hahn zu halten, ist nicht unbedingt notwendig. Wenn man aber mit seinen Wachteln selbst brüten will, geht es natürlich nicht ohne. In diesem Fall muss man sich natürlich, genauso wie bei der Hühnerhaltung, rechtzeitig mit dem zu erwartenden Hahnenüberschuss auseinandersetzen. Vermitteln der Hähne ist möglich, aber nicht immer leicht, womit man auch bei der Wachtelhaltung über das Thema Schlachten sprechen muss.

Wachteln sind sehr früh legereif, das heißt, sie beginnen bereits mit sechs bis acht Wochen mit dem Eierlegen. Von April bis Oktober kann man täglich mit einem Ei rechnen, danach kommen die Tiere in die Mauser. Anschließend beginnt die Winterpause. Wachteleier sind nicht nur wunderschön, sondern auch sehr gesund, ihnen wird sogar eine heilende Wirkung nachgesagt. Sie bereichern also nicht nur den Speiseplan, man kann sie auch hervorragend zu Dekorationszwecken weiterverwenden, wenn man sie vorsichtig ausbläst, so wie man es bei Ostereiern macht. Ein selbstgemachter Türkranz oder ein Einmachglas voller Wachteleier sind ein wunderschöner Blickfang – nicht nur zu Ostern!

ENTEN – DIE BESSEREN HÜHNER?

Wer einen Teich hat, denkt vielleicht auch an Entenhaltung. Enten sind im Gegensatz zu Hühnern Wasservögel und brauchen unbedingt täglichen Zugang zu frischem Wasser für ihre Körperpflege und ihr Wohlbefinden. Diesen Zugang kann man selbstverständlich auch ohne Teich gewähren, aber dies ist mit einem nicht geringen Aufwand verbunden: Enten neigen dazu, eine unglaubliche Sauerei zu veranstalten, und gerade im Sommer muss das Wasser häufig gewechselt werden. Im Winter wiederum hat man eventuell Probleme mit Frost. Hier sollte man sich vorher ganz genau überlegen, ob man Lust, Zeit und Möglichkeit hat, jeden Tag bei Minusgraden mit eiskaltem Wasser zu hantieren.

Eine gemeinsame Haltung von Enten und Hühnern ist möglich, aber nicht ideal, da die Enten wie gesagt dazu neigen, den Stall- und Fressbereich extrem schnell zu verdrecken. Getrennte Ställe sollten also in jedem Fall angeboten werden, wenn schon der Freilauf geteilt wird. Dieser sollte je nach Anzahl der Tiere mindestens 150 Quadratmeter groß sein, damit er nicht innerhalb kürzester Zeit vollkommen verwüstet wird. Die Stallfläche selbst beträgt mindestens 0,5 bis 1 Quadratmeter pro Tier.

Enten sind Allesfresser und fressen vor allem Grünfutter wie Gras, Wildkräuter, Gemüse oder Wasserpflanzen, aber auch Körner und Küchenreste wie gekochte Kartoffelschalen, außerdem Insekten, Würmer, kleine Frösche oder Schnecken. Getrocknetes Brot ist weniger geeignet. Auch und gerade bei der Futteraufnahme veranstalten sie eine riesige Unordnung, sind aber ansonsten angenehme Mitbewohner, die selten Lärm machen.

In der Regel werden Warzen- oder Stockenten gehalten, die allesamt gute Zweinutzungsrassen sind. Auch indische Laufenten erfreuen sich großer Beliebtheit, um die Schnecken unter Kontrolle zu halten. Diese sind zur Fleischnutzung jedoch weniger geeignet. Entenweibchen legen je nach Rasse zwischen 40 und 150 Eiern pro Jahr, brüten recht zuverlässig und sind meist gute Mütter. Ein Entenei wiegt im Durchschnitt etwa 70 Gramm, ein Hühnerei im Vergleich durchschnittlich nur 55 Gramm. Enteneier haben zudem mehr Nährstoffe

als Hühnereier: Sie enthalten höhere Dosen an Eisen, Vitamin B12, Omega-3-Fettsäuren, Vitamin D und Protein. Durch die dickere Schale sind sie außerdem länger haltbar als Hühnereier. Oft wird empfohlen, die Enteneier mindestens zehn Minuten hart zu kochen, das beeinträchtigt jedoch den Geschmack nicht immer positiv. Uns haben auch Spiegeleier und weichgekochte Enteneier immer gut geschmeckt und sind uns hervorragend bekommen.

HONIG VON EIGENEN BIENEN – ODER LIEBER TAUSCHHANDEL?

Um über das Thema Bienen ausreichend zu informieren, fehlt mir die persönliche Erfahrung, denn bisher haben wir aus verschiedenen Gründen keine eigenen Bienen gehalten, obwohl wir natürlich gern Honig essen, und uns die Wichtigkeit von Bienen für die Natur vollkommen bewusst ist. Auch bewusst ist uns aber, dass Bienen und Honigherstellung nicht nur ein Hobby nebenbei sind, sondern dass je nach Aufwand und Ansprüchen ziemlich viel Arbeit dahintersteckt – wahrscheinlich mehr, als manch einer denkt. Da wir die Dinge gern richtig und ordentlich machen wollen, haben wir uns aus Zeitgründen bisher nicht dazu durchringen können.

Da wir bisher außerdem immer Freunde, Bekannte oder Nachbarn mit Bienen in der Nähe hatten, bot es sich für uns immer an, Honig zu tauschen gegen etwas, von dem wir einen Überschuss hatten: Gemüse, frische Erdbeeren, Marmelade oder Ziegenkäse zum Beispiel. Ein Austausch von Waren und Erfahrungen kann in vielerlei Hinsicht umso fruchtbarer sein.

Wer sich für die Bienenhaltung interessiert, sollte beim örtlichen Imkerverein vorbeischauen und dort mit Profis sprechen, Informationen einholen und sich gründlich beraten lassen. Dort werden meist auch Imker- und Honiglehrgänge angeboten oder vermittelt.

ZIEGEN UND SCHAFE – DENN MILCH WÄCHST NICHT IM TETRAPACK

Alle, die noch ein bisschen mehr wollen als nur Fleisch und Eier von den eigenen Tieren, denken früher oder später über Milchziegen oder Milchschafe nach. Selbst melken, käsen oder Joghurt machen – das ist einfach eine himmlische Vorstellung. Und es ist auch tatsächlich himmlisch, wenn man ein paar Dinge beachtet.

Der wohl wichtigste Punkt bei der Ziegenhaltung ist ein guter und wirklich ausbruchssicherer Zaun! Hiermit steht und fällt buchstäblich die Entscheidung über eine glückliche gemeinsame Zukunft. Ein mangelhafter Zaun kann nicht nur gefährlich werden – für die Tiere und auch für andere Menschen, gerade in der Nähe von Straßen. Auch von allen Gefahren abgesehen, möchte niemand ausgebüxte Ziegen in seinem Garten vorfinden, und auch nirgendwo sonst. Nur gut eingezäunte Ziegen sind gute Ziegen! Gute Zäune sind jedoch aufwendig und vor allem teuer. Wenn man nicht bereit ist, diese Zeit und das nötige Kleingeld zu investieren, sollte man es lieber gleich lassen mit den Ziegen. Am sichersten sind stabile Zäune aus drei waagerechten Holzplanken, je nach Rasse mindestens 1,50 Meter hoch und von innen mit zwei bis drei Reihen Elektrozaun gesichert. Dann kann eigentlich (!) nichts passieren. Ziegen können übrigens wunderbar zusammen mit Hühnern ein Freigehege teilen,

denn durch ihre Anwesenheit schützen sie das Geflügel vor Greifvogelattacken und anderen Bedrohungen.

Auch ein trockener, nicht zu kleiner Stall ist natürlich eine Voraussetzung, denn die meisten Ziegen hassen Kälte und Nässe. Etwas robuster sind langhaarige Rassen wie die Schwedische Landrasse, die wir jahrelang mit Begeisterung gehalten haben, aber auch diese vertragen keine Dauernässe. Ziegen sind keine reinen Grasfresser, man kann eher von Konzentrat-Selektierern sprechen, die mal hier ein bisschen naschen und dann etwas anderes ausprobieren. Auf einer reinen Wiese werden sie voraussichtlich nicht lange zufrieden sein. Am liebsten mögen sie Strauchwerk, junge Bäume, Büsche, und Kräuter – und dazu unebenes Gelände zum Klettern: große Steine, umgefallene Baumstämme, Holzstapel und erhöhte Aussichtspunkte, einen richtigen Abenteuerspielplatz also. Gutes Heu sollte zudem immer zur Verfügung stehen, genau wie frisches Trinkwasser. Mit der Fütterung von Getreide muss man sehr vorsichtig sein, denn bei übermäßiger Fütterung von Körnern neigen Ziegen zur Pansen-Übersäuerung, was üble Folgen haben kann. Alle Futtermittel müssen also unbedingt Ziegen-sicher verwahrt werden, damit eine ausgebrochene Ziegenherde sich nicht darüber hermachen kann.

Schafe hingegen sind etwas leichter einzuzäunen, meistens reicht ein einfacher Elektrozaun. Allerdings kann eine panische Schafherde auch in wenigen Augenblicken einen gesamten Zaun niedertrampeln und im Nirgendwo abtauchen. Ein stabiler Außenzaun ist bei jeder Tierhaltung eine gute Idee und auf jeden Fall eine lohnende Investition in die Zukunft. Schafe kommen mit einem einfacheren Unterstand aus, da sie von Haus aus durch ihre Wolle besser gegen Wind und Wetter geschützt sind als Ziegen. Außerdem geben sie sich durchaus zufrieden mit einer Graskoppel. Ob man sich also für Ziegen oder Schafe entscheidet, kann durchaus von der Fläche abhängen, die von den Tieren beweidet werden soll. Generell ist es aber meist reine Gefühlssache, ob man sich für die einen oder für die anderen entscheidet. Es gibt Schafmenschen, und es gibt Ziegenmenschen. Beides gemeinsam ist theoretisch ebenfalls möglich, wenn man die einzelnen Vorlieben und Bedürfnisse der Tiere befriedigen kann. Einfacher ist es aber, sich für eines von beiden zu entscheiden, zumindest nach unserer Erfahrung.

Das Melken und die Milchverarbeitung sind ganz eigene Themen, die viele Seiten füllen und die ich in meinem Buch „Die Selbstversorgerfamilie – Unser Hof in Schweden" schon ausführlich beschrieben habe, darum will ich beides hier nur kurz ansprechen. Die meisten Hobbyhalter von Ziegen und Schafen werden ihre Tiere mit der Hand melken, weil sich weder die Anschaffung noch der Aufwand mit einer Melkmaschine rentiert. Ein einfacher Melkstand ist schnell gebaut, und ob man auf einem Hocker sitzend, lieber stehend, von der Seite oder von hinten, einhändig oder beidseitig melkt – all das ist absolute Geschmackssache, dazu gibt es einfach keine allgemeingültigen Empfehlungen. Wichtig ist vor allem die Melk- und auch die Küchenhygiene, um am Ende ein wirklich erstklassiges Produkt zu erzielen, ob nun für die reine Milch oder für weiterverarbeitete Milchprodukte wie Käse, Quark oder Joghurt. Vor dem Melken also wirklich gründlich Hände waschen. Alle Geräte und Gefäße immer gut abwaschen und heiß ausspülen, aber niemals abtrocknen! Immer abtropfen und an der Luft trocknen lassen. Wenn man die Möglichkeit hat, sollte man unbedingt mit Rohmilch experimentieren, weil sowohl die Rohmilch als auch die Produkte aus dieser sehr viel gesünder und bekömmlicher sind als erhitzte Milchprodukte.

Da das Melken eine sehr intime Sache ist, setzt sie vor allem Vertrauen, Ruhe und Entspannung voraus. Man sollte also niemals gestresst zum Melken gehen, denn die Tiere merken das sofort. Da wird die Milch schon vor dem Melken sauer! Bevor man beginnt, wird das Euter sanft massiert und vorsichtig „gerüttelt", um den Milchfluss anzuregen. Wenn man den Dreh erst einmal raushat, läuft es fast wie von selbst. Vorausgesetzt natürlich, die Ziege spielt mit. Erfahrungsgemäß klappt es bereits nach ein paar Malen mit ein bisschen Übung nahezu reibungslos: sowohl das eine als auch das andere. Die Ziegen verstehen schnell, worum es geht – und wenn auf dem Melkstand noch eine Handvoll Hafer wartet, dann sind anfängliche Zweifel schnell überwunden. Nach dem Melken wird die Milch sofort ins Haus gebracht, durchgefiltert, um Haare zu entfernen, und kühl gestellt bzw. direkt weiterverarbeitet. Frische Ziegenmilch schmeckt übrigens hingegen aller üblen Gerüchte kein bisschen ziegig, sondern ganz im Gegenteil: mild und ein bisschen süßlich. Außerdem ist sie

wesentlich gesünder als Kuhmilch. Allerdings nimmt sie schnell Gerüche aus der Umgebung auf. Darum ist es wichtig, die Milch im Kühlschrank gut in einer geschlossenen Glasflasche und den Käse in einer Dose zu verwahren. Die Gegenwart eines Ziegenbockes im Stall kann das Aroma ebenfalls beeinträchtigen. Deshalb sollte man genau abwägen, ob man einen eigenen Bock halten möchte oder lieber einmal im Jahr einen ausleiht, bzw. seine Damen zu einem anderen Hof fährt, um sie dort belegen zu lassen. Beides hat Vor- und Nachteile, denn wenn man keinen eigenen Ziegenbock hat, werden die Ziegen zur Brunftzeit im Herbst regelmäßig durch lautes Brüllen darauf hinweisen, dass diesbezüglich ein Mangel herrscht. Das ist nicht immer leicht zu ertragen: nicht für den Ziegenhalter selbst, aber schon gar nicht für unbeteiligte Nachbarn!

Normalerweise braucht es Nachwuchs, um eine Ziege oder ein Schaf melken zu können, denn ohne Babys gibt es keine Milch. Die Nachfrage regelt das Angebot. Bevor man seine Tiere decken lässt, muss man sich also bereits dringend die Frage stellen, was später aus dem Nachwuchs werden soll: behalten, vermitteln oder schlachten? Immer allen Nachwuchs zu behalten, wird in den meisten Fällen unmöglich sein. Ziegen zu vermitteln, ist jedoch nicht ganz einfach, vor allem die Böcke müssen also relativ sicher später geschlachtet werden, spätestens jedoch, wenn sie geschlechtsreif werden. Allerdings muss eine Ziege nicht jedes Jahr ein Zicklein bekommen, um Milch zu geben. Ich habe meine Ziege Lotta damals sehr erfolgreich durchgemolken, sie also im Herbst nicht erneut decken lassen, sondern einfach weiter gemolken. Über den Winter ging die Milchleistung zwar ein bisschen zurück, aber im Frühling und Sommer steigerte sie sich wie von Zauberhand erneut zu ungeahnten Mengen. Bis zu zwei Liter am Tag konnte ich in Spitzenzeiten melken, ganz ohne neue Ziegenbabys. Das schonte sowohl meine Nerven als auch meine Mutterziege erheblich.

Trotz all der Freude und all der Vorteile, die eigene Ziegen mit sich bringen, haben wir momentan keine Ziegen. Das Thema Schlachten wurde für uns immer schwerer, gerade mit den Kindern, die wirklich sehr an den jungen Ziegen hingen. Aber auch generell war die letzten Jahre einfach keine Zeit für Ziegen. Zu viele andere Projekte standen im Raum und wollten erst einmal abgearbeitet werden. Manchmal – oder sogar meistens – ist es besser, sich voll und ganz auf wenige Projekte zu konzentrieren, anstatt auf zig Hochzeiten gleichzeitig tanzen zu wollen. Weder uns selbst noch den Projekten tut es gut, wenn wir uns überfordern und am Ende die Leidenschaft daran verlieren. Manchmal ist es das Beste, etwas loszulassen, wenn es sich nicht mehr richtig anfühlt – auch wenn es schwerfällt. Es muss ja nicht für immer sein, vielleicht brauchen wir nur eine kleine Auszeit. „Tu alles, was du tust mit Liebe", heißt es, und so sollte es im Idealfall auch sein. Alles hat seine Zeit. Und Ziegen brauchen nun einmal sehr viel davon, gerade, wenn man melken möchte!

Ein Leben ohne Ziegen ist möglich, aber nicht erstrebenswert! Oder?! So oft stelle ich mir diese Frage. So viel Arbeit, so viel Mühe, so viel Verantwortung … für ein bisschen Milch. So oft habe ich das alles schon infrage gestellt, mich mehrfach getrennt, verabschiedet, losgelassen – und sie dann vermisst, die Kugeln an meinem Bein, das Kneifen in meinen Gedanken, das Zuviel in meinem Zeitplan. Aber auch das Kribbeln in meinem Herzen, das warme Gefühl in meinen Händen, die Seele der Ziegenfrau, die ich nun einmal bin und vermutlich immer bleiben werden – mit oder ohne eigene Ziegen.

Ein Auf und ein Ab, eine Achterbahn mit Ziege, ein Festhalten und Loslassen. Eine unendliche Geschichte. Es geht eben doch um viel mehr als nur um das bisschen Milch …

SCHWEINE – EINE RIESEN SAUEREI

Auch Schweine und Rinder sind natürlich eine Option für ambitionierte Selbstversorger. Sie seien hier aber nur am Rande erwähnt, weil sie für die meisten Menschen mit kleineren Grundstücken kaum infrage kommen. Schweine brauchen zwar nicht ganz so viel Platz, aber ungemein viel Futter. Ob man hier das teure und oftmals fragwürdige Mastfutter kaufen möchte, ist eine wirkliche Sinnfrage für einen Selbstversorger, dazumal eine

Hausschlachtung selten selbst durchzuführen ist. Wer allerdings über so viele Küchen- und Gartenabfälle verfügt, dass er sich kaum davor retten kann, für den können Schweine selbstverständlich eine Option sein. Allerdings sind stabile Zäune oder ein guter Elektrozaun absolute Voraussetzung, denn Schweine lieben es, sich zu schuppern: Das haut schnell den stärksten Zaun um. Auch Fress- und Wassernäpfe sollten am besten einbetoniert oder fest verankert sein, damit sie den Schweinen standhalten können. Wenn man sich allerdings für Schweine entscheidet, gibt es kaum bessere Helfer im Garten, um Flächen für den Gemüseanbau urbar zu machen. Wo eine Zeit lang Schweine gewohnt haben, wächst im wahrsten Sinne kein Gras mehr, sodass dort quasi direkt losgegärtnert werden kann.

EIN PFERDESTALL AUS ABBRUCHHOLZ

Upcycling! Wiederverwenden. Umfunktionieren. Aus Alt mach Neu! Ich liebe es. Aus dem Holz der alten Fassade vom Haupthaus hat Julian damals einen Offenstall für unsere Ponys gebaut. Innerhalb einer Woche, mitten im Endspurt der Renovierung und nach der spontanen Sanierung der Westfassade ist der Stall aus einem Haufen Schrott entstanden. Magie und Zauberei aus alten Planken. Das schönste Weihnachtsgeschenk und dazu Müll verringert, weniger Material neu kaufen müssen, Geld und Transportwege für Entsorgung und Beschaffung gespart. Eigentlich ist das Leben so einfach …

SELBST HEU MACHEN – EINE MILCHMÄDCHENRECHNUNG?

Größere Nutztiere wie Schafe, Ziegen, Rinder oder auch Pferde brauchen zur Grundversorgung Heu. Ob man für die Futterbeschaffung eigene Flächen und Maschinen einplanen möchte, ist Abwägungssache: Ist das Kosten-Nutzen-Verhältnis wirklich sinnvoll, oder ist es vielleicht praktischer und sogar günstiger, Heu beim Bauern um die Ecke dazuzukaufen? Natürlich schafft das eine gewisse Abhängigkeit, aber es gilt genau zu bedenken, ob man alle Maschinen rund ums Jahr unterstellen, warten und auch bedienen lernen möchte. Wir haben schon beides gemacht: Heu in kompletter Eigenregie auf unserer eigenen Koppel und mit eigenen Maschinen zu unserem völlig eigenen Risiko, was Wetter und Maschinenbruch angeht. Wir haben den Zeitpunkt bestimmt, wann wir Heu machen wollten, haben das Gras gemäht, gewendet und gepresst, es selbst verladen und eingelagert.

Mit jedem Mal wurden wir erfolgreicher, denn Übung macht bekanntlich den Meister. Und es ist schon ein ganz besonderes Gefühl, wenn man allen Problemen zum Trotz – und die wird es beim Heumachen immer geben – am Ende die Ernte auf dem Heuboden sieht. Vielleicht sollte man als Selbstversorger zumindest einmal diese Erfahrung gemacht haben, um die Lage

selbst beurteilen können. Trotzdem haben wir auch kein Problem damit, Heu zu kaufen, wenn unsere Koppel es nicht zulässt, darauf zu heuen. Nicht jeder hat genügend eigene Fläche zur Verfügung. Das ist kein Grund zu verzweifeln. Denkt daran: Auch Selbstversoger müssen nicht alles selber machen! Vielleicht aber ergibt sich die Möglichkeit zu tauschen? Heu gegen Feuerholz zum Beispiel – denn schließlich hat nicht jeder mit großen Wiesen auch Wald oder die Möglichkeit, Brennholz zu sägen. „Jeder kann etwas anderes gut", sage ich immer zu meinen Kindern. Und wenn man sich gegenseitig hilft und ergänzt, so können alle Beteiligten davon profitieren.

Das Gleiche gilt übrigens in Bezug auf Getreide, ob für die eigene Nutzung zum Brotbacken oder als Tierfutter. Der Aufwand und die Kosten, die nötig sind, um eigenes Getreide anzubauen, sind immens. Darum verzichten die meisten Selbstversorger darauf und kaufen oder tauschen ihr Getreide. Für die meisten kleineren Flächen würde sich die Anschaffung all der notwendigen Maschinen niemals rentieren. Würde man hingegen alle Arbeitsschritte per Hand ausführen, stünde die Ausbeute normalerweise in keinem lohnenden Verhältnis zum zeitlichen Aufwand. Alternativen für die Bewirtschaftung von Grasland können Weidetiere sein. Um Rinder artgerecht zu halten und diese von eigenem Gras und Heu satt zu füttern, sind jedoch relativ große Grasflächen nötig. Wer also Wiesen besitzt, die für eine rentable Heugewinnung zu klein sind, aber keine Schweine, Schafe oder Ziegen halten möchte, kann eventuell mit Rinderhaltung sehr glücklich werden. Auch Gänsehaltung wäre eine Option, denn Gänse brauchen je nach Anzahl ebenfalls eine große Weidefläche.

Natürlich lässt sich in vielen Bereichen der Selbstversorgung die Frage nach der Effizienz und Wirtschaftlichkeit stellen. In vielen Bereichen mag die Antwort ernüchternd sein, wenn man ehrlich zu sich selbst ist – so auch in Bezug auf den Aufwand der Ziegenhaltung für eigene Milch und Käse. Wir sind der Meinung, jeder sollte sich das herausgreifen, was sich für ihn anbietet, was am leichtesten fällt und die besten Ergebnisse verspricht. In jedem Bereich der Selbstversorgung effektiv zu wirtschaften, ist kaum möglich – an vielen Stellen sind unsere Ambitionen rein idealistisch. Im Gegenzug aber bekommt man das bestmögliche Produkt, das man mit absoluter Sicherheit nirgendwo kaufen könnte. Jeder, der das Abenteuer Selbstversorgung wagt, ist jederzeit vollkommen frei in seiner Entscheidung, weitere

Themenbereiche mit aufzunehmen und sich deren Herausforderungen zu stellen. Genauso hat jeder die Möglichkeit, Dinge auch wieder sein zu lassen, wenn sie sich nicht gut anfühlen oder im Verhältnis zur Arbeit einfach persönlich keinen Sinn ergeben.

Für uns persönlich sind Dinge wie Gemüse- und Obstanbau, Feuerholz, eigenes Wasser aus dem Brunnen und autarke Stromversorgung unsere Steckenpferde, welche auch wirtschaftlich gesehen am meisten einbringen. Die Hühnerhaltung beispielsweise ist eher idealistisch, trotzdem sind wir vollkommen davon überzeugt und möchten auf keinen Fall mehr darauf verzichten, denn nur so können wir sicher sein, dass unsere Eier wirklich von glücklichen Hühner kommen. Da wir das Hühnerfutter aber zum Großteil dazukaufen, zahlen wir rein finanziell gesehen sicherlich drauf. Darum arbeiten wir langfristig an einer Möglichkeit, selbst mehr Hühnerfutter anzubauen, für welches man keine extra Maschinen braucht. Die Ziegenhaltung haben wir momentan ad acta gelegt, weil der Aufwand sich gerade zu groß anfühlt. Es ist einfacher und sogar moralisch für uns eher zu vertreten, wenn wir gekaufte Hafermilch trinken, anstatt den Hafer erst zu kaufen, ihn dann den Ziegen zu füttern, um auf diese Weise Ziegenmilch daraus zu machen.

Aber alle Entscheidungen, die wir treffen, sind niemals in Stein gemeißelt und können sich auch wieder ändern, wenn sich die Bedingungen in unserem Leben verändern.

FLEISCH ESSEN, TIERE LIEBEN – UNSERE PHILOSOPHIE ZU NUTZTIEREN

Wir lieben Tiere, und am liebsten hätten wir sie gern alle: Pferde, Schafe, Ziegen, Hühner, Enten, Puten, Wachteln, Kaninchen – vielleicht sogar wieder Schweine und Galloways. Ja, wir hatten sie sogar alle schon (bis auf Wachteln): selten alle gleichzeitig, aber doch immer mehrere davon zu einer Zeit. Und es war wundervoll, aber ebenfalls nervenzehrend, kraftraubend und eine emotionale Gratwanderung. Auch über Bienen haben wir immer mal wieder nachgedacht. Bisher waren wir jedoch zu sehr mit anderen Projekten beschäftigt. Und wenn wir eines in unseren Jahren als Selbstversorger gelernt haben, dann ist es eines: auf nicht zu vielen Hochzeiten gleichzeitig zu tanzen. Denn wenn man sich auf zu viele Projekte gleichzeitig einlässt, gerade wenn man mit vielem davon noch keine Routinen entwickelt hat, sondern womöglich ganz neu in diesem Thema ist, dann kann die Folge selten etwas Schönes sein. Meist resultieren aus so einem Überschuss an Baustellen nur Frustration und Überforderung. „Tu alles, was du tust, mit Liebe", heißt ein Sprichwort, und darin steckt viel Wahrheit. Wenn man sich selbst überfordert, kann die Liebe schnell verloren gehen, auch wenn die Begeisterung anfangs noch so groß war. Viel schöner ist es, ein Projekt nach dem anderen anzugehen und hineinzuwachsen, bevor man das nächste hinzunimmt. Und das gilt nicht nur in der Tierhaltung!

Natürlich haben wir all unsere bisherigen Tiere nicht nur zum Liebhaben gehalten, das ist einfach nicht der Sinn der Selbstversorgung. Es mag Selbstversorger geben, die kein Problem damit haben, ihre eigenen Tiere zu schlachten. Wir gehören nicht dazu: Jedes Mal ist es ein Angang, wenn Tag x näher rückt. Niemals wird es leichter oder selbstverständlich oder eine Nebensache. Wir stecken so viel Liebe, Mühe und Zeit in die Aufzucht unserer Schützlinge, dass es einfach unmöglich ist, keine Bindung zu ihnen aufzubauen. Und ja, sie haben alle Namen. Kein Tier ist bei uns ein anonymer Anwärter auf den Suppentopf oder Backofen. Sie sind alle wertgeschätzte Individuen, die die bestmögliche Behandlung und ein artgerechtes Leben vor dem Tod verdienen. Dafür geben wir alles, und das macht es nicht leichter. Doch, vielleicht für die

Tiere, aber nicht für uns. Trotzdem ist dies unser Weg.

Das Thema Schlachtung der eigenen Tiere sorgt immer wieder für Furore – und das ist auch verständlich! Es ist ein heikles Thema mit vielen doppelten Böden, seine Tiere liebevoll aufzuziehen, um sie am Ende dem eigenen Speiseplan zuzuführen. Hier kommen viele verschiedene Emotionen und Ansichten zusammen und man kann sich eigentlich nur in die Nesseln setzen, wenn man versucht, hier den eigenen Standpunkt zu vertreten. Trotzdem möchte ich das Thema hier nicht unbesprochen lassen, denn es ist ein großes Thema für jeden angehenden und auch langjährigen Selbstversorger, dessen Hauptziel nun einmal darin liegt, kein anonymes Fleisch mehr im Supermarkt kaufen zu wollen und auf keinen Fall länger Massentierhaltung, Tiertransporte und respektlose Schlachtung in großen Schlachthöfen zu unterstützen. Insofern haben die meisten Selbstversorger exakt die gleichen Gründe wie Vegetarier und Veganer – nur eben mit einer anderen Konsequenz.

Wir können es verstehen, wenn manch einer diesen Weg nicht gehen kann oder will und darum vegan lebt, denn vegan muss man schon sein, wenn man wirklich Tierleid vermeiden will. Auch für eine vegetarische Lebensweise werden Eier, Käse und Milch benötigt – und dafür müssen ebenfalls Tiere leiden und sterben, auch wenn viele Vegetarier diesen Umstand zu vergessen scheinen. Ohne Nachwuchs keine Milch, ohne Bruderküken keine Eier.

Das „Nebenprodukt“ Fleisch fällt auch beim Vegetarier ab, selbst wenn er selbst es nicht konsumiert. Wir sind nach wie vor der Meinung, dass man in der Lage sein sollte, Tiere selbst zu schlachten – oder zumindest die Verantwortung dafür zu übernehmen, solange man selber Fleisch essen möchte. Selbstverständlich braucht es dafür eine Menge Kenntnis und Erfahrung, die man unbedingt unter sachkundiger Anleitung sammeln muss, bevor man sich selbst ans Werk macht.

Wir selbst haben phasenweise vegetarisch gelebt, probeweise sogar vegan und roh-vegan. Aber es hat sich schnell gezeigt, dass wir uns damit gesundheitlich nicht wohlfühlen. Unversucht wollten wir es jedoch nicht lassen, denn nur so können wir es wirklich beurteilen. So bleibt also der Konflikt „Fleisch essen und trotzdem Tiere lieben“. Mit den Kindern ist es nicht leichter geworden. Natürlich wollen sie Fleisch essen, und sie wissen, was die Konsequenz daraus bedeutet. Sie wissen, dass Fleisch nicht im Supermarkt wächst und dass Milch nicht im Tetrapack entsteht, dass Eier aus Massentierhaltung keine dauerhafte Option sind, weder geschmacklich noch moralisch, nicht mal die biologischen.

Was also tun? Bis auf die Hühner haben wir uns momentan von allen anderen Nutztieren getrennt. Das erleichtert nicht nur die tägliche Arbeit, sondern auch die Futterbeschaffung, die oftmals erhebliche Kosten mit sich bringt. Auch entbindet es uns von der Aufgabe, regelmäßig unsere eigenen Tiere zu schlachten. Trotzdem wollen wir nicht aufs Fleischessen verzichten. Natürlich schlüpfen jedes Jahr bei jeder Brut einige Hähne. Diese werden nach etwa fünf Monaten im Herbst und Winter geschlachtet. Darüber hinaus ist unser vorrangigstes Ziel zur Fleischbeschaffung die Jagd. Auf diese Weise müssen wir keine Bindung zu den Tieren aufbauen, und diese führen das bestmögliche Leben in der freien Natur. Leicht ist es trotzdem nicht, aber es ist momentan für uns die fairste Lösung. Für beide Seiten, denn Fleisch wächst nun einmal nicht im Supermarkt.

Wenn man selbst schlachtet oder Tiere bei der Jagd erlegt, ist es übrigens extrem wichtig, das Fleisch nach dem Ausnehmen abhängen zu lassen. Dadurch reift es und wird aromatischer. Der typische Wildgeschmack, den viele nicht mögen, verliert sich dadurch. Je kleiner das Tier war, umso kürzer muss es abhängen. Bei einem Hühnchen reichen 24 Stunden, ein Reh sollte aber vier Tage bei vier Grad hängen, damit der Reifeprozess richtig ablaufen kann.

EXKURS: TIERE IM STADTGARTEN – EIN PFERD AUF DEM FLUR?

Wer nicht viel Platz im Garten hat, kann trotzdem über die Haltung von eigenen Nutztieren nachdenken: Kaninchen, Hühner und auch Bienen brauchen in Bezug auf die Gesamtfläche des Grundstückes nicht allzu viel Platz. Hierbei sind Kaninchen die wohl beste Lösung, was Lärm- oder Geruchsbelästigung angeht. Über die Haltung von Bienen oder Hühnern sollte man in jedem Fall vorher mit den Nachbarn sprechen, um späterem Ärger aus dem Wege zu gehen. Später sind kleine freundschaftliche Zuwendungen in Form von ein paar Eiern oder selbst geschleudertem Honig ganz bestimmt eine gute Idee, um den oder die Nachbarn bei Laune zu halten und die eigene Begeisterung für die Tierhaltung zu unterstützen.

Wer keine eigenen Tiere halten kann oder will, hat die Möglichkeit, Patenschaften zu übernehmen. Immer häufiger bieten Landwirte diese Option an, bei der man nach der Geburt eines Schweins oder einer Kuh eine gewisse

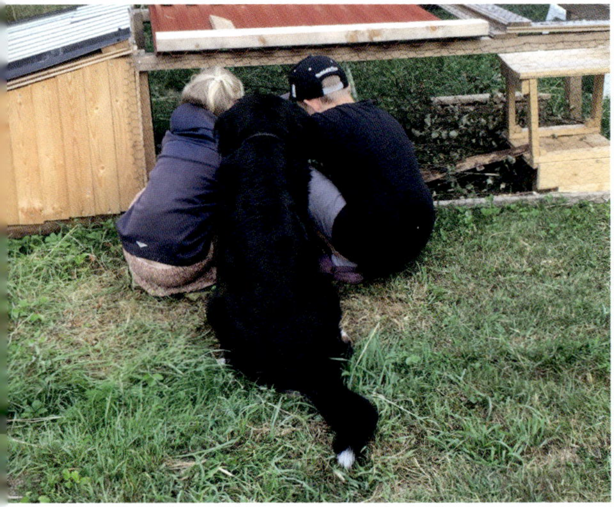

Summe entrichtet, dafür das Tier regelmäßig besuchen und seine Haltung im Auge behalten kann – und letztendlich Fleisch oder Milch von diesem Tier bekommt. Das kann sich schon deutlich besser anfühlen, als anonymes Fleisch an der Theke im Supermarkt zu kaufen, und genau darum geht es doch den meisten von uns, wenn sie von einem Leben als Selbstversorger träumen: sicherstellen, dass Umwelt und Tiere nicht ausgebeutet werden. Wir wollen eine artgerechte Haltung der Tiere, deren Produkte wir konsumieren möchten, und wir wollen sicher sein, dass unser Gemüse nicht mit Pestiziden belastet und für dessen Anbau die Natur belastet wird. Hier zählt jeder Schritt – und „Pate für ein Schnitzel" zu werden, klingt zwar ein wenig befremdlich, regt aber dazu an, sich mit dem Thema nachhaltiger Fleischkonsum auseinanderzusetzen und mehr Verantwortung für gute Nahrungsmittel und artgerechte Tierhaltung zu übernehmen.

Was aber, wenn wir theoretisch auch Tiere halten wollen, damit wir mit deren Hinterlassenschaften unsere Gemüsegärten, Hochbeete oder Blumenkübel düngen möchten? Je nach Größe der Anbaufläche kann die benötigte Menge Mist und Mulch nicht ganz unerheblich sein. Was also tun, wenn wir aus den eigenen Kapazitäten weder das eine noch das andere in ausreichendem Maße gewinnen können? Auch wer kein Pferd auf dem Flur hat, kann relativ einfach an Pferdemist zum Düngen oder größere Mengen Heu und Stroh zum Mulchen kommen, wie ich bereits weiter oben vorgeschlagen habe: einfach beim nächsten Reiterhof, Landwirt oder Nachbarn nachfragen. Gleiches gilt übrigens für Laub und Grasschnitt. Die meisten Gartenbesitzer wissen gar nicht, wohin mit all dem guten Zeug. Die meisten Komposthaufen sind klein und komplett mit den anfallenden Gartenabfällen überfrachtet, wenn sie nicht regelmäßig als Mulch und Kompost genutzt werden. Auch hier kann man also einen guten Deal mit den Nachbarn machen. Besser geht es doch gar nicht!

Abschließend haben auch Menschen ohne Hof oder Garten die Möglichkeit, durch Angeln und Jagd an gutes Fleisch heranzukommen, welches unter bestmöglichen Bedingungen aufgewachsen ist. In beiden Fällen muss ein Kurs mit abschließender Prüfung absolviert werden, damit kein überflüssiger Schaden an Natur und Tieren entsteht.

All diese Ideen ermöglichen einen weiteren Schritt hin zu Eigenverantwortung und Selbstversorgung – auch mit ganz wenig Platz und sogar ganz ohne eigene Tierhaltung!

Vom Waldbaden und Seelenbaumeln

SHOPPING-TOUR IM WALD

Nicht jeder besitzt eigenen Wald, aber das ist zum Glück gar nicht weiter schlimm, denn der Wald ist in den meisten Fällen für jeden frei zugänglich. Bei jedem Spaziergang findet man dort kostenlose Schätze in Hülle und Fülle. Natürlich sollte man sich gut auskennen, was man wo sammeln kann und darf – und natürlich auch nur in Mengen, die ein gesundes Maß nicht überschreiten. Das versteht sich von selbst. Niemand sollte sich verführen lassen, sämtliche Blaubeeren zu ernten, die er tragen kann. Selbstverständlich darf man auch nicht literweise Birkensaft von einem einzigen Baum zapfen oder am Ende vergessen, das gebohrte Loch wieder sorgfältig zu verschließen. Gleiches gilt beim Pilzesammeln und auch beim Angeln: Im Hinterkopf sollte jeder behalten, dass auch andere in diesen Genuss kommen möchten – ob Mensch oder Tier. Von der Natur profitieren, ohne sie auszubeuten. Wer sich unsicher ist, was er ernten oder sammeln darf, sowohl vom rechtlichen als auch vom gesundheitlichen Aspekt, kann an geführten Wanderungen teilnehmen. Dort wird vermittelt, welche Pilze, Kräuter und Beeren essbar sind und im Idealfall auch, wie man sie verarbeitet. Zum Angeln und Jagen sind darüber hinaus spezielle Kurse nötig, die mit einer Prüfung enden, bei der man seine Sachkenntnis unter Beweis stellen muss.

Heute im Angebot: knackige, taufrische Steinpilze der Extraklasse. Naturnah und voll-biologisch angebaut, kurze Transportwege, umweltfreundlich und unverpackt. Und das beste: der Kilopreis beträgt 0 Euro, verbrauchte Kalorien etwa 500, Fitnessstudio, Yogakurs und Meditations-Workshop inklusive.

Pfifferlinge und Steinpilze: Ab in die Pfanne mit Euch!

Frisch gesammelte Steinpilze und Pfifferlinge landen bei uns meist schon wenige Minuten, nachdem wir aus dem Wald nach Hause gekommen sind, in der Pfanne. Grob geputzt und klein geschnippelt werden sie in Olivenöl angebraten. Sobald die Flüssigkeit verdampft ist, kommt ein Klacks Butter dazu, um das Aroma herauszukitzeln. Dazu kommt noch eine große klein gehackte Zwiebel. Dann wird das Ganze mit Sahne abgelöscht und mit Salz und Pfeffer abgeschmeckt. Optimal dazu schmecken frische Gartenkräuter wie Schnittlauch und Petersilie, aber auch Palmkohl, den man optional zusammen mit der Zwiebel andünsten kann. Diese Pilzpfanne schmeckt himmlisch auf frisch gebackenem Brot oder auch als Soße zu den frisch geernteten Kartoffeln aus dem eigenen Garten, aber auch zu Nudeln oder Reis.

Natürlich kann man Pilze auch trocknen. Steinpilze eignen sich hierzu am besten.

Einfach in sehr dünne Scheiben schneiden und zum Trocknen auf Backpapier auslegen, sofern man kein Dörrgerät hat. Auch Einfrieren klappt hervorragend: Pilze säubern, klein schneiden und roh portioniert einfrieren. Pfifferlinge sollten hingegen vorher gedämpft, gekocht oder angebraten werden, da sie sonst beim Einfrieren bzw. Auftauen bitter werden. Nach dem Einfrieren die Pilze nicht langsam auftauen, sondern direkt in die heiße Pfanne geben.

Ideal für ein Picknick im Wald: Blaubeer-Muffins

Ideal für ein kleines Picknick unterwegs eignen sich diese Blaubeer-Muffins: Egal, ob am See, im Wald oder auf einer längeren Autofahrt, diese kleinen handlichen Kuchen versüßen einem überall den Aufenthalt!

In einer Schüssel 175 Gramm Mehl, 100 Gramm Zucker, 1 TL Vanillezucker, 1 Prise Salz und 1 TL Backpulver vermischen. In einer zweiten Schüssel 100 Gramm weiche Butter, 2 Eier und 125 ml Milch verquirlen. Den Teig zum Inhalt der ersten Schüssel hinzugeben und mit dem Schneebesen unterrühren. 180 Gramm Blaubeeren unterheben. In Muffin-Förmchen verteilen.

Bei 175 Grad ca. 20 bis 25 Minuten bakken. Auf Wunsch mit Puderzucker bestreuen.

Blaubeer-Pfannen-Kuchen: Gepunktet, nicht püriert

Für den Pfannen-Kuchen mit Blaubeeren den Ofen auf 175 Grad vorheizen. 200 Gramm Butter im Topf schmelzen und zur Seite stellen. In den Topf nacheinander 150 Gramm Zucker, 3 Eier, 300 Gramm Mehl und 1 TL Vanillezucker einrühren.

Ein Backblech (25 × 35 cm) mit Backpapier belegen, darauf den Teig verteilen und diesen mit 200 Gramm Blaubeeren bestreuen.

30 bis 35 Minuten im Backofen backen und anschließend mit Puderzucker bestreuen. Dazu schmeckt besonders gut Vanilleeis.

Auch Pfannkuchen oder Waffeln lassen sich hervorragend mit frischen oder gefrorenen Blaubeeren aufpeppen. Aber auch die selbstgemachte Marmelade aus Blau- oder Preiselbeeren schmeckt besonders gut auf Pfannkuchen und Waffeln.

Hagebutten-Marmelade: Purer Luxus in der Speisekammer

Vom Strauch bis ins Glas: Dazu sind schon einige Stunden und etwas Geduld nötig – aber es lohnt sich!

Im Grunde eignen sich wirklich alle Sorten von Hagebutten, um daraus Marmelade zu machen. Wir benutzen die kleinen wilden, denn andere wachsen hier im Umkreis gar nicht. Zum Pflükken der roten Früchtchen ist es eine sehr gute Idee, Handschuhe zu tragen.

Wenn man seine Schätze endlich in die Küche getragen hat, werden die Hagebutten erst einmal gewaschen und halbiert. Ich entferne übrigens weder die Härchen noch die Kerne, nur die Enden schneide ich einfach schnell mit einer guten Schere ab.

Anschließend werden die Hagebutten im Topf mit Wasser oder Apfelsaft bedeckt und etwa 15 Minuten weich gekocht, püriert und mit einem Holzlöffel durch ein Sieb oder durch die Flotte Lotte passiert.

Den restlichen Fruchtbrei mit Kernen koche ich noch zwei weitere Male mit Flüssigkeit auf und passiere jeweils den Brei, um das wertvolle Fruchtfleisch wirklich komplett zu lösen. Am Ende wird das gute Fruchtmus ohne Kerne normal zu Marmelade verarbeitet.

Den Trester muss man übrigens nicht wegschmeißen! Man kann ihn an die Hühner verfüttern oder – noch besser – einfach auf einem Backpapier ausstreichen und für einen fruchtigen und dazu noch überaus gesunden Tee trocknen. Die getrocknete Masse zerbröseln und in Gläser füllen – so wird wirklich alles verbraucht und sieht sogar noch wunderschön aus!

Ja, zugegeben: Zwischendurch verlässt einen beim Ernten, Schnippeln und Passieren ab und zu der Mut oder die Lust. Und ja, die Küche sieht nach dieser Prozedur aus wie nach einer Schlacht, buchstäblich. Aber es lohnt sich, denn das Resultat ist einfach göttlich. Samtweiche Spätsommerekstase mit dramatischem Tiefgang im Schraubdeckelglas. Oder so ähnlich …

Den Wert eines Glases Hagebutten-Marmelade kann man nicht in Geld umrechnen. Wenn Euch also jemals jemand ein Glas Hagebutten-Marmelade schenkt, dann solltet ihr das als ganz besonderen Liebesbeweis wertschätzen!

WILDKRÄUTER – TAUSENDSASSA IN HÜLLE UND FÜLLE

Jedes Jahr warte ich auf den Moment, in dem ich die ersten kleinen Blätter erspähe: Endlich wieder Giersch!

Was die meisten Gartenbesitzer in Angst und Schrecken versetzt, ist für uns der Beginn des Frühlings! Außerdem ist der Giersch eine willkommene Bereicherung auf unseren Tellern: kostenloser Salat, leckeres Pesto oder gesunder Spinat-Ersatz.

Auch wir haben ihn zuerst jahrelang verabscheut, bekämpft und verflucht. Bis wir unsere Sichtweise geändert und ihn einfach lieben gelernt haben (übrigens die weitaus effektivste Methode, ihn loszuwerden). Also lieber aufessen, statt aufregen!

Das Gleiche gilt auch für andere Wildkräuter wie Brennnesseln, Löwenzahn, Spitzwegerich, Vogelmiere und viele andere. Ob als Tee, frisch oder getrocknet, im Salat, als Brotbelag oder in Butter in der Pfanne geschwenkt, aber auch als Pesto oder in grünen Säften – Wildkräuter lassen sich auf viele verschiedene Arten verarbeiten und in die täglichen Mahlzeiten integrieren. Sie sind oft schon früh im Jahr verfügbar, wenn das Gemüse noch als Saatkorn in der Tüte schlummert. Man muss sich nur bedienen. Sie sind lecker, gesund und vor allem vollkommen kostenlos.

Für das Pesto zerkleinere ich die Kräuter und benutze grundsätzlich Sonnenblumenkerne statt Pinienkerne. Den Käse lasse ich weg. Die Mischung aus Kräutern mit Sonnenblumenkernen, Olivenöl, Salz, Pfeffer und Knoblauch gibt meist schon einen wundervollen Geschmack. Kleinere Mengen Pesto kann man im Kühlschrank aufbewahren, größere Mengen friere ich lieber ein.

Grüne Säfte lassen sich am effektivsten mit einem Slow Juicer pressen. Um die nötige Flüssigkeit zu bekommen und den Geschmack zu verbessern,

geben wir einen Apfel und eine Möhre dazu. Gerade im Frühling ist so eine Kur mit grünen Säften eine tolle Sache, um das Immunsystem nach einem langen Winter wieder aufzubauen. Im Sommer kann man hervorragend auch überschüssige Zucchini und Gurken zufügen.

Ganz einfach: Hustensaft aus Zwiebeln

Für ein schnelles, aber sehr effektives Hausmittel kann man einen Hustensaft mit Zwiebel und Zucker ansetzen. Die Zwiebel wird klein gehackt, in ein Glas mit Schraubdeckel gefüllt und mit Zucker bestreut. Danach stellt man den Ansatz warm auf und lässt ihn etwa 24 Stunden ziehen – im Notfall reichen auch weniger Stunden. In dieser Zeit bildet sich ein Saft, den man mit einem Löffel abschöpfen und einnehmen kann. Der Zucker macht den Geschmack erträglich – ansonsten hilft es, die Nase beim Schlucken zuzuhalten. Statt Zukker kann man auch Honig benutzen, der zusätzlich heilende Wirkung hat. Mit diesem einfachen Hustensaft haben wir schon so manche Erkältung im Keim erstickt oder doch stark gelindert. Wie bei so vielem heißt es auch hier: Vorbeugen ist besser als heilen, darum am besten direkt eine Mischung ansetzen, wenn man merkt, der Husten ist im Anmarsch. Wenn man schon hustet wie ein Pferd, ist der Zwiebelsaft immer noch hilfreich, aber eben nicht mehr ganz so effektiv wie am Anfang einer Erkältung.

Medizin aus der Natur: Hustensaft aus Tannenspitzen

Einen ebensolchen Hustensaft aus der Natur kann man mit Tannenwipfeln herstellen. Dafür werden im Frühling die frischen, hellgrünen Spitzen von Tanne, Fichte und Kiefer geerntet, gewaschen, trocken getupft und mit Zucker in ein steriles Einmachglas geschichtet. Mit einer Zuckerschicht abschließen. Das Glas wird verschlossen, warm und sonnig für zwei bis drei Wochen aufgestellt und regelmäßig geschüttelt. Wenn die Tannenwipfel braun sind und sich der Zucker verflüssigt hat, ist der Hustensaft fertig. Der Saft ist lange haltbar, wenn man ihn kühl, trocken und dunkel lagert. Bei Bedarf nimmt man drei- bis viermal täglich je einen Esslöffel gegen Husten und Heiserkeit pur oder mit Wasser ein.

Tannenwipfel, auch Maiwipfel genannt, haben eine antibakterielle, antiseptische und schleimlösende Wirkung. Sie enthalten jede Menge guter Inhaltstoffe wie Vitamin C, Harze, Tannine und ätherische Öle.

Neben dem Hustensaft kann man auch Badesalz und Tee aus Tannenwipfeln herstellen. Für den Tee einfach fünf Esslöffel Tannenwipfel mit einem Liter kochendem Wasser überbrühen und 10 bis 15 Minuten ziehen lassen. Auch ein Honigersatz lässt sich aus Tannenwipfeln zaubern.

Natürlich waschen – Waschmittel aus dem Wald

Nicht nur aus Birkenblättern, sondern auch aus Efeu und Kastanien kann man kostenlos ganz einfach und natürlich Waschmittel selbst herstellen. All diese Pflanzen enthalten Saponine, die eine hervorragende Seifenlauge bilden und dabei vollkommen unbedenklich sind, was die Umwelt angeht.

Eine Handvoll Blätter von Birke oder Efeu wird einfach in eine Socke oder ein kleines Stoffbeutelchen gefüllt und gemeinsam mit der Wäsche in die Waschmaschine gesteckt. Die Blätter kann man vorher zerreißen oder zerschneiden, damit die Saponine leichter austreten. Wer mit Kastanien waschen will, zerkleinert diese und lässt sie einige Stunden in Wasser ziehen. Danach wird die Lauge abgeseiht und direkt ins Waschmittelfach der Maschine gefüllt. Geviertelte Kastanien

sollten etwa acht Stunden ziehen, je kleiner die Stücke, umso kürzer brauchen sie. Bei weißer Wäsche empfiehlt es sich außerdem, die Kastanien vorher zur Vermeidung möglicher Verfärbungen zu schälen. Auch Seifenkraut ist eine Alternative zu gekauften Waschmitteln.

DEKORIEREN: NATÜRLICH AUS DEM WALD

Ich liebe es, mit Dingen zu basteln und zu dekorieren, die die Natur mir quasi vor die Füße wirft. Ob nun einfache Kränze, wild gebunden aus Ästen von Hasel, Weide oder anderen biegsamen Zweigen, ob Baumrinde, Moos oder verwunschen wirkende Äste und Stöcke, Tannenzapfen, Kastanien oder Nüsse. Eine natürliche und vor allem kostenlose Deko für drinnen und draußen kann man bei jedem Spaziergang im Wald mitnehmen.

Am allerschönsten wird es meiner Meinung nach, wenn man diese Mitbringsel in alten verbeulten Eimern, Krügen, Töpfen und Kannen vom Flohmarkt gemeinsam mit Blumen arrangiert und daraus ein saisonal passendes Stillleben kreiert, welches man garantiert nicht im Laden kaufen kann – oder wenn, dann nur für sehr viel Geld. Ein altes Einmachglas mit einer Kerze darin setzt dem Ganzen noch ein i-Tüpfelchen auf und sieht auch auf der Fensterbank, einer Kommode oder auf dem Ess- oder Wohnzimmertisch wunderschön aus.

SCHÄTZE DES WALDES

Jeden Tag, auf immer andere Art und Weise beschenkt uns der Wald mit seinen Schätzen:

Mal sind es Blaubeeren oder Preiselbeeren, mal Steinpilze oder Pfifferlinge. Oft ist es einfach der Duft von Kiefern und Heidekraut in der Mittagssonne. Manchmal der Flügelschlag einer Libelle in der Luft oder der Ruf des Kuckucks. Manchmal ist es das Rauschen in den Baumwipfeln hoch über uns oder das Glitzern des Wassers auf unserem See. Manchmal ist es der leise gurgelnde Gesang des Plätscherbaches zwischen den moosbedeckten Steinen. Manchmal nur der Hauch des warmen Windes auf unserer Haut.

Manchmal nehmen wir es vielleicht gar nicht wahr. Aber so oft sind wir dankbar für alles, was uns umgibt. Dankbar für all die großen und kleinen Schätze des Waldes, für all die Geschenke, die das Leben uns macht. Und auch dankbar, dass wir es immer wieder gewagt haben, die Komfortzone zu verlassen, um lebendig zu bleiben.

EIN HAUS AUS BÄUMEN: BLOCKHAUSBAU – EIN LEBENSTRAUM WIRD ENDLICH WAHR

Neben Pilzen, Beeren und Wildfleisch, neben Ruhe, Entspannung und Frieden hat der Wald uns noch etwas geschenkt, vor allem Julian: Schon lange vor unserer Auswanderung nach Schweden hat er davon geträumt, irgendwann einmal ein eigenes Blockhaus zu bauen. Nach sechs Jahren Schweden sind es inzwischen sogar schon drei Blockhäuser geworden, die er mit eigenen Händen aus unserem Wald gebaut hat – und eines ist schöner als das andere. Natürlich ist das kein Projekt, was man mal eben nebenbei umsetzten kann, jedoch sollte jeder, der den gleichen Traum hat, nicht gleich das Handtuch werfen, nur weil er keinen eigenen Wald oder absolut keine Ahnung von diesem Thema hat. Für den, der über ein bisschen Platz und ganz viel Kreativität verfügt, ist weder das eine noch das andere ein Hindernis. Baumstämme in der richtigen Menge und Länge kann man kaufen und sich per LKW anliefern lassen – und das Wissen zum Blockhausbau hat Julian in einem eigenen Buch zusammengefasst, sodass sich jeder mit ein bisschen Geschick seinen Traum vom eigenen Blockhaus erfüllen kann.

Gib mir ein Haus aus Bäumen, ein Dach aus Blättern über mir.
Lass mich auf Wasser schauen, mit Plätschern als Musik,
mit Seen und Flüssen als Gefährten zum stillen Zwiegespräch.
Ein bisschen Moos zum Sitzen und Sonne im Gesicht.
Ein Glitzern dort am Himmel und warmen Wind auf meiner Haut.
Als Nachbarn große Steine und Vögel in der Luft,
den süßen Duft von Frühling, von Erde und vom Wald – dann weiß ich, dass ich lebe, und alles wird ganz leicht.

GARTENGESTALTUNG XXL: DER KLEINE SEE IM WALD

Wir wohnten erst ein paar Monate im Wald, als wir beschlossen, dass es nun an der Zeit war, einen See anzulegen. Ganz unten auf unserem Grundstück, wo der Plätscherbach eine natürliche Grenze zum Wald bildet, lag zu dem Zeitpunkt eine vergessene und verwilderte Feuchtwiese: von Wildschweinen zerklüftet, von abgebrochenen Ästen und Zweigen übersät, mit tiefen Furchen durchsetzt, die ehemals schwere Waldfahrzeuge hinterlassen hatten. Diese Wiese war zu nass, um sie für die Pferde zu nutzen oder Heu darauf zu machen – und zu schade, um sie weiterhin sich selbst zu überlassen.

Zusammen mit einem Biotop-Spezialisten planten wir hier einen Naturteich mit Zu- und Ablauf zum Plätscherbach. Mithilfe eines 18-Tonnen-Baggers wurde innerhalb weniger Tage ein langgehegter Traum in die Wirklichkeit umgesetzt: Das ausgeschachtete Loch auf unserer Waldlichtung füllte sich innerhalb kürzester Zeit wie von Zauberhand mit Grundwasser. Der Rest kam aus dem Plätscherbach hinzu. Die zuerst wie eine Mondlandschaft anmutende Fläche neben dem neuen Teich modellierte Julian anschließend liebevoll mit einem Minibagger, sodass wir hier eine neue Wiese ansäen konnten. Das klingt leichter, als es war, aber alle Kosten und Mühen haben sich ausgezahlt. Bereits im zweiten Jahr nach der Anlage des Biotops hatte sich die Natur nahezu regeneriert; die Grasnarbe hatte sich wieder geschlossen, die Uferzonen wuchsen dichter und dichter mit Schilfgras, und Frösche, Libellen und Schlangen tummelten sich munter am sonnigen Ufer.

Wenn sich Narben schließen.
Wenn Zeit die Wunden heilt.
Wenn Gras über die Sache wächst.

Inzwischen sieht es aus, als wäre unser kleiner Waldsee schon immer da gewesen, als gehörte er einfach dorthin: ein kleiner dunkler Weiher mitten auf einer Waldlichtung, umringt von hohen alten Bäumen. Hier kommen abends die Elche zum Trinken und morgens die Rehe zum Äsen. Ein Fuchsbau schmiegt sich in der Nähe vom Ufer in den Hang, und auch Dachse wohnen hier und schnaufen nachts über unsere Waldwege, um nach etwas Essbarem Ausschau zu halten. Im Frühling brüten hier Enten, hin und wieder kommen Wildgänse auf ein erfrischendes Bad vorbei, und auch Kraniche schweben manchmal vom Himmel herab, um hier eine Pause einzulegen – begleitet von ihrem urtümlichen Gesang, der von fernen Reisen erzählt – Glücksvögel, deren Silhouetten mit der Dämmerung verschmelzen.

Hier können wir nun Picknick machen oder Bratäpfel über einem kleinen

Lagerfeuer garen, zelten, in der Hängematte ein Mittagschläfchen machen oder lesen – oder einfach auf den großen Steinen am Ufer sitzen und auf das Wasser schauen. Im Hintergrund murmelt leise der Plätscherbach und in den Baumwipfeln singen die Vögel. Innerhalb von Minuten kann man hier entspannen und vollkommen zur Ruhe kommen.

Waldbaden: Ein Zelt. Ein Lagerfeuer. Ein See.
Eine brutzelnde Pfanne. Tanzende Mücken über dem Wasser.
Züngelnde Flammen an knorrigem Holz.
Der Duft von Rauch. Der Ruf des Kuckucks. Das Knacken der Glut.

Ewige Dämmerung. Nebelschwaden über der Wiese.
Eine Nacht ohne Dunkelheit auf unserer Sommerlichtung im Wald.
Mittsommertage in Schweden. Mitten im Sommer. Mitten im Leben.
Eingetaucht in den Moment.

Wenn wir nicht an unserem eigenen kleinen Waldsee den Sommer genießen, dann zieht es uns ans Meer oder an einen der vielen Seen – zum Baden, Angeln oder Bootfahren. Besonders aber lieben wir Wasserfälle und Plätscherbäche.

Ob wir denn hier nicht auch Fische züchten wollen, werden wir immer wieder gefragt. Ja, vielleicht könnten wir das, wobei es auch in Schweden einige Auflagen bezüglich der Fischzucht gibt. Man darf nicht einfach jede Fischart in jedes Gewässer einsetzen. Vielleicht werden wir uns irgendwann dafür entscheiden, Schritte in diese Richtung zu gehen, eventuelle Genehmigungen einzuholen und Fische einzusetzen. Bis dahin aber genießen wir erst einmal, dass wir dabei sein dürfen, wie sich dieses kleine Biotop auf magische Weise ganz von selbst entwickelt, wie es wächst und immer grüner wird. Von ganz alleine kommen neue Pflanzen und immer neue Tiere hinzu. Und vielleicht werden wir eines Tages staunend die ersten Fische sehen, die wie von Zauberhand, ganz von alleine in unseren Teich gekommen sind, weil vielleicht ein paar der Besucher in diesem Fall durchaus erwünschte blinde Passagiere im Gefieder mitgebracht haben, um ihnen hier bei uns ein neues Zuhause zu geben.

Bis dahin gibt es für uns zum Glück genügend andere Wege, an frischen Fisch heranzukommen, denn Schweden hat ja diesbezüglich nahezu unbegrenzte Möglichkeiten: glasklare Flüsse, unzählige Seen und kilometerlange Küsten. Nachdem Noah und Julian im Sommer unseren gesamten Vorrat an Seefisch an nur zwei Tage beim Hochseeangeln eingefahren haben, wissen wir, was sich für uns lohnt. So konnten wir kiloweise frische Makrelen einfrieren und bis zum nächsten Frühjahr eigenen Fisch in allen erdenklichen Variationen genießen. Am allerbesten schmeckt Makrele natürlich ganz frisch: eben erst gefangen, nur in Butter mit Salz, Knoblauch und Zwiebeln in der Pfanne angebraten und auf einem warmen Butterbrot serviert – es gibt wahrscheinlich nicht viel, was so lecker ist. Aber auch gerillt oder paniert schmeckt uns selbstgefangener Fisch einfach unfassbar gut!

Panierte Makrele

Fisch zu panieren, ist ganz einfach: Ich schlage ein rohes Ei auf, würze es mit Salz, Dill und Pfeffer und verrühre alles mit ein paar Esslöffeln Wasser in einem tiefen Teller. Einen weiteren Teller befülle ich mit Paniermehl, am liebsten benutze ich Maismehl aus gehäckselten Cornflakes. Anschließend ziehe ich den filetierten Fisch beidseitig zuerst durch das Ei und wälze ihn danach in der Panade. In heißem Olivenöl und etwas Butter werden die Filets dann goldbraun und knusprig gebraten. Dazu mögen wir am liebsten Kartoffeln und Kräuterquark. Übrigens kann man auf diese Weise auch Fisch und Gemüse panieren, beispielsweise Rote Bete, Sellerie oder Zucchini, aber auch Pilze.

Aus Parasol-Pilzen haben wir schon die leckersten vegetarischen Schnitzel hergestellt, die man sich nur vorstellen kann – und diese mussten sich absolut nicht hinter ihren tierischen Vorbildern verstecken!

VON PLAGEGEISTERN UND BLINDEN PASSAGIEREN: MÜCKEN, ZECKEN, ELCHLÄUSE

Bedauerlicherweise finden wir im Wald nicht nur Pilze, Beeren und moosbedeckte Steine oder können Rehe, Elche und Vögel beobachten – leider gibt es auch einige unerfreuliche Bekanntschaften. Gerade in feuchten Sommern treffen wir auf Schwärme von Kriebelmücken (schwedisch: *Knott*). Auch Zecken lieben Feuchtigkeit, und nach jedem Gang durchs Unterholz, aber auch durch den Garten schauen wir genau nach, ob wir einen blinden Passagier herumtragen. Im Herbst kommen dann die Hirschläuse (schwedisch: *Älgfluga/ Hjortfluga*), eine Art große geflügelte Zecke, die ebenfalls gern in Schwärmen auftaucht – und auch in ebensolchen auf dem Menschen zwischenlandet. Zwar haben wir selten erlebt, dass sich ein solches Tier festgesaugt hat, aber ausgeschlossen ist es leider nicht.

Gegen all diese für uns unerfreulichen Mitbewohner des Waldes kann man im Grunde nicht viel tun, eigentlich kann man nur lernen, damit zu leben. Wer mitten in der Natur leben möchte, muss auch die Schattenseiten akzeptieren lernen. In Stoßzeiten meiden wir allerdings bestimmte Areale im Garten oder Wald, und vorbeugend hilft: viel Knoblauch und Schwarzkümmel essen, mit Kokosfett eincremen und mit Citronella-Spray einsprühen.

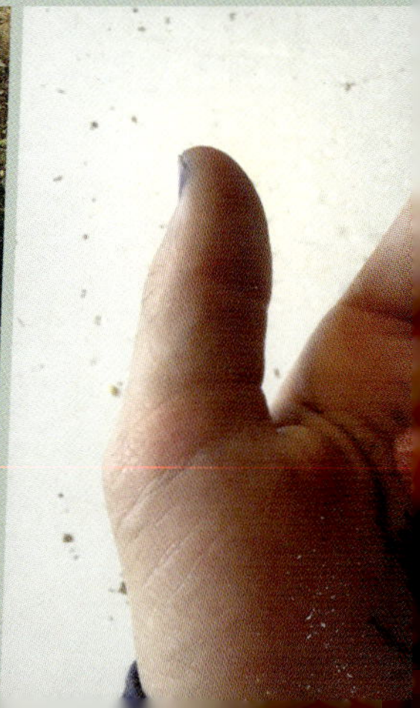

Nur noch kurz die Welt retten: Einfälle statt Abfälle

Bei der Selbstversorgung geht es nicht nur darum, Dinge selbst herzustellen – es geht vor allem auch darum, zu hinterfragen, was man eigentlich wirklich braucht. Viele Menschen stecken in einem Hamsterrad aus Job und Verpflichtungen, weil sie überwiegend damit beschäftig sind, Dinge zu bezahlen, die sie sich angeschafft haben oder die sie sich leisten können wollen: ein neues Auto, einen größeren Fernseher, das aktuellste Handymodell, einen exklusiven Urlaub, teure Möbel oder schicke Restaurants. Die Frage ist nur: Wofür all das eigentlich? Wenn man einen Moment darüber nachdenkt, sind doch beinahe all diese kleinen und größeren Anschaffungen und Ausgaben, die man sich so gönnen möchte, oft nichts anderes als Fluchten aus dem Alltag. Belohnungen dafür, dass man die ganze Woche über arbeitet in einem Beruf, den man vielleicht gar nicht als seine Berufung empfindet.

Was aber, wenn man sich das Leben so einrichtet, dass man erfüllt und selbstbestimmt arbeiten kann in Bereichen, zu denen man sich berufen fühlt, die einen tief erfüllen und glücklich machen? Dann braucht man nicht jedes Jahr in den Urlaub zu fahren, um dem eigenen Leben zu entkommen. Man braucht auch nicht regelmäßig in einen neuen Fernseher oder ein neues Smartphone zu investieren – einfach, weil das eigene echte Leben bereits genügend Abwechslung, Kreativität und auch Raum und Zeit für Entspannung zulässt: sogar und vor allem während der Arbeit. Wir können uns frei entfalten und unseren Interessen nachgehen, so wie es

uns gefällt. Wir brauchen nicht mehr ins Restaurant gehen, wenn wir endlich mal wieder gut essen wollen. Im Gegenteil: Uns schmeckt es am besten zu Hause, und unser Essen aus dem eigenen Garten ist nicht nur deutlich günstiger, sondern auch noch um Welten bekömmlicher. Natürlich spricht nichts dagegen, auch mal in den Urlaub zu fahren, um den Horizont zu erweitern – es geht um das ständige Müssen und Streben nach Dingen im Außen, die Fülle vorgaukeln, weil im Inneren eigentlich eine Leere herrscht, die gefüllt werden möchte. Allerdings lässt sich dieses Verlangen selten durch materielle Dinge stillen, oder wenn, dann nur sehr kurz.

Durch Werbung, Fernsehen und auch unsere Mitmenschen werden ständig neue Begehrlichkeiten geweckt, und wenn wir nicht gut auf uns aufpassen, werden wir in einen Strudel gezogen aus Kaufen und Dafür-arbeiten-Gehen, um neue Dinge zu kaufen, die wir eigentlich nicht brauchen, um Leute zu beeindrukken, die wir eigentlich gar nicht mögen. Was aber wollen wir eigentlich wirklich? Was macht uns glücklich? Was erfüllt uns?

Ich zum Beispiel finde totale Erfüllung im Garten, bei den Tieren, beim Nähen, Dekorieren oder Schreiben. Ich liebe es aber auch, über Flohmärkte zu streifen und in Second-Hand Läden zu stöbern, um dort gebrauchte Schätze zu finden, die in den meisten Fällen eine bessere Qualität haben als Neuware – und die dazu nur einen Bruchteil davon kosten. Fast alles, was wir besitzen, haben wir Second-Hand gekauft: die meiste Kleidung, Möbel, Bücher, Geschirr, Textilien – manchmal auch Werkzeug. Und der Triumph ist jedes Mal groß, wenn ich meine Beute nach Hause trage und mir ausrechne, was ich wieder einmal an Geld gespart habe. Natürlich freut es mich zusätzlich, wenn ich Dinge weiterverwerten kann, die demzufolge nicht neu für mich produziert werden mussten. Es fühlt sich jedes Mal an wie ein Hauptgewinn!

Trotzdem bin ich natürlich dankbar, dass ich auch die Möglichkeit habe, bestimmte Dinge neu zu kaufen. Es geht eben immer um das Augenmaß: Die Mischung macht es und verhindert, dass man in eine Lage gerät, die sich nicht mehr gut anfühlt, weil man in ein Mangelbewusstsein kommt – oder eben das Gefühl hat, man kommt mit dem Bezahlen der Rechnungen gar nicht mehr hinterher. Wir haben festgestellt, dass es oftmals viel entspannter ist, auf Dinge zu verzichten, die man nicht wirklich braucht. Denn so hat man viel weniger Verpflichtungen, sowohl finanziell als auch im Verwalten all der Dinge, die man glaubt zu besitzen, die am Ende aber doch oft eher uns besitzen. Ein Umdenken kann hier zu deutlich mehr finanzieller Unabhängigkeit und einem erhöhten Freiheitsgefühl führen!

Darum stellen wir uns vor jeder Anschaffung die Frage: Brauchen wir das wirklich? Oder können wir etwas Vorhandenes stattdessen benutzen, etwas reparieren, tauschen oder zumindest gebraucht kaufen? Wir geben uns ein paar Tage Zeit, die Sache zu überdenken – und in den meisten Fällen stellen wir fest: Nein, wir brauchen es gar nicht. Das Ganze scheint auch einen gewissen Trainingseffekt zu haben, denn je länger wir die Dinge auf diese Weise hinterfragen, umso seltener fragen wir uns überhaupt, ob wir etwas brauchen. Wir haben gar nicht erst das Verlangen nach etwas im Außen. Anscheinend brauchen wir generell weniger Dinge als früher und genießen lieber die Zeit, die uns dadurch geschenkt wird. Es ist schön, dass wir stattdessen zu Hause unsere wertvollen Stunden mit etwas Sinnvollem – und vor allem Sinngebenden – verbringen können, anstatt durch Geschäfte zu hetzen und Dinge anzuschaffen, die wir teuer bezahlen, verwalten und mühsam wieder abarbeiten müssen. Das gibt einem so viel mehr Raum und Zeit für schöne Dinge – und spart so manchen Urlaub!

UPCYCLING: EIN NEUES LEBEN FÜR ALTE SCHÄTZE

Ich liebe alte Möbel und *Shabby Chic* – schon ewig. Dinge, die sonst nur noch ein Fall für den Sperrmüll wären, bekommen dadurch die Chance auf ein neues Leben. Man vermeidet dadurch nicht nur Müll, sondern spart natürlich auch Ressourcen und Geld. Und es macht einfach so viel Spaß, wenn ein vergammeltes Teil durch ein bisschen Liebe und Arbeit in neuem Glanz erstrahlt! So entstehen echte Unikate und alte Werte werden erhalten, an denen man sich noch viele Jahre erfreuen kann.

Gerade in Zeiten, in denen Geschäfte geschlossen sind, alles immer teurer wird oder man einfach lieber zu Hause bleiben möchte, lohnt es sich, nach alten Schätzen zu suchen und aus etwas Altem etwas Neues zu machen. Oft muss man nur ein bisschen die Perspektive ändern, um in etwas Schlechtem auch das Gute zu erkennen. Und das gilt nicht nur für alte Möbel.

Wenn man, so wie ich, verliebt in alte Dinge ist, dann muss man schon ein bisschen aufpassen, dass man nicht nach jedem alten Teil greift, das es vermeintlich zu retten gilt. Ganz schnell findet man sich sonst wieder in einer völlig überladenen und überdekorierten Wohnung. Natürlich kann auch das schön sein, für mich persönlich ist jedoch das richtige Maß ein wichtiger Punkt. Ich brauche gerade so viele schöne Dinge um mich, damit es gemütlich wird, aber auf keinen Fall so viel, dass ich mich davon erschlagen fühle. Oft ist weniger mehr – und dieses genau richtige Maß muss jeder für sich selbst erspüren. Ich gehe nach der Faustregel: Dinge, die ich um mich haben möchte, sollen schön sein und besonders, aber auch eine Bedeutung haben: die alte Holztruhe von meiner Oma, die von der Nordsee bis in den schwedischen Wald gereist ist, oder das kleine Regal mit unseren Fotos, das als einziges weiteres Möbelstück aus unserem Haus in Nordfriesland mit in den Umzugswagen durfte. Die alte Kommode, die ich in der Scheune vom Flusshaus gefunden und restauriert habe, oder all die Kleinigkeiten und Utensilien, die ich auf Flohmärkten ergattert oder von Freunden geschenkt bekommen habe und jeden Tag benutze: unser alter roter Wasserkessel aus Emaille, die Porzellan-Teller mit den Blümchen oder der rote Wasserkrug mit den weißen Punkten. Oft sind es die kleinen Dinge, die ein Haus zu einem Zuhause machen. Und jedes einzelne Teil erzählt eine Geschichte. Von Liebe, von Freundschaft, von alten Zeiten. Erinnerungen, gegossen in kleine Glücklichmacher.

Tauschen, gebraucht kaufen oder selbst machen! Das alles ist nicht nur viel nachhaltiger und günstiger, als Dinge neu zu kaufen, es macht auch viel mehr Spaß.

Ich habe gelernt, die Welt mit anderen Augen zu sehen: Dinge, die ich früher weggeworfen hätte, bekommen eine neue Bedeutung, wenn ich ihnen einen anderen Zweck zukommen lasse. Frei nach dem Motto: Ist das ein Blumentopf oder kann das weg? Das bedeutet wahrhaftig nicht, jeden Schrott aufzubewahren, aber es steigert die Kreativität und auch die Einzigartigkeit der Dinge. „Ich mache mir die Welt, wie sie mir gefällt!“ Und so ist es jedes Mal eine riesige Freude, wenn ich wieder einmal einen großen Schatz für ganz kleines Geld auf dem *Loppis* (schwedische Flohmärkte) finde, ein altes Möbelstück retten konnte oder ein paar Kleidungsstücke mit einer Freundin tauschen konnte.

All das bedeutet, Kreisläufe zu schaffen, Schätze weiterzugeben, Ungeliebtes zu Lieblingsstücken zu machen und Vergessenes neu zu entdecken. Auch das ist für mich Selbstversorgung!

LIEBLINGSSTÜCKE AUS SPERRMÜLL: MÖBEL RETTEN UND RESTAURIEREN

So oft schon habe ich alte Möbel in verstaubten Ecken, Scheunen oder Dachböden gefunden, welche auf Flohmärkten entdeckt oder von Bekannten „geerbt“.

Nach und nach habe ich all diese ungeliebte Teile abgeschliffen und gestrichen, natürlich überwiegend in Weiß, weil das viel Licht ins Haus bringt – vor allem im langen schwedischen Winter. Inzwischen finden sich aber auch einige Exemplare in einem morbiden Türkis in unserer Einrichtung.

Natürlich macht es ganz schön viel Arbeit, alte Möbel wachzuküssen, aber es lohnt sich, nicht nur finanziell. Ich habe nicht nur Möbel vor dem Sperrmüll gerettet, sondern über die Jahre auch für sehr wenig Geld eine einzigartige und dabei hochwertige Einrichtung zusammengestellt, die perfekt aufeinander abgestimmt ist und sich harmonisch in unser altes Schwedenhaus einfügt.

Normalerweise wird empfohlen, Möbel vor dem Streichen abzuschleifen – und generell ist das sicherlich eine gute Idee, um einen guten Haftgrund für den späteren Anstrich zu gewährleisten. Ich habe aber auch schon häufig einfach auf das Schleifen verzichtet, gerade bei Möbelstücken, die nicht täglich berührt oder bewegt werden. Aber selbst Stühle oder Tische und Schränke sind mir schon vollkommen ungeschliffen unter den Pinsel gekommen, weil Abschleifen wahrhaftig nicht zu meinen Lieblingsarbeiten gehört – jedenfalls nicht vor dem Anstrich. Nach dem Anstrich liebe ich es geradezu, mit einem Schleifpapier oder gar Spachtel über Ecken und Kanten zu kratzen, um dem neuen alten Möbelstück gewollte Gebrauchsspuren zuzufügen, die ihm letztendlich seinen Charme verleihen und es aussehen lassen, als stamme es schon aus Großmutters guter Stube. Wenn einzelne Farbpartien später von selbst abplatzen, ist das für mich also kein Problem, sondern eher ein gewünschter Effekt, der mich kaum in Aufregung versetzen kann. Wenn man auf das An- oder

Abschleifen vor dem Streichen verzichten möchte, so sollte man das Möbelstück zumindest mit warmem Wasser und einem Schuss Spülmittel entfetten, denn auf fettigem Untergrund hält jede Farbe schlecht, sodass der Auftrag allenfalls schlierig wirkt.

Ich streiche am liebsten mit Acrylfarbe in Matt-Weiß oder Antik-Weiß. Diese Farbnuancen gibt es mit ein bisschen Glück sogar auf biologischer Basis. Das Trocknen dauert in diesem Fall aber meist sehr viel länger und der Farbauftrag hat mich nicht immer überzeugt. Eine gute

Alternative ist Kalkfarbe, die man sogar selbst anmischen kann. Hier sind der Experimentierfreude fast keine Grenzen gesetzt, und jeder wird relativ schnell herausfinden, mit welcher Farbe er am liebsten arbeitet. Genauso verhält es sich mit der Frage, ob man lieber mit Pinsel oder mit einer Rolle die Farbe aufträgt. Ich persönlich mag den Effekt, der sich durch den Farbauftrag per Pinsel ergibt; das wirkt einfach rustikaler. Trotzdem grundiere ich gerne größere Flächen wie Tischplatten zuerst mit einer Farbrolle. Hierzu nutze ich bewusst nur ganz wenig Farbe, um eine Basis für den späteren Pinselanstrich zu bekommen. Den zweiten und, falls nötig, dritten Anstrich mache ich dann mit einem breiten Pinsel.

Wer seine gestrichenen Möbel am Ende gern in einem makellosen Zustand erhalten möchte, kann nach dem Streichen und Trocknen alles mit einem Möbelwachs versiegeln. Das empfiehlt sich vor allem bei Flächen, die täglich von vielen Händen berührt werden wie bei Tischen, Stühlen oder Ablagen von Kommoden.

AUS ALT MACH NEU: KLEIDUNG UMNÄHEN / NÄHEN MIT RESTSTOFFEN

Aber nicht nur Möbel kann man retten, aufarbeiten und umgestalten. Auch bei Kleidung sind der Fantasie kaum Grenzen gesetzt. So oft schon habe ich beim Flohmarkt, im Internet oder im Second-Hand-Laden wunderschöne Kleidung oder Stoffe für wenig Geld gefunden. Und selbst wenn ein Teil mal nicht perfekt passt, kann man es mit ein paar Handgriffen umnähen und anpassen – oder etwas völlig anderes daraus machen. Dazu muss man kein besonderes Schneidertalent sein, sondern nur ein bisschen Mut und Kreativität mitbringen.

Früher hatte ich ein ganz eigenes Zimmer nur zum Nähen: ein Nähtisch extra

für meine Nähmaschine und ein dreitüriger Kleiderschrank für meine große Stoffsammlung. Aber selbst in der Zeit, in der ich keinen festen Platz für die Nähmaschine hatte, habe ich genäht, dass die Nadel nur so glühte – und zwar an unserem großen Esstisch in der Küche. Die Kinder saßen mit am Tisch und haben gemalt oder gebastelt, und so konnten wir alle unseren eigenen Interessen nachgehen und trotzdem die Zeit gemeinsam verbringen. Manchmal ist es viel schöner, wenn nicht alles perfekt ist. Inzwischen reicht mir eine kleine Nähecke im Schlafzimmer. Dort entstehen in den Herbst- und Wintermonaten neue Lieblingsröcke, Gardinen, Taschen oder Decken. Die Röcke finden dann einen Platz in meinem „Kleiderschrank zum Aufhängen“ – sodass ich mich immer an ihrem Anblick erfreuen kann. Dazu habe ich einfach eine Gardinenstange mithilfe von zwei Schraubhaken und Seilen von der Decke abgehängt – und fertig war meine Kleiderstange, oder vielmehr meine Rockstange, denn hier kann ich nun meine Werke betrachten, jedes Mal, wenn ich den Raum betrete. Natürlich behalte ich nicht alle Röcke, auch wenn es meistens ziemlich schwerfällt, sich von einzelnen Teilen zu trennen, aber sie eignen sich so gut, um sie mit Freundinnen zu tauschen oder auch mal welche zu verkaufen. Und schließlich muss man ja ab und zu auch wieder Platz schaffen für die neuen Werke, die aus den alten Stoffen entstehen wollen, die man bei der letzten *Loppis*-Tour erbeutet hat.

Inzwischen habe ich übrigens nur noch einen kleinen Stoffvorrat, und damit geht es mir persönlich viel besser als

mit einem riesen Schrank voller Schätze, der mich täglich ermahnt, nähen zu müssen, um all die Mengen auch zu nutzen. Ich fühle mich viel freier, wenn ich nur den Stoff für aktuelle Projekte habe, welche mich nicht belasten – und natürlich eine gewisse Rücklage für absolute Notfälle, wenn mich die Nählust vollkommen unvorbereitet ereilen sollte.

Ich habe übrigens schon als kleines Mädchen Röcke geliebt. Trotzdem habe ich nie mehr Röcke getragen, nachdem ich in die Schule kam. Niemand sonst trug dort Röcke, und ich dachte immer, Röcke trägt man nur zu Feiern und besonderen Anlässen, außerdem wollte ich natürlich nicht auffallen unter all den weiblichen Hosenträgern.

Inzwischen weiß ich, dass jeder Tag ein besonderer Anlass ist und jeder Tag ein Grund zum Feiern. Darum trage ich jeden Tag Röcke – und weil ich mich darin einfach viel freier und beweglicher fühle als in Jeans und anderen Hosen. In meinem Schrank beherberge ich nur noch Lieblingsstücke – auch zum Arbeiten. Ich spare nichts auf für „Irgendwann“, denn das Leben ist jetzt!

Im Handumdrehen: Ein Tellerrock aus einer Tischdecke

Ich liebe es Schränke aufzuräumen, neu zu strukturieren und auch Dinge auszusortieren für den nächsten Flohmarkt, eine spannende Internet-Auktion oder die nächste Tauschparty mit einer Freundin! Beim „Ausmisten“ findet sich auch immer mal wieder ein Teil,

das umgestaltet werden möchte. Und so wird zum Beispiel aus einer alten Tischdecke, die schon ewig im Schrank auf ihre neue Bestimmung gewartet hat, mit wenigen Handgriffen ein neuer Lieblingsrock.

Die Tischdecke hatte ich mal wegen des schönen Musters und dem tollen Volant beim *Loppis* für ein paar Kronen mitgenommen. Im Handumdrehen solch einen weitschwingenden Tellerrock zu nähen, ist eigentlich ganz einfach!

Einfach selber machen! Do-it-yourself!

Garderobe aus Birkenästen

Äste als Gardinenstangen

Garderobe aus Restholz

Patchwork-Decke aus Stoffresten

VON DER RUINE ZUM TRAUMHAUS: UPCYCLING-XXL

Nach drei Jahren in Schweden im Haus am Fluss standen wir nach unserem Umzug in den Wald vor dem bislang größten Upcycling-Projekt unseres Lebens: Einem völlig verwahrlosten Hof auf einer abgeholzten Lichtung mit drei Ruinen im Nirgendwo. Jeder normale Mensch wäre schreiend weggelaufen – und scheinbar sind auch alle anderen dankend wieder gegangen, denn niemand außer uns hatte diesen Hof kaufen wollen. Also mussten wir es wohl tun, denn so konnte das ja nicht bleiben.

Zu Beginn war alles fremd und dreckig und etwas unwirklich: Der Hof war lange Zeit unbewohnt gewesen, das Haupthaus stand seit 30 Jahren leer, der Wald war rigoros gerodet worden und glich einem ausgebeuteten Schlachtfeld. Wir campierten in der zum Hof gehörenden Ferienhütte, die wir nun erst einmal als Basislager herrichteten, um danach das Haupthaus zu sanieren. Vier Personen und ein Berner Sennenhund auf knapp 60 Quadratmetern. Und die Vision vom Leben im schwedischen Wald.

Zu Beginn gab es um uns herum jede Menge Chaos und zehntausend Baustellen: Die drei Ruinen, die verwüstete Rodungsfläche. Kahlschlag und Ödland, wohin man nur sah. Es dauerte tagelang, bis ich in all den Umzugskartons

auch nur die Messer und Gabeln wiedergefunden hatte. Wir hatten zwar von Anfang an Strom und einen kleinen Ofen, der unsere Notunterkunft mit bollernder Wärme versorgte, Wasser hatten wir zu Beginn jedoch keines. Nur das aus dem schmalen Plätscherbach, der an mehreren Stellen über uns Grundstück fließt.

Bevor wir also das Haupthaus in Angriff nehmen konnten, musste zuerst ein Tiefbrunnen gebohrt und unsere Übergangsbleibe renoviert werden, während wir bereits darin hausten. Und selbstverständlich musste der neue Garten angelegt werden und natürlich ein Gewächshaus und auf jeden Fall ein Pferdestall gebaut werden. Eigentlich musste man vollkommen verrückt werden, doch irgendwie, Stück für Stück zeigte sich der Weg, während wir ihn gingen. Jeden Tag näherten wir uns unseren Zielen, wenngleich das Chaos um uns herum grenzenlos war – oder sich sogar auszudehnen schien. Dabei versuchten wir natürlich, Ressourcen zu schonen, alles zu erhalten und wiederzuverwerten, zu reparieren oder umzugestalten, was nur eben ging – nicht nur, aber auch, um Geld zu sparen, vor allem aber, um alte Werte zu erhalten.

Dornröschen im schwedischen Wald: Auf Schatzsuche im Geisterhaus

Trotz all der Arbeit, die zuerst gar nicht weniger wurde, sondern täglich mehr, schauten wir immer wieder im Haupthaus vorbei. Ließen die Stimmung auf uns wirken, die alten Wände mit uns sprechen, das raue Holz Geschichten von damals erzählen. Eigentlich hatten wir das Haupthaus abreißen wollen, denn der erste Eindruck hatte einen mehr als desolaten Zustand auf uns gemacht: Wasserschäden, teilweise marode Fassade, nasser Keller.

Aber nach und nach änderte sich der Eindruck. Nach und nach bauten wir eine feine Bindung auf. Nach und nach keimte eine Ahnung in uns, wie es sein könnte, wie es aussehen könnte, wenn wir es wagen würden, diesem uralten Holzhaus eine zweite Chance zu geben. Manchmal ist es gut, nicht sofort zu handeln, sondern erst einmal abzuwarten, zu beobachten, hinzufühlen zu bestimmten Dingen und Fragen. Denn manchmal kommen dann die Antworten ganz von selbst. Und so entwickelten wir jeden Tag ein bisschen mehr eine Vision. Und diese Vision hieß: von der Ruine zum Traumhaus!

Manchmal muss es schlimmer werden, bevor es besser werden kann! Das scheint eines unserer beständigsten Lebensmottos zu sein. Oder auch *„Eat the frog“*, „Augen zu und durch“ oder *„Life begins at the end of your comfort zone“*.

Seit wir hier im Wald wohnen, verändert der Hof ständig sein Gesicht. Besonders in den ersten zwei Jahren waren die Veränderungen immens. Nachdem wir beschlossen hatten, das alte Haus nicht wie geplant abzureißen, sondern es stattdessen komplett zu sanieren, hat vor allem Julian jede Menge Fleiß in die alten Balken gesteckt. Inzwischen sind die schlimmsten Arbeiten erledigt. Natürlich: Hier und da fehlen noch ein paar Zierleisten, an den Decken sind noch nicht alle Lampen installiert und die eine oder andere Tür wartet noch auf ihre Zarge. Vielleicht brauchen wir eine kleine Verschnaufpause – vielleicht aber ist es ein bewusstes Statement, ein entschlossenes Herauszögern der absoluten

Fertigstellung, wobei: eigentlich ist so ein Hof sowieso niemals fertig. Es ergeben sich immer neue Ideen, Projekte und Baustellen. Jedes Jahr gibt es Verbesserungen, die wir vornehmen möchten oder Dinge, die noch einmal verändert oder neu angepasst werden sollen. Und um ehrlich zu sein, finden wir das wunderbar. Wer möchte schon jemals richtig fertig werden? – Das Leben besteht aus Bewegung und Veränderung, im Grunde sind dies die einzigen Konstanten.

Während der Aufräumarbeiten und Sanierung des Hauses haben wir jede Menge Schätze geborgen. Natürlich haben wir sie alle in Sicherheit gebracht, aufgearbeitet und wachgeküsst: Der alte schwedische Buffetschrank mit den handgemalten Blumenranken und Hühnerbildern, den wir in einem der Dachzimmer gefunden haben, ist nun unser Vorratsschrank und ein echter Hingukker. Vielleicht ist er sogar die Seele des Hauses. In der Abseite unter dem Dach entdeckten wir eine uralte riesige Holztruhe, die vermutlich vor vielen Jahrzehnten einmal die Aussteuer eines Bewohners enthalten haben muss. Diese Truhe ist nun unser Wohnzimmertisch und wird jeden Tag benutzt und gewertschätzt. Ebenfalls in der Abseite fanden wir einen etwas wurmstichigen blauen Schrank, der für die Nutzung im Haus einfach nicht mehr zu retten war. Kurzerhand wurde er darum zum exklusiven Legenest für unsere Hennen und bekommt eine weitere Chance als Schmuckstück im Hühnerstall – ein Hühnerschrank der anderen Art. Auch zwei alte Kommoden konnte ich wieder aufarbeiten und sie dadurch wie von Zauberhand in unsere Einrichtung integrieren. So, als hätte schon immer alles zusammengehört.

Außerdem fanden wir noch viele andere Kleinigkeiten und Details wie alte Zeitungen, Tapeten und Schnipsel aus der Vergangenheit, die uns das Haus buchstäblich nach und nach vor die Füße warf, um uns seine Geschichte zu erzählen, vielleicht als kleines Dankeschön, dass es bleiben darf. Aus alten Bilderrahmen haben wir Zeitfenster geschaffen: alte Fragmente erhalten, um immer einen Blick in die Vergangenheit zu ermöglichen.

Auf Spurensuche. Das entdecken, was lange im Verborgenen lag. Das wachküssen, was unter dem Offensichtlichen schlummerte. Das bewahren, was längst verfallen zu sein schien. Das zu neuem Leben erwecken, was bereits dem Tode geweiht war.

Ein lang gehegter Traum. Eine große Vision. Als hätte es nur auf uns gewartet.

Als hätte es uns gerufen. Als wären wir seinem Ruf gefolgt. Als hätte jeder unserer Schritte hier hergeführt. Während wir weitergehen, hinterlassen wir unsere Spuren. Und während wir weitergehen, hinterlässt das Haus seine Spuren in uns.

Von Farbtupfern und wilden Mustern

Unsere, aber vor allem meine bevorzugte Farbe im Wohnraum ist weiß. Gerade im nordischen Winter muss man jedes Licht einfangen, was nur möglich ist – auf jede erdenkliche Weise: Möbel und Wände weiß zu streichen, ist hier eine wirklich gute Idee! Auch hier im Wald haben wir alle Wände, Decken und sogar einige Holzböden weiß gestrichen, denn die Farbtupfer malt das Leben zum Glück ganz von allein: selbstgenähte Kissenbezüge, Patchwork-Decken, Blümchen-Vorhänge und gemusterte Kaffeebecher. Zum ersten Mal entschieden wir uns nun im Esszimmer sogar für eine farbige Tapete an der einen Wand.

Vor ein paar Jahren hätte ich vielleicht oder sogar sehr wahrscheinlich die Hände über dem Kopf zusammengeschlagen beim Anblick eines solchen Musters. Vielleicht muss man erst ein paar Jahre in Schweden leben, um sich mit so einem Anblick zu identifizieren. Und zuerst war es tatsächlich sehr befremdlich mit dieser einen speziellen schwedischen Tapete den Raum zu teilen, aber sie hat eben eine bestimmte Bedeutung, denn diese Tapete ist eine besondere Tapete: Vor einigen Jahren habe ich sie in einem sehr verwunschenen uralten schwedischen Häuschen gesehen und mich sofort darin verliebt.

Dieses Häuschen stand mitten im Wald an einer kleinen verfallenen Wassermühle an einem gluckernden

Plätscherbach. Vielleicht ein wichtiger Ort, ein wichtiger Moment für uns, wenn man es mit etwas Abstand betrachtet. Damals habe ich die Tapete fotografiert, als Bildschirmhintergrund auf meinem Laptop und sogar als Hintergrund in meinem Buch „Unser Hof in Schweden“ benutzt. Und nachdem wir in den Wald gezogen sind, an einen Plätscherbach, habe ich lange nach dieser Tapete gesucht – und sie irgendwann auch gefunden.

Das mag eine lange Geschichte für eine Tapete sein, aber doch ist sie bedeutsam, denn irgendwie kommt es am Ende wieder darauf an, Ziele zu haben, Träume und Visionen. Mögen sie noch so klein oder unbedeutend, oder wild gemustert sein: es gilt, sie festzuhalten! Und irgendwann kommen sie zu uns. Manchmal ganz unerwartet. Und manchmal fast von ganz alleine. Und manchmal erscheint einem alles wie großes wundervolles Puzzle.

ZUHAUSE IM WALD – FRIEDEN, FREIHEIT, PFIFFERLINGE

Und dann plötzlich, nach etwa neun Monaten Puzzlearbeit war aus der verwahrlosten Waldhütte ein gemütliches Heim geworden, aus dem Ödland hier und dort schon Garten, Koppeln, Wege und ein Weiher. Aus dem traurigen *Lost Place* war ein Hof geworden, voller Leben: Gemüse, Hühner, Pferde, Puten – und mittendrin wir, vier Planeten in unserem eigenen kleinen Universum.

Und noch etwas war passiert: Aus der Ruine war in unseren ersten neun Monaten im Wald wieder ein Haus geworden. Ganz nebenbei scheinbar, Schritt für

Schritt, Stück für Stück, Tag für Tag. An irgendeinem Tag hatten wir angefangen. Losgelegt. Durchgestartet. Und an irgendeinem Tag war es soweit: Wir konnten in unser neues altes Haus im Wald einziehen. Am letzten Tag des Jahres 2020, dieses unglaublich verrückten Jahres, nach dem gefühlt kein Stein mehr auf dem anderen stand. Und doch ist in dieser Zeit unser neues Zuhause entstanden, aus unserer Vision. Aus unseren Träumen. Durch unsere Hände.

Wenn ich jetzt die alten Fotos von unserem Waldhaus angucke – oder das Original –, dann denke ich: Es ist Zauberei. Magie. Und ein bisschen ist es das. Aber in Wirklichkeit war es ein Knochenjob. Traumhäuser entstehen nicht nur durch Träume. In erster Linie bedeutet es, sich immer und immer wieder selbst in den Hintern zu treten – damit die Hände die Träume verwirklichen. Und darum ist ein Haus nicht immer nur ein Haus. Es ist Teil unseres Lebens, unserer Reise, unserer Träume und unserer Hände Arbeit. Darum kann man mit der Zeit mit einem Haus zusammenwachsen. So kann aus einer Ruine ein Zuhause werden und aus einem Abrissobjekt eine Festung.

Ja, bei starkem Frost und Wind merkt man noch die Schwachstellen. Dann werden wir daran erinnert, dass unser Haus im Wald kein Neubau ist. Aber wenn ich mich umsehe und tagsüber die Sonne durch die Fenster scheint oder abends das Haus im Schein von Kerzen und Kaminfeuer atmet und seufzt, dann bereue ich nicht, dass wir es haben leben lassen. Dass wir gerettet haben, was zu retten war und die alten Werte an so vielen Stellen wie nur möglich erhalten konnten. Dass wir auf unser Gefühl gehört haben, auf unser Herz. So wie immer.

Sechs Jahre, drei Häuser in Schweden. Wenn eine Tür sich schließt, öffnet sich eine andere. Buchstäblich. Wenn mich jemand fragt, ob ich es je bereut habe, kann ich ganz sicher sagen: „Nein! Niemals. Keinen einzigen Tag, keine einzige Entscheidung!" Ich würde es immer wieder tun. Natürlich war es nicht immer leicht, und es wird niemals immer leicht sein. Aber unsere Vision trieb uns weiter voran, unser Traum ließ uns nach vorne blicken.

Manchmal ist es schwer, den Fokus auf das Positive zu richten, die Leichtigkeit nicht zu verlieren und die Träume festzuhalten. Sich immer wieder selbst anzufeuern: Nicht aufhören, weitermachen, kämpfen!

„Wo ein Feuer brennt, sind wir zu Hause!"

So ähnlich steht es in Ronja Räubertochter. Und es stimmt. Am Anfang war das Feuer. Aber es geht nicht nur um das Feuer im Ofen, das Feuer, das einen warmhält, das Feuer, auf dem man kocht. – Es geht auch um das innere Feuer: Wofür brennen wir? Was lässt uns innerlich warm werden? Was bringt uns zum Leuchten? Was ist unsere Leidenschaft? Was sind unsere Träume? Wofür leben wir? Was ist unser Sinn im Leben?

Vielleicht kann ich mich darum überall zu Hause fühlen, wo meine Familie ist, meine Tiere und mein Garten. Und ja: auch meine Nähmaschine, ein Pott weißer Farbe, ein Zettel, ein Stift zum Schreiben und ein paar bunte Möbelknöpfe aus Emaille …
Wo (m)ein Feuer brennt, bin ich zu Hause!

Sonnenuntergang. Dieser Augenblick, wenn die Sonne die Erde küsst, kurz bevor sie mit ihr verschmilzt. Dieser Augenblick, der dir sagt, das Leben ist schön, auch wenn du es manchmal vergisst. Dieser Augenblick, in dem du weißt, du hast alles richtiggemacht. Dieser Augenblick, in dem du ahnst, dass du nach einer langen Reise endlich zu Hause bist.

Eine Terrasse aus dem eigenen Holz, selbst gesägt aus dem eigenen Wald. Selbstversorgung jenseits des Gemüsegartens.
Ein Sonnendeck mit Blockhausstämmen vor einem Haus aus Vierkantbohlen.
Gezähmter Wald mitten in ungezähmter Wildnis.
Stück für Stück. Brett für Brett. Pinselstrich für Pinselstrich. Meter für Meter. (T)Raum für (T)Raum.

12000st
60x23
Räfflad trådspik

Fast autark: Energiewende im Eigenheim

EINFACH AUSSTÖPSELN?

„Was ihr macht, kann aber nicht jeder machen!", hören wir oft – oder: „Was sollen denn die Leute in der Stadt machen, die nicht so leben wie ihr?"

Eine schwere und berechtigte Frage. Natürlich kann sich nicht jeder komplett autark machen, was Lebensmittel oder Energie- und Wasserversorgung angeht. Aber jeder kann etwas dafür tun, ein kleines bisschen unabhängiger zu werden, einen kleinen Schritt Richtung Autarkie zu gehen, der vielleicht der erste Schritt auf dem Weg zur ganz großen Veränderung ist. Denn auch wir sind schließlich nicht mit all dem auf die Welt gekommen, was wir jetzt sind

und leben. Es war ein langer Weg mit vielen Kurven, Abzweigungen – und manchmal auch mit Sackgassen. Das Wichtigste ist, irgendwo anzufangen; vielleicht erst einmal mit den richtigen Fragen im Kopf. Man muss den Weg nicht komplett kennen, wenn man losgeht – meistens zeigt er sich ganz von selbst, wenn man erst einmal unterwegs ist.

Ja, auch wir kommen schließlich aus der Stadt – das ist also kein Grund und keine Ausrede, nicht irgendwann einmal anders zu leben. Wir sind weder reich geboren noch haben wir jemals etwas geerbt oder im Lotto gewonnen. Wir haben uns alles erarbeitet: jeden Erfolg und jede Niederlage, jedes Hochgefühl und jeden Bauchklatscher. Immer wenn etwas geklappt hat, waren wir stolz – und immer, wenn etwas nicht so funktioniert hat, haben wir etwas daraus gelernt. Wir konnten auf unserem Weg, der manchmal abenteuerlich war und ist, aber keineswegs immer nur einfach und unbeschwert, wachsen und uns entwickeln. Und das ist vielleicht das Tollste an der gesamten Sache. Wir sind wahrlich keine Superhelden, aber wir sind immer offen für Veränderungen, Entwicklungen und neue Erkenntnisse. Wir folgen keiner vorgegebenen Doktrin: Wir schauen neugierig in alle Richtungen und probieren das aus, was uns logisch und sinnvoll erscheint. Vor allem für uns sinnvoll, denn schließlich können wir nur für uns entscheiden. Darum können wir auch nur zeigen, was wir machen. Natürlich passt das nicht für alle, aber das soll es ja auch nicht. Vielleicht aber kann es Mut machen, inspirieren und motivieren, Dinge auszuprobieren, die nicht der Norm entsprechen.

Es wäre gelogen zu behaupten, wir wären komplett autark, denn das sind wir nicht. Es war aber auch nie unser Ziel, weder bei der Lebensmittelherstellung noch bei der Energie. Allerdings hat die Zeit es einfach mit sich gebracht, dass wir immer mehr Dinge ausprobiert haben. Was gut funktioniert, behalten wir bei, was sich nicht gut anfühlt, verwerfen wir wieder. So bleibt unser Leben immer in Bewegung.

Was den Anbau von eigenen Lebensmitteln angeht, sind wir auf einem guten Weg. Sicher, es geht immer noch mehr, immer größer oder vielfältiger oder irgendwie besser. Ein Jahr läuft automatisch wie geschmiert, im nächsten Jahr erntet man vielleicht auf der gleichen Fläche nur die Hälfte. Man kann nicht alles ganz genau planen. So ist es nun mal im Leben.

In Bezug auf unsere ganz eigene private Energiewende sind wir so unabhängig wie nie zuvor: Wir haben Wasser bester Trinkwasserqualität aus unserem eigenen, 80 Meter tiefen Brunnen. Wir heizen unser Haus und die Hütte zu 100 Prozent mit Holz aus unserem eigenen Wald, und im Sommer können wir uns an den meisten Tagen komplett mit Solarstrom versorgen. Im Winter allerdings gibt es durchaus Phasen mit totaler Dunkelflaute. Tage, an denen es kaum richtig hell wird, an denen es regnet oder so neblig ist, dass man am liebsten im Bett bleiben würde. Trotzdem bleiben wir dran und suchen nach Möglichkeiten und Lösungen, auch für diese dunklen Wochen einen Weg zu finden, unseren Strom selbst zu produzieren. Vielleicht doch ein kleines Windrad? Oder möglicherweise eine kleine Turbine am Plätscherbach?

HEIZEN MIT HOLZ: DER WASSERFÜHRENDE KAMINOFEN

Das Heizen mit Holz ist uns inzwischen in Mark und Blut übergegangen, wie man so schön sagt. Schon auf unserem ersten Hof in Nordfriesland hatten wir einen Kamin. Erst einen normalen kleinen Ofen aus dem Baumarkt, später dann unseren ersten wasserführenden Kaminofen, der sowohl die Heizkörper als auch das Brauchwasser erwärmte. Zwei Fliegen mit einer Klappe. Eine feine Sache! Optisch waren und sind diese Öfen immer die Herzstücke unseres Hauses, denn auch auf dem zweiten Hof in Nordfriesland hatten wir so einen Ofen. Hier im Wald hat Julian inzwischen nun schon zum dritten Mal einen solchen Ofeneinsatz mit halbierten Steinen ummauert und auf diese Weise in River Stone-Optik erstrahlen lassen. Alle Steine für die Ummantelung stammen von unserem Grundstück. Julian hat jeden einzelnen davon im Wald gesammelt und anschließend mit der Flex halbiert.

Allerdings muss bei diesem System immer eine Stromversorgung gewährleistet sein, denn das Wasser wird mithilfe einer elektrischen Pumpe durch die Leitungen gewälzt. Im Falle eines Stromausfalles, kann das Wasser nicht bewegt werden und der Kessel überhitzt. Im schlimmsten Fall kann es durch den Überdruck zu einer Explosion kommen. Normalerweise verhindert dies die automatische thermische Ablaufsicherung, die sich öffnet, wenn die Temperatur zu stark ansteigt. Und ja, sie funktioniert, so viel können wir aus eigenen Erfahrungen sicher berichten – aber erstrebenswert ist all das nicht! Es empfiehlt sich also auf jeden Fall, zumindest für die Ofenpumpe eine Notstromversorgung zu installieren.

In Schweden gibt es oft ein ähnliches Ofensystem, die sogenannte *Vedpanna*. Die großen Öfen im Küchenhexen-Design stehen meist in der Küche und werden ebenfalls mit Holz geheizt, meist jedoch ohne Sichtfenster zur Brennkammer. Meist kann man darauf auch nicht kochen oder backen, sie dienen ausschließlich der Erwärmung der Heizkörper. Die älteren dieser Modelle sind mit viel Glück Schwerkraftheizungen, die ohne Strom auskommen. Häufiger allerdings findet man solche mit elektrisch betriebener Pumpe, die bei Stromausfall ebenfalls auf Notstrom angewiesen sind – sonst kann es einem schon mal den einen oder anderen Heizkörper zerlegen, wenn der Kessel überhitzt. Auch diesen Fall haben wir bereits erprobt und können ihn nicht zur Nachahmung empfehlen!

Trotzdem sind wir große Freunde von wasserführenden Öfen, denn – wie gesagt – nicht nur die Heizkörper im gesamten Haus werden dadurch erwärmt, sondern auch noch das Wasser zum Duschen und Abwaschen. Er beheizt also nicht nur die unmittelbare Umgebung, sondern auch das Wasser im Wassermantel um die Brennkammer oder eine Wassertasche in der Nähe des Brennraumes. Indem das Wasser in

einem geschlossenen Heizkreissystem durch Vor- und Rücklauf mittels Pumpe und Steuerung – oder idealerweise als Schwerkraftheizsystem stromlos ausgelegt – umgewälzt wird, wird die Wärme im Haus auf die Heizkörper verteilt. Das System ist im Prinzip das gleiche wie bei einer Öl-, Gas- oder Pelletheizung, nur eben mit einem ästhetischen Festbrennstoff-Heizkessel.

Ein großer Wasserspeicher im Keller ermöglicht es uns so, problemlos mit relativ wenig Holz das Warmwasser für unsere vierköpfige Familie quasi nebenbei zu erzeugen: genüssliches Warmduschen für alle inklusive. Purer Luxus also in den heutigen Zeiten! Und mit thermischer Ablaufsicherung, Überdruckventil plus Notstrom kann man diesen Luxus auch beruhigt genießen.

KÜCHENHEXE – JEDEN TAG EIN BISSCHEN LAGERFEUERSTIMMUNG

Neben oder statt der *Vedpanna* findet man in Schweden in fast jedem älteren Haus egal welcher Größe eine Küchenhexe zum Kochen, Backen und natürlich zum Heizen. Diese urigen Küchenöfen in den unterschiedlichsten Ausführungen haben es mir von Anfang an angetan. Sie geben nicht nur rein optisch der Küche eine ganz besondere Atmosphäre, auch die Art der Wärme, die sie abstrahlen, hat etwas ganz Besonderes: unmittelbar, gemütlich, traditionell und irgendwie magisch. Auch das Kochen direkt auf dem Feuer bringt immer einen Hauch von Lagerfeuerstimmung in den Alltag, und jede selbst gebackene Pizza oder die Frühstücksbrötchen aus der Küchenhexe sind eine Offenbarung – und das völlig unabhängig, ganz ohne Strom!

Dementsprechend haben wir natürlich auch in unserem Waldhaus eine Küchenhexe eingebaut. In diesem Fall ein etwas neueres Modell, welches sogar ein Fenster zur Brennkammer hat. Das ist nicht nur schön, sondern auch praktisch, weil man auf diese Weise immer das Feuer überprüfen kann und weiß, wann man

Holz nachlegen muss, ohne die Klappe zu öffnen. Schon seit Jahren träumte ich von einer Küchenhexe zum Kochen und gleichzeitigen Heizen. Hier im Wald hat sie nun also endlich Einzug gehalten, und selbst nach all den Monaten kann ich mich noch immer gar nicht daran sattsehen. So lange war dieses Bild nur in meinem Kopf. Hier ist es real geworden.

Vor inzwischen 20 Jahren haben wir allen erzählt, dass wir uns einen alten Hof kaufen wollen. Damals waren wir Anfang 20. Alle haben uns belächelt und für verrückt erklärt. Gemeinsamer Tenor: „Ja, ja, Träume darf man ja haben …“

Und Träume hatten wir. Schon immer. Träume, die verrückt waren und unrealistisch und waghalsig und bunt und schräg und groß. Und manchmal auch nur ganz klein und unscheinbar. Aber es waren unsere Träume, und wir haben immer daran festgehalten, egal, was die anderen dazu gesagt haben.

Und irgendwie sind diese Träume immer wahr geworden. Der erste kleine Resthof an der Bundestraße. Der größere Hof in der nordfriesischen Feldmark. Die winzige Waldhütte ohne Strom und Wasser. Das Haus am Fluss. Die Blockhäuser. Der Waldhof. Das Haus im Wald mit einer Küchenhexe vor weiß-schwarzen Kacheln. Ein Ort, um das Feuer zu hüten. Ein Ort, um an die Zukunft zu glauben. Ein Ort, um neue Visionen auszubrüten.

Küchenhexen gibt es in allen möglichen Ausführungen, Größen, Farben und Preisklassen. Auch hier gibt es wasserführende Modelle, was eine echte Bereicherung sein kann.

DAS EIGENE BRENNHOLZ: EIN NACHWACHSENDER ROHSTOFF

Wie viel Wald man braucht, um sich komplett mit eigenem Brennholz selbst zu versorgen, hängt von ein paar Faktoren ab: Um was für einen Baumbestand handelt es sich? Welche Holzarten wachsen dort und wie alt sind die Bäume? Darüber hinaus entscheiden Größe und Dämmung des Hauses, Modell des Ofens und letztendlich auch das persönliche Wärmebedürfnis der Bewohner über die Menge des benötigten Feuerholzes. Mit einem halben bis ganzen Hektar Wald ist man jedoch schon ganz gut bedient.

Wer nur einen sehr kleinen, jungen oder gar keinen eigenen Wald besitzt, kann beim zuständigen Forstamt einen Sägeschein für Schadholz beantragen oder aber einen Sammelschein für herumliegendes Holz. Auf diese Weise kann man in den meisten Fällen recht günstig an Feuerholz kommen, vorausgesetzt, man hält sich an die Regel, dass Feuerholz mehrmals warm macht: beim Holzmachen, beim Stapeln und beim Verbrennen.

Heizen mit Holz ist übrigens komplett CO_2-neutral: Das Holz gibt beim Verbrennen genau so viel CO_2 ab, wie es vorher gespeichert hat – und genau das tut es auch beim Verrotten im Wald. Umtriebsreife Bäume nicht zu fällen, sondern sich selbst zu überlassen, hat also absolut keine Vorteile, wenn man CO_2 einsparen möchte. Die Bilanz ist die gleiche – nur eben, dass der positive Effekt des Heizens verloren ginge. Natürlich versteht es sich von selbst, dass man für jeden gefällten Baum mindestens fünf neue pflanzt – und dass man als verantwortungsvoller Waldbesitzer auch Totholz im Wald liegen lässt.

Stück für Stück. Schritt für Schritt. Ein Tag nach dem anderen.
Was gestern war? Was morgen kommt? Nur heute zählt.
Das gestapelte Feuerholz. Die ersten Krokusse. Der umgesetzte Misthaufen. Der neue Kartoffelacker. Die pikierten Jungpflanzen. Strahlendes Rot vor leuchtendem Blau. Vogelgezwitscher. Warmer Wind. Sonnenstrahlen in den Baumwipfeln.
Wenn JETZT alles ist, was zählt, dann kommt die Zukunft von ganz allein. Dann ist die Vergangenheit immer wertvoll. Wenn man den Weg der vielen kleinen Schritte geht, dann kann man in jedem Moment ankommen.

DER EIGENE BRUNNEN: OHNE WASSER LÄUFT ES NICHT!

Wasser ist der Ursprung allen Lebens. Natürlich möchten wir hier besonders gut abgesichert sein – und natürlich unabhängig, denn kaum etwas ist lästiger, als täglich Wasserflaschen im Supermarkt kaufen und sie anschließend zurückbringen zu müssen.

Das Wohnen auf abgelegenen Höfen im Nirgendwo bringt es meist mit sich, dass diese nicht an die öffentliche Wasserversorgung angeschlossen sind, sondern eigene Brunnen haben. In Schweden findet man auch noch Häuser und Höfe komplett ohne Wasserzugang, wobei diese langsam rar werden. Zumindest einen gegrabenen Brunnen von einigen Metern Tiefe gibt es inzwischen beinahe überall. Seit einigen Jahren werden allerdings zunehmend Tiefbrunnen gebohrt, da die Wasserstände des Grundwassers im Sommer teilweise absinken. In größerer Tiefe versiegt das Wasser deutlich seltener oder gar nicht.

Als wir unseren Waldhof kauften, waren wir im festen Glauben, er habe einen Wasseranschluss – denn so stand es im Kaufvertrag. Nach ein paar Tagen mussten wir jedoch feststellen, dass dem leider nicht so war. Wohl hatte es mal einen einfachen Brunnen gegeben, diesen hatten die Vorbesitzer jedoch einfach zugeschüttet, da er den Waldarbeiten, die hier jahrelang ausschließlich durchgeführt worden waren, offenbar im Weg gewesen war. Demzufolge hatten sie Kahlschlag gemacht – nicht nur mit dem Wald. Also mussten wir einen neuen Brunnen bohren lassen, was zuerst ärgerlich, im Grunde aber sowieso die beste Lösung war, denn schließlich wollten wir auch gutes Wasser in Trinkwasserqualität haben. Glücklicherweise hatte die Brunnenbaufirma kurzfristig einen Termin frei und kam relativ umgehend, um uns aus unserer Misere zu befreien. Denn wir saßen mit vier Personen und unseren Tieren buchstäblich auf dem Trockenen – und das, wo wir doch die verwahrlosten Ruinen putzen mussten, von den alltäglichen Dingen wie Abwaschen, Duschen oder die Toilettenspülung-Betätigen einmal abgesehen.

Ein paar Tage retteten wir uns mit dem Wasser aus dem Plätscherbach, das wir mehrmals täglich mit einem kleinen Gefäß schöpften und dann mühsam viele Meter über den gesamten Hof in die kleine Hütte und zu den Tieren schleppten. Trinkwasser kauften wir natürlich in dieser Zeit. Ja, es war irgendwie möglich, aber absolut nicht erstrebenswert, auch wenn man bedenkt, wie viel Zeit wir dafür aufwenden mussten, Wasser zu schleppen. Immerhin wurde uns in dieser Zeit wieder einmal überdeutlich bewusst, dass sauberes Wasser aus der Leitung absolut keine Selbstverständlichkeit ist, sondern im Gegenteil purer Luxus!

Die Brunnenbaufirma bohrte unseren neuen Brunnen 80 Meter tief, und Julian verlegte alle Leitungen inklusive Filteranlage bis in den Keller, sodass wir endlich, endlich wieder Wasser aus dem Wasserhahn bekamen. Zur Sicherheit ließen wir noch eine Wasseranalyse durchführen, um ganz sicher zu sein, dass wir künftig bestes Trinkwasser zapfen würden.

Der eigene Brunnen im ländlichen Raum lohnt sich allemal, egal ob Tiefbrunnen oder Schachtbrunnen. Ein Tiefbrunnen wird mit schwerem Spezialmaschinen meist 50 bis 120 Meter tief gebohrt. Der Brunnenschacht hat dabei einen Durchmesser von ungefähr 20 Zentimeter und bedarf einer speziellen Tiefbrunnenpumpe. Ein Schachtbrunnen hat einen Durchmesser von 75 bis 150 Zentimeter und reicht zwischen drei und acht Meter in die Erde. Zum Fördern des Wassers kommt in der Regel ein Hauswasserwerk zum Einsatz. Die Pumpe befindet sich also im Inneren des Hauses. Für beide Systeme braucht man einen Druckschalter und einen Druckbehälter, der den Wasserdruck für die Hausverteilung bereitstellt. Bei einem Hauswasserwerk ist dieses sozusagen bereits als *„All in One“*-Lösung vorhanden.

PHOTOVOLTAIK: UNABHÄNGIGKEIT FÜR DIE STECKDOSE

Schon auf dem Dach unseres ersten Hauses in Nordfriesland hatten wir eine Solaranlage. Wann immer die Sonne schien, stand Julian vor dem Zähler und rechnete, was uns die Sonnenenergie einbrachte. Seitdem waren wir nicht mehr ohne Solarplatten: mal größer, mal kleiner – sogar auf unserem Wohnwagen und auf dem Dach unserer ersten kleinen schwedischen Waldhütte, später dann auch am Flusshaus und beim ersten selbstgebauten Blockhaus installierte Julian Solaranlagen. Die Begeisterung, eigene Energie „zu ernten“, war einfach zu groß, als dass wir je wieder darauf verzichten wollten. Während die erste Anlage noch ins öffentliche Stromnetz einspeiste, hat Julian danach überwiegend Inselanlagen gebaut, die ihren komplett eigenen Stromkreis haben und deren Ertrag zu 100 Prozent bei uns blieb. Dieser Ertrag war nicht immer besonders groß, aber er war besonders wertvoll.

Nachdem die gröbsten Baustellen auf unserem Waldhof abgeschlossen waren und zeitgleich die Strompreise immer mehr anstiegen, war es also keine Überraschung, dass auch hier wieder eine Solaranlage ins Spiel kam. Zuerst eine kleinere Notstrom-Anlage mit acht Modulen auf dem Dach der kleinen Hütte, wenig später dann zusätzlich eine aufgeständerte Bodenanlage mit zehn Solarpanelen auf einer Freifläche hinter der Hütte. Für diese entschieden wir uns aus optischen Gründen, vor allem aber, da die Ausrichtung der Dachfläche vom Wohnhaus nicht ideal gewesen wäre.

Bis zu dem Zeitpunkt fand ich Solaranlagen immer hässlich und habe sie als störend empfunden. Seit aber die Bodenanlage auf dem kleinen Hügel hinter der Hütte der Sonne entgegenstrahlt, finde ich sie doch irgendwie durchaus ästhetisch. Vor allem aber ist sie ein Statement: für mehr Eigenverantwortung und mehr Unabhängigkeit. Ein verdammt gutes Gefühl!

Im Sommer sollten wir mit unserer Anlage immer ausreichend Strom produzieren können, sogar Überschüsse sind hier regelmäßig zu erwarten. Dann können wir auch unser Warmwasser per Solar erwärmen, damit wir nicht im Sommer den wasserführenden Kaminofen anfeuern müssen. Im Winter sieht es schon anders aus: gerade in den ganz dunklen Monaten von November bis Februar müssen wir mit vielen Tagen ohne oder mit nur sehr wenig Sonne rechnen – und zurechtkommen. Schnell ist uns nach anfänglicher Euphorie klar geworden, dass es in Mitteleuropa fast unmöglich ist, seinen eigenen Strom ausschließlich auf diese Weise zu produzieren – oder nur mit sehr großen Speichern. Idealerweise ergänzen ein kleines Windkraftrad oder sogar etwas Wasserkraft die fehlenden Sonnenstunden im Winter, wenn dies durch die entsprechenden Gegebenheiten möglich ist.

Hier sind wir noch am Testen, Recherchieren und Ausprobieren, wie wir möglichst viel Strom selbst produzieren – und vor allem speichern können. Definitiv möchten wir die Solarfläche und Speicherkapazitäten noch vergrößern. Wir denken aber auch darüber nach, ob ein kleines Windrad oder Wasserkraft an unserem Standort Sinn ergeben könnten. Diesbezüglich wird es wohl nicht so schnell langweilig werden – und im Notfall muss solang der Generator einspringen. Das ist natürlich nicht optimal und schafft wiederum Abhängigkeiten, aber alles auf einmal perfekt umzustellen auf *„off grid“*, ist einfach unrealistisch. Auch in dieses Thema müssen wir langsam hineinwachsen, Erfahrungen sammeln, Erfolge feiern – und die ein oder andere Niederlage einstekken. Aber auch dafür sind wir dankbar, denn nur so können wir lernen und uns verbessern.

Gerade Photovoltaik ist für die Eigenstromversorgung von großer Bedeutung. Andererseits ist es ein komplexes Thema. Zur Stromversorgung eines durchschnittlichen Einfamilienhauses einer vierköpfigen Familie bedarf es mindestens zehn Kilowattpeak Solarmodulleistung. Auch ein mindestens Zwanzig-Kilowatt-Batteriespeicher ist empfehlenswert, wenn man seinen Strom zumindest zu achtzig Prozent selbst erzeugen möchte. Die Investition wird sich bei weiter steigenden Strompreisen schnell amortisieren.

SOLARTHERMIE: IMMER SONNENWARMES WASSER

Eine günstige Warmwasserlösung für den Sommer stellen Röhrenkollektoren dar. Durch diese kann recht kostengünstig ebenfalls das Brauchwasser erwärmt werden. Durch ein geschlossenes Pumpen-Kreislaufsystem wird die Wärme vom Dach oder anderer Installationsfläche zum Brauchwasserspeicher transportiert und dort durch einen Wärmetauscher abgegeben. Diese Anlagen sind schon für 1.500 Euro zu bekommen, und bei Eigeninstallation kommen keine Extrakosten dazu.

Auf unserem zweiten Hof in Nordfriesland hatten wir eine solche

Photovoltaik-Anlage auf dem Dach des Wohnhauses, um das Wasser zu erwärmen, unabhängig vom wasserführenden Kaminofen. Eigentlich wollten wir es hier auf dem Waldhof wieder ähnlich handhaben. Da aber die Ausrichtung des Daches vom Wohnhaus nicht geeignet war und wir auch sonst keine optimale Lösung gefunden haben, haben wir dieses Projekt vorerst auf Eis gelegt. Dementsprechend mussten wir auch im Sommer alle zwei Tage Feuer machen, um warmes Wasser zu bekommen. Nicht dramatisch, da die Wärme direkt ins Wasser geht, wenn man die Heizkörper ausdreht, aber irgendwie unnötig. Da wir aber dann im Zuge der steigenden Strompreise die größere Solaranlage installiert haben, die weit über eine Notstromversorgung hinausgeht, hat sich das Thema Photovoltaik in unserem Fall sowieso erledigt. Nun können wir, wie bereits erwähnt, unser Wasser im Sommer durch den Überschuss an Solarstrom erwärmen, denn unser Warmwasserspeicher verfügt auch über einen zusätzlichen Stromanschluss, sodass man ihn nicht ausschließlich mit dem wasserführenden Kaminofen, sondern auch Feuer-unabhängig erwärmen kann.

WASSERKRAFT – ES KLAPPERT DIE MÜHLE AM PLÄTSCHERBACH?

Ein weiteres Thema, was uns – vor allem natürlich Julian – brennend interessiert, ist Wasserkraft. Bisher haben wir in unseren kleinen Plätscherbach weder ein Wasserrad noch eine Turbine gehängt, weil wir nicht ganz sicher waren, ob sich der Aufwand lohnt. Im Sommer führt das Bächlein oft kaum oder nahezu kein Wasser. Und im Winter gibt es durchaus Phasen, wo das Wasser zufriert. Beides keine idealen Voraussetzungen für die Nutzung von Wasserkraft.

Fließgeschwindigkeit und Wasserdruck sollten schon eine gewisse Stärke haben, außerdem muss eine bestimmte Fallhöhe vorhanden sein, damit sich die Installation bezahlt macht. Trotzdem behalten wir die Option im Hinterkopf, hier eventuell mittels eines kleinen Staubeckens bessere Bedingungen zu schaffen, um vielleicht doch noch in den Genuss von Wasserkraft zu kommen, die bei Dunkelflauten unsere Stromernte etwas verbessern könnte.

WINDKRAFT: EIN PROPELLER AUF DEM DACH?

Auch beim Thema Windkraft sind wir weiterhin wild unentschlossen. Lohnt sich die Investition in ein kleines Windrad wirklich im Verhältnis zur Effizienz? Wir recherchieren und werden sehen, ob wir uns langfristig dafür oder dagegen entscheiden – oder gar ein eigenes kleines Windrad bauen.

Immerhin kann man über Windkraft denken, was man möchte. Sicherlich gibt es Vor- und Nachteile. Je nach Standort und Herstellungsweise können sie sicherlich sinnvoll sein, solange sie nicht inflationär die Landschaft verschandeln. Gerade für den Eigenbedarf mit kurzen Wegen zwischen Erzeuger und Verbraucher scheint Windkraft im kleinen Stil eine gute Idee zu sein. Wie es mit der tatsächlichen Umsetzung aussieht, können wir bisher nur vermuten. Aber natürlich reizt es uns schon, auch hier zu experimentieren und praktische Erfahrungen zu sammeln. Denn ohne eigene Erfahrungen ist es immer schwer, etwas richtig zu beurteilen.

FALLS ALLE STRICKE REIßEN: NOTSTROM IN DER DUNKELFLAUTE

Wie bereits erwähnt haben wir für den Notfall einen Generator angeschafft, um die wichtigsten Geräte bei absoluter Dunkelflaute oder Stromausfall am Laufen halten zu können. Denn auch, wenn wir auf das meiste zumindest ein paar Tage verzichten können, ein paar Dinge gibt es doch, die bei uns auf Strom angewiesen sind und auf keinen Fall ausfallen dürfen, vor allem nicht im Winter. Dazu gehören die Brunnenpumpe, die Umwälzpumpe vom wasserführenden Kaminofen und unsere Tiefkühltruhe, die natürlich gerade zum Winter hin voll mit unseren Vorräten aus dem Garten ist. Demzufolge wäre es eine mittelschwere Katastrophe, würde die Tiefkühltruhe auftauen und unsere Ernte, all der Fisch und das Fleisch verderben. Sicher: Wenn die Außentemperaturen niedrig genug sind, könnten wir alles einfach draußen dem Frost anvertrauen, aber darauf möchten wir uns lieber nicht verlassen.

Und genau für diesen Notfall steht der Generator bereit – und natürlich ein ausreichend großer Vorrat an Diesel.

Denn bei einem flächendeckenden Stromausfall oder gar Blackout über mehrere Tage sind natürlich auch die Tankstellen außer Betrieb. Da fühlt es sich schon besser an, für einen solchen Fall gerüstet zu sein. Aber selbst ein paar Tage ohne Sonne können reichen, um einen Generator anschmeißen zu müssen, wenn man nicht auf das öffentliche Stromnetz zugreifen kann oder will. Haben ist hier – wie in so vielen Bereichen der Krisenvorsorge – definitiv besser als brauchen.

Auch bei den Generatoren gibt es Modelle in allen Größen und Preisklassen, für den Betrieb mit Diesel oder Benzin. Je nachdem, ob man nur den Notbetrieb gewährleisten möchte oder auch in jeder Situation den Backofen und die Waschmaschine betreiben möchte, kann man hier ganz genau überlegen und entscheiden, für welche Ausführung man sich entscheidet. Notstrom-Generatoren gibt es im Normalfall schon ab 300 Euro aufwärts. Ein Modell für 500 Euro ist schon deutlich leiser und hat oftmals Elektrostart. Ein brauchbarer Dieselgenerator mit E-Start kostet mindestens 1000 Euro. Die besseren Modelle liegen bei 3000 Euro. Bei den großen Exemplaren ist es durchaus sinnvoll, dass sie Räder haben, denn so ein ausgewachsener Generator kann ganz schön schwer sein. Die Option „Elektrostart" ist ein Komfort, den man sich auf jeden Fall leisten sollte. Wer einen bockigen Rasenmäher mit Seilzug zum Anlassen hat, weiß, warum.

Neuerdings gibt es aber auch mobile Powerstations in verschiedenen Größen, die durch Solar, eine Ladequelle wie das öffentliche Netz oder einen Generator aufgeladen werden können. Diese bieten den vollen Komfort: Sie verbinden Solaranlage, kleinen Batteriespeicher, Laderegler und Wechselrichter in einem Gerät. Das einfache *„Plug and Play"*-Design macht sie auch für Laien zu idealen Notstrom-Lösungen. Bei Stromausfall sind sie leise und können die meisten Haushaltsgeräte für eine Zeit betreiben.

Wem all diese Dinge zu teuer sind, kann sich für einen günstigen Spannungswandler entscheiden, der aus z. B. 12 Volt Gleichstrom 230 Volt Wechselstrom macht. Diese Geräte fangen bei 50 Euro an und können an die meisten PKW-Batterien angeschlossen werden: Einfach das Auto laufen lassen, und der selbstgebaute Generator liefert haushaltsüblichen Strom.

AUCH OHNE KRISE KRISENSICHER: SPEISEKAMMER UND NOTVORRAT

Eine Speisekammer und einen Notvorrat zu haben, war Jahrzehnte, ja sogar über Jahrhunderte, völlig normal. Zwischenzeitlich wurden Menschen mit Speisekammer eher milde belächelt oder sogar verspottet. Wozu das Ganze, wo man doch bequem immer und jederzeit im Supermarkt einkaufen kann?

Erst ganz langsam setzt sich die Idee wieder durch, dass es durchaus sinnvoll sein kann, selbst ganz unabhängig von jeglicher Krise, ein paar Vorräte im Haus zu haben. Man muss ja nicht gleich der Apokalypse huldigen. Es reicht schon, dass man vielleicht krank ist oder das Wetter einen im Haus hält – oder dass man vielleicht schlicht und ergreifend keine Lust hat, für ein einziges vergessenes Teil noch einmal zum Supermarkt zu gehen oder zu fahren. Bei den gestiegenen Spritpreisen überlegt man sich ja ohnehin jede Tour dreimal.

Was in so einer Speisekammer oder in einem Notvorrat eingelagert werden sollte, ist eine recht individuelle Frage. Natürlich kommt es vor allem auf die Lagermöglichkeiten an, und hierbei auf Platz, Temperatur und Luftfeuchtigkeit. Haferflocken brauchen logischerweise andere Lagervoraussetzungen als Kartoffeln oder Suppenhühner. Am besten schreibt man sich eine Liste mit Dingen, die man immer und ständig ohnehin zum Kochen und Backen benutzt, denn so geht man sicher, dass nichts umsonst gekauft wird und womöglich ungenutzt verdirbt. Und natürlich bringt es nichts, hunderte Pakete Nudeln und Klopapier zu bevorraten, denn in einer Notsituation ist beides keine besonders ausgewogene Ernährung. Auch, oder vor allem in einer Krisensituation sollte man daran denken, sich zumindest einigermaßen gesund zu ernähren. Ein paar Konserven, Mehl, Trockenfrüchte, Knäckebrot, Reis, Nudeln, Öl, Hafermilch und vor allem Wasservorräte sollten aber auf keiner Liste fehlen; dazu auf jeden Fall auch Kerzen, Streichhölzer, Seife und Batterien.

Da unser Haus momentan keine eigene Speisekammer hat, haben wir kurzerhand einen Teil des geräumigen Flurs dazu gemacht. Unser schöner Hühnerschrank passt genau in die Ecke unter der Treppe, die ins Obergeschoss führt. Dort lagern Teile unserer Vorräte wie Marmelade oder Eingemachtes und Dinge, die trocken gelagert werden müssen; ebenso wie in meiner geliebten alten Küchenbank, die wir damals aus unserer ersten kleinen Waldhütte mitgenommen haben. Zusätzlich steht dort eine alte Truhe aus rot-lackiertem Holz aus Julians Kindertagen und eine kleine Kommode, die ebenfalls als Stauraum für unsere Vorräte dienen. Gemeinsam bilden all diese eigentlich wild zusammengewürfelten Möbelstükke ein gemütliches Stillleben mit einem übergeordneten Zweck und beweisen täglich, dass auch Praktisches und Nützliches durchaus dekorativ sein kann.

Überhaupt macht es Spaß, Vorräte hübsch zu verstauen und zu lagern: Getrocknete Kräuter und Pilze stehen in großen alten Einmachgläsern im Buffetschrank im Esszimmer. Reis, Nüsse und Kerne warten in Gläsern und hübschen Blechdosen in der Küche auf ihren Einsatz. Selbst das Hundefutter hat einen hübschen Aufbewahrungsort gefunden: in einer großen cremefarbigen Blechtonne im Flur, direkt neben dem Hundeplatz: allzeit griffbereit, aber geschützt vor Feuchtigkeit und allzu hungrigen Hundenasen.

Alle Vorräte, die wir nicht direkt im Haus unterbringen können, befinden sich im Keller. Dort lagern Kartoffeln und alles, was in die Tiefkühltruhe gehört:

Suppenhühnchen, Rehkeule, Bohnen, Grünkohl und andere Gemüse, die ich lieber einfriere als einkoche. Um in den Keller zu gelangen, muss man entweder vorne herum ums Haus gehen, oder hinten herum durch die Küche über unsere selbstgebaute Terrasse. Im Winter mag das etwas unpraktisch sein, aber ich verbinde diesen Gang an die frische Luft immer gleich damit, Wäsche in die Waschmaschine zu bringen oder von dort mit ins Haus zurück zu nehmen. Denn auch unsere Waschmaschine wohnt im Keller. Im Sommer hole ich bei der Gelegenheit gleich ein paar Kräuter von der Terrasse fürs Mittagessen oder genieße einfach die Aussicht in den Wald.

ERDKELLER UND ERDMIETEN: KÜHLSCHRÄNKE OHNE STROM

Für die Lagerung von Obst, Gemüse und anderen Vorräten, in erster Linie von Eingemachtem, eignen sich bestens Erdkeller oder auch Erdmieten. Diese halten im Idealfall relativ konstant die Temperatur und Luftfeuchtigkeit, was gerade für die Lagerung von Kartoffeln besonders wichtig ist, denn diese müssen ja über viele Monate frostfrei gelagert werden können. Wichtig ist hier, dass sie nicht zu nass, zu warm oder zu trocken liegen – und Mäuse-sicher müssen sie auch sein! Ebenso brauchen sämtliche Rüben, Rote und Gelbe Bete, Pastinaken und Möhren ein sicheres Winterquartier, aus dem man sie jederzeit entnehmen kann und in dem sie nicht austrocknen dürfen. Aber auch andere Gemüsesorten mit einer kürzeren Lagerdauer sind übergangsweise gut in Erdkellern aufgehoben. Ein guter Erdkeller hat eine Temperatur von 3 bis 8 Grad bei niedriger Luftzirkulation und hoher Luftfeuchtigkeit. Diese Faktoren stoppen den Reifeprozess von Obst und Gemüse und gewährleisten eine möglichst lange Einlagerung ohne Qualitätseinbußen. Optimal hat der Erdkeller einen Eingang nach Norden oder Osten in Hanglage. Die Abdeckung mit Erde sollte mindestens 70 bis 110 Zentimeter dick sein. Als Bodenbelag eignen sich beispielsweise Ziegel oder grober Kies.

Wer keinen Erdkeller hat und auch keinen anlegen möchte, kann sich mit einer Erdmiete weiterhelfen: Dazu wird ein dem Bedarf angemessener Graben ausgeschachtet, in den das Gemüse in Kisten eingelagert und anschließend mit Stroh und Brettern abgedeckt wird, um es vor Regen und Kälte zu schützen. Auch ausrangierte vergrabene

Trommeln von Waschmaschinen eignen sich hierfür optimal. So werden Wasserabfluss und Belüftung gewährleistet sowie Mauseattacken verhindert. Am besten wird so eine Trommel mit Sand umhüllt, um die Drainage-Wirkung zu optimieren. Auch auf den Trommelboden gibt man eine Sandschicht. Einen passenden Deckel mit Griff sägt man am besten aus Holz zurecht. Als Isolation kann man noch eine Lage Noppenfolie zwischen Trommel und Deckel legen – hier aber unbedingt regelmäßig auf Kondenswasser kontrollieren! Alternativ zur Wäschetrommel eignen sich auch dicke Betonrohre, aufrecht in die Erde eingelassen und mit Stroh gefüllt.

Wer Hochbeete hat, kann ebenfalls ein Hochbeet über den Winter als Erdmiete umfunktionieren. Dies bietet sich an, wenn das Hochbeet sowieso gerade aufgefüllt werden muss: Im Herbst wird einfach ein großer Teil der Erde zur Seite gebracht, das Gemüse in dem entstanden Raum eingelagert, und anschließend, ebenso wie bei der normalen Erdmiete, alles mit Stroh und Brettern bedeckt. Die Abdeckung mit Folien gegen Regen eignet sich übrigens nicht – auch hier kann durch Temperaturschwankungen Kondenswasser entstehen, wodurch sowohl das Stroh als auch das Gemüse faulig werden kann.

EXKURS: LÖSUNGEN STATT PROBLEME: AUTARK IN DER MIETSWOHNUNG?

Wie bereits erwähnt: Natürlich hat nicht jeder die Möglichkeiten, sich Energietechnisch oder was Vorratshaltung angeht, komplett oder zumindest zu einem Großteil unabhängig zu machen. Was also tun, wenn man in einer Mietswohnung lebt oder die finanziellen Mittel nicht ausreichen, um große Investitionen zu machen?

Platz ist in der kleinsten Hütte – vor allem, wenn es darum geht, Vorräte anzulegen. Aus unserer Sicht gibt es diesbezüglich keine Ausreden: kein Platz, kein Geld, ungemütlich – und wofür überhaupt? Dabei braucht man für die Vorratshaltung nicht eine extra Speisekammer oder besonders viel Platz. Selbst in einer simplen Kiste, einer Schublade, einem Regal oder einem Schrank, ja selbst unter dem Bett, in einem Karton oben auf dem Schrank oder in anderen ungenutzten Ecken findet sich garantiert in jeder noch so kleinen Wohnung eine Ecke für ein paar Vorräte. Und wenn man sich ein bisschen

Mühe gibt, kann das Ganze sogar richtig hübsch aussehen, sodass der Faktor „ungemütlich" ebenfalls ausgeschlossen werden kann. Wenn man in einer Hauruckaktion bei einer Krise alle Vorräte auf einmal einkaufen will oder muss, ist es entweder bereits zu spät, oder man kann in extreme Stress-Situationen kommen, was Organisation und auch die finanziellen Mittel angeht. Wenn man allerdings über Wochen und Monate oder gar über Jahre Stück für Stück immer mal ein paar Teile mehr einkauft, vor allem solche, die man ohnehin aufbraucht, gibt es wirklich absolut keinen Grund, es nicht zu tun. Dies klammert auch den Vorwurf aus, man würde anderen Menschen durch Hamsterkäufe alles wegschnappen. Das trifft vielleicht auf Panikkäufe in letzter Minute zu, nicht aber auf eine langfristige, gut geplante Aufstockung der Vorräte – hier vor allem auch Wasserflaschen.

Auch für Wohnungen oder Häuser mit kleinen Gärten gibt es Solarlösungen, sogenannte Balkonkraftwerke, mit denen man bei Bedarf bestimmte Abnehmer mit Strom versorgen kann – sogar kleine Heizlüfter oder E-Heizungen. Generatoren gibt es auch in kleiner Ausführung, sodass man zumindest für eine gewisse Zeit ein wenig Strom erzeugen kann, um damit beispielsweise eine Batterie zu laden, die wiederum später im Haus genutzt werden kann. Zum Kochen sollte man zumindest einen Grill und genügend Kohle und/oder einen Campingkocher mit einem ausreichend großen Vorrat an Gaskartuschen auf Lager haben. Auch ein kleiner Raketenofen kann sehr hilfreich sein, da er extrem wenig Holz verbraucht. Auch Tannenzapfen und Ähnliches können hier schon reichen, um über eine längere Zeit im Freien kochen zu können.

Hier sind der Kreativität kaum Grenzen gesetzt, sofern man rechtzeitig anfängt, sich mit möglichen Problemen und deren Lösungen zu beschäftigen. Wenn man erst in letzter Minute aktiv wird, sich überhaupt mit diesen Themen zu beschäftigen, ist die Wahrscheinlichkeit, zielführende Lösungen zu finden, deutlich geringer, als wenn man schon im Bilde ist und sich verschiedene Szenarien im Kopf durchgespielt hat. Das hat absolut nichts mit Panikmache zu tun, wie einige Leute meinen, sondern nur mit gesundem Menschenverstand. Schließlich liegt es in der Natur des Menschen, bestmöglich vorbereitet für bestimmte Situationen zu sein – und dafür muss man weder Selbstversorger noch Prepper sein. Es gibt einfach ein sehr gutes und beruhigendes Gefühl, wenn man ein paar Vorkehrungen getroffen hat. In welchem Maße dies geschieht, kann ja vollkommen individuell bestimmt werden.

Ein paar Gedanken zum Schluss: Selbstversorgung hat uns reich gemacht!

Wir haben nun unseren Traum vom Leben als Selbstversorger zumindest an der Oberfläche einmal von allen Seiten beleuchtet: den Garten, die Tiere, Upcycling, Renovieren, Energieversorgung und vieles mehr. Jeder einzelne Aspekt kann zur Selbstversorgung gehören und uns ein kleines Stückchen unabhängiger machen vom großen Ganzen – und dennoch auch wieder neue Abhängigkeiten schaffen. Von bestimmten Kreisläufen, von den Jahreszeiten und weil wir eben die Verantwortung für so viele Bereiche übernommen haben. Fluch und Segen! Welche dieser beiden die Oberhand gewinnt, liegt immer bei uns selbst, denn nur wir selbst können das Maß und Ausmaß unserer Selbstversorgung bestimmen und dafür sorgen, dass unser Traum traumhaft schön ist und bleibt und sich nicht durch Überforderung in einen Alptraum verwandelt. Hier spielt natürlich auch der Rest der Familie eine wichtige Rolle: Ist man Einzelkämpfer im Gemüsegarten, im Hühnerstall und im Brennholzschuppen oder zieht die gesamte Familie an einem Strang? Sind die Kinder noch klein oder schon Teenager?

Und natürlich besteht das Leben als Selbstversorger nicht nur aus zwei Jahreszeiten, es gibt nicht nur Frühling und Sommer, wo alles blüht und warm ist, wo die Vögel zwitschern und einem Gemüse und Obst von selber in den Mund wachsen. Auch im Herbst und Winter geht das Leben als Selbstversorger weiter – nur eben ganz anders. Auf dem Land ist man dem Wechsel der Jahreszeiten deutlich stärker unterworfen als in der Stadt, als Vollzeitselbstversorger logischerweise mehr als derjenige, der nur saisonal ein bisschen Gemüse auf dem Balkon anbaut. Und noch etwas:

Wenn man sich entscheidet, das volle Programm zu fahren, dann ist man 365 Tage im Jahr Selbstversorger, in guten wie in schlechten Zeiten, auch wenn man krank ist und keine Lust hat – und auch an Sonn- und Feiertagen!

Wenn die Nächte im Spätsommer oder im frühen Herbst klarer sind als gedacht, dann kommt der erste Frost manchmal viel früher, als der Wetterbericht es vorhergesagt hat. Dann wache ich nachts auf und spüre, dass er dort draußen ist, der Frost. Er schleicht ums Haus. Er stromert durch meinen Garten.

Er nagt an meinen Kürbissen, streift meine Zucchini und lechzt nach all den feinen Bohnen, die dort noch wachsen. Ich kann ihn spüren, den Frost, wie er dort draußen umhergeht. Besser ist es, ich höre nicht so genau auf den Wetterbericht.

Besser, ich höre auf mein Gefühl und die Zeichen der Natur. Denn beides betrügt mich nie. Rechtzeitig ernte ich meine Kürbisse und bette sie auf weichem Heu im Gewächshaus, verwahre die Bohnen sicher in der Kühltruhe und die Zucchini friedlich in unserem Flur, lege warmes Vlies über die empfindlichen Kulturen.

Dann soll er nur kommen, der Frost. Er wird mit leeren Händen gehen. Egal, was der Wetterbericht sagt.

SELBSTVERSORGUNG IM WINTER: DANKBARKEIT IM TIEFSCHNEE

Wenn der Winter vollumfänglich Einzug gehalten hat, draußen zentimeterdick der Schnee liegt, die Gemüseernte sich nur noch auf ein Minimum beschränkt und drinnen das Feuer im Ofen prasselt – legt dann der Selbstversorger gemütlich die Füße auf den Tisch und wartet auf den nächsten Frühling? Die Antwort lautet: Ja! Und Nein!

Selbstverständlich ist der Winter auf dem Selbstversorgerhof in gewisser Weise ruhiger und geruhsamer als der Rest des Jahres: Der Garten braucht kaum Aufmerksamkeit, es gibt keine Jungtiere zu versorgen, Projekte im Freien begrenzen sich meist auf das Notwendigste. Es scheint ein bisschen, als hätte jemand auf die Pausentaste gedrückt. Und doch fällt es dem durchschnittlichen Selbstversorger meist schwer, einfach nur im wahrsten Sinne die Füße stillzuhalten und nichts zu tun. Selbst wenn er einmal nicht damit beschäftigt ist, Brennholz ins Haus zu schaffen oder Bäume zu fällen, um bereits das Brennholz für die nächste Saison zu sichern, selbst wenn er nicht gerade temperiertes Wasser nach draußen zu den Tieren trägt und dicke Eisschichten von den Tränken klopft, ja, selbst wenn er still und ruhig mit einem Buch auf dem Sofa sitzt, dick eingemummelt in eine Wolldecke, dann rumort es in seinem Kopf und es kribbelt bereits wieder in den Fingern. Dann wird neues Wissen erschlossen, neue Pläne geschmiedet, neue Ideen für die nächste Saison ausgeheckt. Selbst im tiefsten Winter wird groß geträumt und wild geplant. Dann nämlich, wenn Zeit für Dinge ist, die im Sommer meist fehlt. Im Winter können wir Bücher lesen, YouTube-Videos schauen, uns weiterbilden und den

Horizont erweitern. Wir können reparieren, renovieren, experimentieren und neue Kochrezepte ausprobieren. Wir können nähen und schreiben und basteln – und endlich all die Dinge tun, zu denen wir im Sommer nicht gekommen sind. Wir können unproduktiv aussehen, aber innerlich vor Produktivität und Kreativität beinahe platzen.

Ja, der Winter ist manchmal gar nicht so leicht, gerade in Schweden ist er lang und kalt und dunkel. Aber in all dieser Dunkelheit und Kälte liegt es ganz bei uns, das Feuer zu hüten und bereits all die kleinen Kleinigkeiten zu planen und vorzubereiten, die das nächste Jahr noch schöner machen sollen: noch produktiver, effektiver oder einfacher. Der Winter ist die Geburtsstunde des Sommers und eine Zeit, um Kraft zu tanken für den nächsten Kreislauf, in dem all das Säen und Hegen, das Ernten und Verarbeiten von vorne beginnt.

Der Winter ist auch die Zeit der Dankbarkeit, in der man das vergangene Jahr Revue passieren lässt und sich überlegt, was es zu verbessern gilt – und um die Früchte der Arbeit zu genießen: ein Glas mit der selbstgemachten Blaubeermarmelade zu öffnen, mitten im Winter eine Erdbeertorte mit eigenen Erdbeeren aus der Tiefkühltruhe zu backen, zu Weihnachten ein wunderbares Menü aus eigenen Kartoffeln, Bohnen, Rotkohl und Brathähnchen oder Rehkeule in der Küchenhexe zuzubereiten, die nebenbei das Haus mit dem Holz aus dem eigenen Wald wärmt. Nach der Arbeit draußen in der Kälte am Ende des Tages unter die Dusche zu steigen, und das heiße Wasser zu genießen, das der wasserführende Kaminofen erwärmt hat. All diese Momente voller Dankbarkeit für die kleinen und großen Dinge in unserem Leben vertreiben die Kälte und sagen uns, dass wir auf dem richtigen Weg sind.

EISZEIT IN SCHWEDEN

Es ist Winter geworden. Der Winter ist hart. Lang. Dunkel. Manchmal einsam.

Aber ich bin dankbar, dass es den Winter gibt, denn ich weiß, nur so kann ich mich wieder auf den Sommer freuen. Manchmal wächst nur aus vorhandenen Kontrasten die Wertschätzung für die Dinge.

Wo Licht ist, ist auch Schatten. Menschen neigen dazu, nur die Schatten zu sehen, darin zu versinken, bis die Schatten auch in den Menschen sind. Aber wo Schatten sind, dort muss auch Licht sein!

Es ist nicht immer leicht, dankbar zu sein. Es ist nicht immer leicht, vor lauter Schatten noch das Licht zu sehen. Meistens strahlt das Licht in den ganz kleinen Dingen: die Ringelblume, die trotz eisiger Kälte unter Eiskristallen noch immer in der Morgensonne strahlt. Die gefrorenen Haare am weichen Maul meines Pferdes, das zufrieden sein Heu frisst. Das Heu, das noch immer nach Sommer duftet. Das muntere Gurren meiner wunderschönen Blumenhühner, wenn sie geschäftig im Stall herumwuseln. Die warmen frischen Frühstückseier zu den selbst gebackenen Brötchen aus unserer Küchenhexe, bestrichen mit der Blaubeermarmelade, die nach Spätsommer und Wald schmeckt. Die Eiskristalle an den Fenstern im Gewächshaus, in denen sich die Morgensonne bricht und die schöner sind als jede Weihnachtsdekoration es je sein kann.

Und auch die Arbeit in der glitzernden Kälte, die einen wieder warm macht. Diese Arbeit, die manchmal so hart und kräfteraubend ist. Die Arbeit, die einen manchmal verzweifeln lassen möchte, weil sie unendlich zu sein scheint. Aber sie ist echt. Und sie ist selbstbestimmt. Und wir können sie schaffen. Als Familie, als Team. Und weil wir wissen, wofür!

Ich bin dankbar auch für die Herausforderungen, vor die wir immer wieder gestellt werden, denn sie geben uns die Möglichkeit, daran nicht zu verzweifeln, sondern daran zu wachsen.

Wie man den schwedischen Winter aushalten kann, werde ich manchmal gefragt. Und manchmal frage ich mich das selbst. Nun: mal besser, mal schlechter.

Eigentlich ist er ganz gemütlich, der schwedische Winter. Und eigentlich ist er auch wild-romantisch. Aber manchmal ist er einfach nur kalt und dunkel und erbarmungslos. Und manchmal ist er auch einsam.

Manchmal ist er schwer zu ertragen, manchmal ist er viel zu lang, auch wenn er eigentlich gerade erst begonnen hat.

Manchmal kriecht die Dunkelheit aus allen Ecken auf einen zu, hier draußen im Wald – und manchmal auch die Kälte. Wenn die kleine Küchenhexe tapfer bollert. Und die kleine Küchen-Hexe tapfer Holz nachlegt, unentwegt und immer wieder, um die Dunkelheit von sich fernzuhalten. Und die Kälte. Dann träumt sie vom Sommer und klammert sich ganz fest an ihren Kaffeebecher.

Manchmal ist es so still, dass man nur das Fallen der Schneeflocken hört. Oder das Knacken des Feuers. Oder das Krachen der alten Balken, die uralte Geschichten erzählen. Von kalten Wintern, von dunklen Nächten, von prasselnden Feuern. Aber auch von strahlend hellen, niemals endenden Sommern.

Ja, der schwedische Winter ist etwas ganz Besonderes. Und eigentlich kann man ihn ganz gut ertragen. Manchmal. Meistens sogar. Aber vielleicht nicht immer.

Und dann muss man ganz schnell das Licht anmachen und sich der Dunkelheit entschlossen entgegenstellen.

DAS RICHTIGE MASS FINDEN: IST WENIGER MEHR? KANN VERZICHT EIN GEWINN SEIN?

Im Vergleich zu vielen Jahren vorher haben wir es also endlich geschafft, ein Gleichgewicht herzustellen zwischen Arbeit und Genuss: Nicht mehr leben, um uns bestmöglich selbst zu versorgen, sondern uns selbst versorgen, um bestmöglich zu leben! Selbstfürsorge: Für sich selbst sorgen, sich um sich selbst sorgen! – Auch das ist ein Teil von Selbstversorgung. Nur, wer auf sich selbst achtet, kann auch der Verantwortung gerecht werden, auf all das zu achten, was ihn umgibt. Manchmal sind es kleine Änderungen, die eine große Wirkung haben. Meistens ist es nur ein anderer Blickwinkel.

Wenn man seine Arbeit liebt, fällt es einem oft gar nicht auf, dass man es auch hier übertreiben kann. Da einem heute zumal fast ständig und überall suggeriert wird, dass man unentwegt in Aktion sein muss. Dabei darf man das Durchatmen und zur Ruhe kommen nicht vergessen. Eigene Bedürfnisse wahrnehmen und umsetzen. Kreisläufe erschaffen, statt Hamsterräder. Klingt leichter, als es ist.

Aber nicht nur die Pflanzen müssen umsorgt werden, nicht nur die Tiere versorgt: Auch wir brauchen Pflege und Zuwendung. Nicht nur der Boden muss verbessert werden, auch wir selbst – durch positiven Input welcher Art auch immer, durch Entspannung, durch Meditation. Das ist kein faules Abhängen oder

Die-Augen-vor-der-Arbeit-Verschließen. Das ist Krafttanken und Energieschöpfen. Dünger für die Seele sozusagen. Wie sollen wir uns um all das kümmern, wofür wir die Verantwortung übernommen haben, wenn wir uns nicht in erster Linie darum kümmern, dass es uns selbst gut geht?

Dazu gehört es auch, mal „nein!" zu sagen. Zu sich selbst, aber auch zu anderen. Und auch zum Garten!

Natürlich gibt es Momente, in denen eine Arbeit nahezu unmöglich verschoben werden kann. Hier gilt es vorbeugend zu arbeiten, den Garten so anzulegen und zu versorgen, dass er möglichst wenig Zuwendung braucht: wenig gießen, wenig Unkraut und trotzdem ganz viel Ernte. Der Garten muss alltagstauglich sein und darf nicht zum Tyrannen über unsere Zeit werden. Natürlich verbringen wir Gemüsegärtner freiwillig gerne so viel Zeit wie möglich in unseren Gärten, aber es gibt ja durchaus Anlässe, wo es einfach auch mal nicht passt, wo die Zeit fehlt oder die Kraft oder auch die Lust. Das kommt vor – und diese Momente sollten uns kein schlechtes Gewissen machen. Die meisten Menschen gehen nun einmal mehr oder weniger geregelten Arbeitszeiten nach, sie sind keine Vollzeitgärtner oder Vollzeitselbstversorger. Alltag, also Familie, Haushalt und Arbeit, und den Garten unter einen Hut zu bekommen, ist also eine wichtige Sache. Ich zum Beispiel möchte mich nicht entscheiden müssen zwischen Haushalt oder Garten, zwischen Hühnern und Kindern, zwischen frischem Gemüse und Hängematte.

Ich möchte einfach alles – und alles auf eine möglichst entspannte Weise. Wie schnell sind die Kinder groß, da möchte ich mir nicht später den Vorwurf machen müssen, ich hätte die wertvolle Zeit mit ihnen verpasst, weil ich ausschließlich mit Melken, Unkrautjäten oder Ställeausmisten beschäftigt gewesen bin. Darum gilt es, Prioritäten zu setzen: das Wichtigste zuerst, auch mal Arbeit liegen lassen, tief durchatmen und fünfe gerade sein lassen. Der Garten hat mich gelehrt, geduldiger zu werden – vor allem mit mir selbst. Ich muss nicht immer über alles die Kontrolle haben. Die Welt geht nicht unter, wenn irgendwo ein bisschen Unkraut wächst oder eine Zucchini zu groß geworden ist. Und es ist auch kein Drama, wenn mal eine Ernte missglückt. Im nächsten Jahr wird es mit ziemlich großer Sicherheit wieder besser. Überhaupt gelingt jedes Jahr etwas anderes besser oder schlechter. Wir können uns darüber den Kopf zerbrechen oder es einfach hinnehmen. Natürlich gilt es, Rückschläge zu hinterfragen, um dazuzulernen, etwas zu verbessern oder komplett zu verändern – aber all dies ist möglich, ohne sich selbst vorzuwerfen, man wäre gescheitert oder eben nicht gut genug gewesen. Mit ziemlich großer Sicherheit hat man sein Bestes gegeben, was zu diesem Zeitpunkt möglich war; wozu also die Selbstvorwürfe? Lieber nach vorne blicken und es im nächsten Jahr ein bisschen besser machen, den Fokus ein bisschen verändern oder ein wenig an einer Stellschraube drehen, die das Leben auf irgendeine Weise erleichtert. Und vor allem: nicht zu kompliziert denken. Das Einfache ist meistens das Beste!

Nicht rund ums Jahr alles zur Verfügung zu haben, sondern saisonal das zu genießen, was gerade jetzt im Garten wächst – das ist kein Verzicht, das ist ein absoluter Gewinn an Genuss und Wertschätzung! Ich brauche im Winter keine wässrigen Tomaten oder Erdbeeren aus dem Ausland, wenn ich mich darauf freuen kann, ein paar Monate später die pure Geschmacksexplosion zuckersüßer Früchte aus unseren Beeten genießen zu können. Wir konzentrieren uns darauf, möglichst viel „jetzt und hier" zu essen. So müssen wir weniger einkochen und konservieren und können möglichst viele Lebensmittel ganz frisch genießen. Dadurch, dass wir viele Monate im Jahr beinahe kein Gemüse, Fisch und Fleisch dazukaufen müssen, sparen wir vor allem über die Sommermonate wahre Unsummen beim Einkaufen ein, gerade bei den immer weiter steigenden Preisen.

Ich kenne unser Essen persönlich: jede Blaubeere in unserer Marmelade, jedes kostbar-köstliche Frühstücksei und jede dampfende Kartoffel, die auf unserem Teller landet, ist vorher bei der Ernte durch meine Hände gegangen. Das ist ein unbeschreiblich wunderbares Gefühl, das den Respekt vor dem eigenen Essen immens erhöht. Wenn dann noch die Kinder vor einem gut gefüllten Teller sitzen, der nur mit Dingen aus dem eigenen Garten gefüllt ist, und staunend fragen: „Ist das wirklich alles unser eigenes? Ist wirklich nichts davon gekauft?", dann kann ich kaum glücklicher sein, und alle Anstrengungen der vergangenen Monate werden federleicht. Dann kann ich von ganzem Herzen sagen: Selbstversorgung hat uns reich gemacht!

SELBSTVERSORGUNG MIT KINDERN – NICHT IMMER EINER MEINUNG

Es bedeutet etwas völlig anderes für eine Familie mit Kindern, sich auf den Weg der Selbstversorgung zu machen, als wenn man nur für sich und vielleicht einen Partner zu entscheiden hat. Dabei gibt es noch einmal einen großen Unterschied zwischen kleinen Kindern und Teenagern. Wenn man mit der Selbstversorgung beginnt oder schon mittendrin steckt, wenn die Kinder noch klein sind, wird es selten zu Diskussionen kommen – denn schließlich kennen sie es gar nicht anders. Ist man aber Quereinsteiger und hat bereits Schulkinder oder gar Teenager im Haus, die bisher an ein „normales" Leben gewöhnt sind, dürften gewisse Diskussionen nicht ausbleiben. Natürlich hängt der Diskussionsbedarf maßgeblich vom Umfang der Selbstversorger-Ambitionen

und deren Umsetzung ab, denn wenn auf dem Fensterbrett plötzlich ein paar Microgreens wachsen und sich auf dem Balkon die Kübel mit Tomatenpflanzen drängen, dürfte das keinerlei Auswirkungen auf bestehende Familienstrukturen haben – abgesehen eben von frischen Microgreens und Tomaten. Allerdings sieht es schon anders aus, wenn die Eltern beschließen, das moderne Reihenhaus in der Stadt gegen ein abgewracktes Siedlerhaus auf dem Land oder gar einen heruntergekommenen Hof im Nirgendwo zu tauschen, um plötzlich im großen Stil Gemüse anzubauen, Hühner zu halten oder Ziegenbauern zu werden.

Aber selbst, wenn kein Umzug mit daraus resultierendem Wechsel des bekannten Umfeldes ansteht, kann auch im bestehenden Gefüge einiges ins Wanken geraten, wenn Mama und Papa plötzlich auf den Trichter gekommen sind, dass Fertigpizza, Softdrinks und Süßigkeiten vielleicht gar keine so gute Idee für ihre Sprösslinge sind und diese jetzt mit selbstgebackenem Dinkelbrot, eigenen Möhren und Ziegenmilch konfrontieren. Das kann klappen – muss es aber nicht. Eine radikale Umstellung von hundert auf null mag in dieser Situation eher kontraproduktiv wirken und Ablehnung und Trotz hervorrufen, was es sicher nicht erleichtert, die Kinder von der Idee der Selbstversorgung zu überzeugen. Hier ist es sicherlich geschickter, das Alte langsam auszuschleichen und Neues mit sehr viel Gefühl zu integrieren: neugierig machen, statt verbieten. Kleine Änderungen, statt radikaler Brüche.

In unserem Fall hatten wir Glück im Unglück, denn meine gesundheitlichen Probleme in der ersten Schwangerschaft machten uns damals eher unsanft darauf aufmerksam, dass wir uns alles andere als gesund ernährten. Mithilfe unserer Hebamme enttarnten wir die falschen Freunde in unserem Kochtopf und konnten uns Stück für Stück einem deutlich gesünderen Lebensweg öffnen. Demzufolge sind unsere beiden Kinder bereits mit selbstgebackenem Brot, Eiern von eigenen Hühnern und dem Anspruch an eine gesunde Ernährung mit biologischen Produkten aufgewachsen. Sie haben relativ spät Süßigkeiten und andere sogenannte Lebensmittel kennengerlernt, deren Inhaltsliste sich eher wie eine Bombenbauanleitung liest. Sie kennen es nicht anders. Und trotzdem muss man irgendwann loslassen und sie ihre eigenen Entscheidungen und Erfahrungen machen lassen, auch und vor allem, was das Essen angeht – auch wenn diese Experimente uns überhaupt nicht gefallen mögen. Es fängt schon beim Kindergeburtstag bei den Kindergartenfreunden an, geht weiter beim Schulessen und endet irgendwann beim Bummel durch die Stadt während einer Freistunde. Wer wirklich glaubt, dass das eigene Kind hier weiter konsequent nach der biologischen Maiswaffel greift, während die anderen Schokoriegel und Milchbrötchen essen, dem darf ich vorsichtig nahelegen, das dem nicht so sein wird – oder nur in den seltensten Fällen.

Trotzdem können wir als Eltern natürlich weiterhin bestimmen, was es bei uns zu Hause zu essen gibt, was wir anbauen, kochen oder einkaufen. Und selbst da ist die Spannbreite wieder eine andere geworden, seit die Kinder eine eigene Stimme entwickelt haben, wenn es darum geht, was auf den Tisch kommen soll. Zumindest ab und zu kaufen wir auch einmal Dinge, die wir normalerweise niemals kaufen würden, weil wir der Meinung sind, die Kinder müssen auch etwas ausprobieren dürfen, was wir nicht gutheißen. Schließlich sind wir keine Heiligen – und haben auch nicht den Anspruch, es zu werden. Trotzdem gibt es Grenzen und Sachen im Sortiment eines Supermarktes, die wir niemals mehr kaufen würden, und das sind gar nicht mal so wenige.

Glücklicherweise merken die Kinder immer öfter, dass bestimmte Nahrungsmittel sehr spezielle Auswirkungen auf Haut, Magen und allgemeines Wohlbefinden haben. Sie spüren selber die Konsequenzen ihres Handelns und der Auswahl ihres Essens. Und auch wenn sie mal etwas essen, das wir gar nicht als Lebensmittel bezeichnen würden, so wissen sie trotzdem oder sogar umso mehr den Wert unseres eigenen, selbstangebauten Essens zu schätzen.

Sie wissen, wie echte saisonale Erdbeeren direkt aus dem Beet schmecken, sie können Pilze bestimmen, Feuer anzünden und alle Gemüsesorten in meinem Garten mit Namen nennen. Sie essen freiwillig Obst und Gemüse und haben zumindest als Kleinkinder in fast allen Fällen eine Orange oder Banane einer Süßigkeit vorgezogen. Sie helfen mir im Garten bei der Kartoffelernte, Mia versorgt täglich hingebungsvoll die Hühner und Noah schwingt zusammen mit Papa im Wald die Kettensäge, geht angeln oder kocht mit wachsender Begeisterung leckere Rezepte aus unseren selbstangebauten Lebensmitteln.

Ja, ab und zu müssen wir auch mal ein bisschen drängeln, wenn ihnen andere Sachen gerade wichtiger sind, aber im Großen und Ganzen helfen sie zumindest bei bestimmten Aufgaben gerne. Sie verstehen, dass wir nicht mal eben einfach in den Urlaub fahren können, weil die Tiere versorgt werden müssen oder weil im Winter jemand Holz im Ofen nachlegen muss. Sie wissen, dass nach einem Tag am See abends noch der Garten gewässert werden muss und dass bestimmte Dinge Priorität vor anderen Sachen haben, die bei anderen Familien nicht mal Randthema sein mögen. Sie akzeptieren die Eckpunkte unseres Selbstversorgerlebens als gegeben und als natürliche Rahmenbedingungen. Ob sie es später genauso oder ähnlich machen werden, steht in den Sternen. Wir sind froh und glücklich, dass wir ihnen bestimmte Werte vermitteln und viele Fähigkeiten mitgeben können, die heutzutage keine Selbstverständlichkeit mehr sind. Sie sind in einer gesunden Umgebung aufgewachsen und haben die besten Voraussetzungen bekommen, später selbstständige Menschen zu werden, die kreativ nach Lösungen suchen, anstatt Probleme zu sehen.

Feststeht jedenfalls, dass man Selbstversorgung nicht erzwingen kann – nicht beim Partner und schon gar nicht bei den Kindern. Entweder sie haben Lust und begeistern sich für bestimmte Themen – oder nicht. Trotzdem sollte man die Hoffnung nicht aufgeben, denn Selbstversorgung ist in den meisten Fällen ansteckend, wenn auch nicht in allen Themenbereichen, so doch zumindest partiell. Vor allem aber sollte man nicht seine eigene Leidenschaft und Freude dadurch trüben lassen, wenn einige Familienmitglieder so gar nicht am gleichen Strang ziehen wollen – meistens gibt es einen Kompromiss. Natürlich müssen die Jungs nicht mit den Hühnern kuscheln oder Ställe ausmisten, dafür müssen wir Mädels nicht mit der Kettensäge in den Wald ziehen, um Bäume zu fällen. Und wenn jemand ein bestimmtes Gemüse wirklich gar nicht ertragen kann, ich selber

es aber umso mehr liebe, dann ist es doch meine Wahl, beim Essen zwei Gemüsesorten anzubieten und diese dann vielleicht an zwei Tagen hintereinander, sodass nicht einmal doppelte Arbeit entsteht oder gar etwas weggeworfen werden muss.

Wenn es um längere Ausflüge geht, dann kommt es öfter vor, dass nur drei von uns den Hof verlassen und einer zu Hause bleibt, um die Tiere zu versorgen oder je nach Jahreszeit den Garten zu wässern oder zu heizen. In den meisten Fällen ist das für alle Beteiligten vollkommen in Ordnung, denn oft gibt es Ausflüge, die ohnehin nicht jedem die gleiche Menge Spaß bereiten würden. Und auch hier darf jeder frei entscheiden, ob er mitkommen möchte oder nicht. Wir halten nichts von Zwang – denn etwas Erzwungenes kann niemals schön sein. Das Wichtigste an der Selbstversorgung ist für uns die freie Wahl, das Leben so zu gestalten, wie es einem gefällt, nicht nur Gemüse anzubauen, sondern vor allem Glück und Zufriedenheit, jeder auf seine Weise und jeder nach seinem persönlichen Maß.

MIT SCHMUTZIGEN HÄNDEN IN DER HÄNGEMATTE – URLAUB IM SELBSTVERSORGERGARTEN?

Das Schöne an der Selbstversorgung ist, dass wir uns zu Hause einen Ort

geschaffen haben, von dem wir keinen Urlaub zu nehmen brauchen: Die Tiere, der Garten, der Wald und nahezu alle anfallenden Arbeiten geben uns Zufriedenheit und Erfüllung und lassen uns jederzeit genügend Freiraum zum Durchatmen und Ausruhen. Im Grunde verbinden beinahe alle Arbeiten das Schöne mit dem Nützlichen: Ist Gartenarbeit nicht das beste Yoga-Programm? Sind Angeln, Jagen und Pilzesammeln nicht Nahrungsbeschaffung und Freizeitvergnügen in einem? Beim Bäumefällen, Holzspalten oder Hochbeetebefüllen absolvieren wir unser Fitnessprogramm an der frischen Luft, und beim Experimentieren in allen Bereichen der Selbstversorgung lernen wir noch immer und ständig dazu.

Wir müssen nicht täglich unseren Hof verlassen, um woanders Geld zu verdienen für Dinge, die wir eigentlich gar nicht brauchen. Wir haben gelernt, dass wir unser Glück vor allem mit unseren eigenen Händen erschaffen – und das am besten von zu Hause aus, ganz ohne Hamsterrad. Natürlich erfordert das ein Umdenken in vielen Bereichen des Lebens, aber wenn man von zu Hause aus arbeitet, dann öffnen sich auch automatisch ganz andere Blickwinkel auf viele Dinge. Auf einige Sachen zu verzichten, entpuppt sich dann immer häufiger als ein Gewinn.

Natürlich gibt es auch Tage, an denen wir keine Lust auf Gartenarbeit und Ställeausmisten haben. Tage, an denen wir ein bisschen ausbrechen und uns den Wind um die Nase wehen lassen wollen – mal was anderes sehen und erleben. Dann besuchen wir Freunde oder fahren ans Meer, an den nächsten See oder an einen Wasserfall. Und manchmal fahren wir auch in die Stadt – denn danach ist das Heimkommen auf unseren Hof umso schöner!

10 TIPPS, WIE DU NOCH HEUTE SELBSTVERSORGER WIRST:

1. Räume die Fensterbank leer und säe Microgreens aus, bepflanze einen Kübel auf dem Balkon mit Salat oder lege im Garten ein kleines Beet an.
2. Wenn Du keinen eigenen Garten hast, schau, ob Du Land mieten oder pachten kannst: einen Schrebergarten, eine Pachtparzelle bei einem Landwirt oder vielleicht den verwilderten Nachbarsgarten? Werde Teil einer Kooperation oder gründe mit anderen einen Gemeinschaftsgarten.
3. Wenn Du genug Platz hast, richte einen Hühnerstall ein und schaffe Dir ein paar Hühner an. Wenn Du keinen eigenen Platz hast, frage bei Bekannten, die Hühner halten, ob Du gegen Mithilfe und Futter ein paar Hühner bei ihnen halten darfst. Vielleicht gibt es auch die Möglichkeit, Pate bei einem Landwirt zu werden, sodass Du das Tier besuchen darfst, von dem Deine Lebensmittel wie Eier, Milch und Fleisch kommen.
4. Kaufe beim nächsten Hofladen regional und saisonal größere Mengen Obst und Gemüse und mache diese haltbar. So musst Du nicht die gesamte Verantwortung für die Produktion Deiner Lebensmittel tragen, weißt aber doch, was in Deinem Essen ist und wo es herkommt.
5. Pflanze noch heute einen Obstbaum oder einen Beerenstrauch – das geht auch im Kübel auf der Terrasse oder sogar auf dem Balkon. Bringe in Erfahrung, wo es öffentliche Obstbäume zur freien Ernte gibt oder frage nach dem nicht gepflückten Obst im Nachbargarten.
6. Bereite noch heute eine Fläche im Garten vor, auf der Du nächstes Jahr ein Beet anlegen möchtest. Lege Pappe oder eine große Plane aus, besorge Dir Mulchmaterial und Pferdemist. Überlege, wo und woraus Du ein Hochbeet bauen kannst.
7. Informiere Dich, wie Du energieunabhängiger werden kannst: Kannst Du einen Ofen einbauen lassen oder einen alten Ofen wieder aktivieren lassen? Kannst Du einen Brunnen bohren lassen oder gibt es vielleicht bereits einen alten Brunnen auf Deinem Grundstück, der wieder instand gesetzt werden könnte? Wie kannst Du sonst Wasser auffangen und speichern? Kannst Du Regentonnen aufstellen oder IBC-Kanister installieren für die Klospülung, zum Blumengießen oder Abwaschen – ja vielleicht sogar, um im Sommer eine Outdoor-Dusche zu betreiben? Besteht die Möglichkeit, eine kleine Solaranlage anzuschaffen oder ein kleines Windrad aufzustellen? Wäre ein Generator für Notstrom eine Idee, die Du umsetzen kannst?
8. Wenn Du keine eigenen Tiere halten kannst, mache einen Jagd- oder Angelschein.

9. Besuche Kurse zum Pilze- und Kräutersammeln und -bestimmen.
10. Bevor Du etwas Neues kaufst, überlege genau, ob Du es wirklich brauchst, und wenn ja, kannst Du nicht vielleicht das Alte reparieren? Kannst Du stattdessen etwas anderes benutzen? Kannst Du das fehlende Teil selbst herstellen, tauschen oder gebraucht kaufen? Oder kannst Du vielleicht darauf verzichten? Verzicht ist nicht immer wirklich ein Verzicht, manchmal ist es sogar ein Gewinn!

Bei allem, was Du tust, denke daran, dass es die kleinen Schritte sind, die zählen. Beginne immer da, wo Du bist, mit dem, was Du hast. Konzentriere Dich erst einmal auf ein Projekt, setze den Fokus auf eine Sache, damit Du Dich nicht gleich zu Beginn überforderst und den Spaß an der Sache direkt wieder verlierst. Niemand wird über Nacht Selbstversorger! Der Weg ist das Ziel – und der Weg kann lang sein, aber das ist ja gerade das Schöne daran.

Träume groß, fange klein an und wachse langsam!

Schlusswort: Wer einen Garten hat, glaubt an die Zukunft …

Die
Selbstversorger
Familie

Als ich anfing, dieses Buch zu schreiben, bzw. die ersten Ideen dafür zusammenzutragen, war die Welt noch eine andere. Natürlich hatte sie sich bereits deutlich verändert im Vergleich zu damals, als wir uns jung und blauäugig auf den Weg gemacht hatten, um Selbstversorger zu werden. Trotzdem wurden wir noch schräg angeguckt, wenn wir von Notvorräten, möglichen Blackouts, Notstromversorgung oder Lieferengpässen philosophierten. Heute hat sich das geändert, denn beinahe jeder merkt inzwischen persönlich, dass diese Veränderungen Konsequenzen für jeden von uns haben.

Nach drei Jahren Krise haben sich die Spielregeln nahezu überall auf der Welt geändert, im Großen und im Kleinen, und Selbstversorgung ist nicht nur für uns noch weiter in den Vordergrund gerückt. Inzwischen geht es nicht mehr nur um puren Idealismus, den Luxus von frischem Gemüse und den Spaß an der Freude. – Inzwischen ist die Lage ernster und die Selbstversorgung aus unserer Sicht ein nahezu unverzichtbarer Schritt, um gut durch diese Zeiten zu kommen.

Auch wenn es oft schwerfällt, optimistisch und positiv zu bleiben, so bleibt doch der Blick nach vorne gerichtet. Es lohnt sich, friedlich für eine Zukunft zu kämpfen, die wieder bessere Zeiten mit sich bringt. Schwere Zeiten formen gute Menschen! Gefragt sind darum noch mehr Kreativität, noch mehr Mut und noch mehr Eigenverantwortung von jedem Einzelnen von uns. Jeder hat die Möglichkeit, in seinem Rahmen die Welt ein kleines bisschen zu verbessern – und wenn viele Menschen eine Kleinigkeit verändern, kann daraus etwas Großes entstehen. Jeder kann die Veränderung sein, die er in der Welt sehen möchte. Und dabei ist es oftmals der kleine Funke, der sich im Kopf entzündet und im Herzen entflammt, um dann ein ganz großes Feuer zu entfachen. Auch trotz schwerer Zeiten kann man leidenschaftlich für etwas brennen – vielleicht gerade dann.

Mein liebstes Sprichwort lautet: „Am Ende wird alles gut, und wenn es nicht gut ist, dann ist es noch nicht das Ende!“ Lassen wir uns nicht entmutigen! Wenn wir wollen, dass die Welt eine bessere wird, wenn wir wollen, dass am Ende alles gut wird, dann müssen wir etwas dafür tun. Seien wir stark und mutig und selbstbestimmt. Nehmen wir die Verantwortung für ein besseres Morgen in die eigenen Hände und gehen wir gemeinsam den ersten Schritt. Wie Martin Luther gesagt haben soll: „Auch, wenn ich wüsste, dass morgen die Welt untergeht, würde ich heute noch ein Apfelbäumchen pflanzen!“

Greifen wir also noch heute zu Schaufel und Spaten und pflanzen einen Apfelbaum, und sei es nur symbolisch, denn die Welt wird nicht untergehen! Sie wird sich weiterdrehen und sie wird sich weiter verändern – hoffentlich zum Positiven. Und wir können ein Teil davon sein, draußen in unseren Gärten – und seien sie noch so klein!

Liebe Leserin, lieber Leser,

hat Ihnen dieses Buch gefallen? Wir freuen uns über Ihre Verbesserungsvorschläge, Kritik und Fragen zum Buch.

Die Meinung und Zufriedenheit unserer Leserinnen und Leser ist uns sehr wichtig.

Kontaktieren Sie uns deshalb gerne und schreiben Sie uns eine E-Mail an ***feedback@eulogiaverlag.de***.

Wir freuen uns auf Ihre Nachricht.

Herzlichst

Ihr Eulogia Verlags Team